中国城市科学研究系列报告

中国城市科学研究会　主编

中国工程院咨询项目

中国建筑节能年度发展研究报告2013

2013 Annual Report on China Building Energy Efficiency

清华大学建筑节能研究中心　著

中国建筑工业出版社

图书在版编目（CIP）数据

中国建筑节能年度发展研究报告 2013/清华大学建筑节能研究中心著. —北京：中国建筑工业出版社，2013.3

ISBN 978-7-112-15260-5

Ⅰ.①中… Ⅱ.①清… Ⅲ.①建筑-节能-研究报告-中国-2013 Ⅳ.①TU111.4

中国版本图书馆 CIP 数据核字（2013）第 052294 号

责任编辑：齐庆梅 张文胜
责任设计：李志立
责任校对：肖 剑 王雪竹

中国城市科学研究系列报告
中国城市科学研究会 主编

中国建筑节能年度发展研究报告 2013

2013 Annual Report on China Building Energy Efficiency

清华大学建筑节能研究中心 著

*

中国建筑工业出版社出版、发行（北京西郊百万庄）
各地新华书店、建筑书店经销
北京红光制版公司制版
北京市安泰印刷厂印刷

*

开本：787×1092 毫米 1/16 印张：19¼ 字数：330 千字
2013 年 3 月第一版 2013 年 3 月第一次印刷
定价：**50.00** 元

ISBN 978-7-112-15260-5
（23310）

《中国建筑节能年度发展研究报告 2013》
顾问委员会

主任：仇保兴

委员：（以拼音排序）

陈宜明　韩爱兴　何建坤　胡静林

赖　明　倪维斗　王庆一　吴德绳

武　涌　徐锭明　寻寰中　赵家荣

周大地

本　书　作　者

清华大学建筑节能研究中心

江亿（第 2 章，第 3 章，4.2，5.6）

杨旭东（4.3，5.8）

朱颖心（4.1，4.2，4.6）

石文星（4.5，5.7）

林波荣（5.1，5.6，附录 2）

李晓峰（5.4）

刘晓华（5.5）

燕达（4.2，4.4，4.6，4.7，4.8）

彭琛（第 1 章，附录 1）

胡姗（第 2 章，第 3 章）

余娟（4.1）

曹彬（4.2，4.6）

周欣（4.2）

丰晓航（4.3）

郭思悦（4.4）

邓光蔚（4.7）

任晓欣（4.8）

王者（5.6）

李子爱（5.7）

李宁（5.7）

梁卫辉（5.8）

罗涛（5.9）

特邀作者

国家应对气候变化战略研究和国际合作中心	杨秀（1.1）
总装备部工程设计研究总院	李兆坚（4.5）
同济大学	周翔，张旭（5.5）
华南理工大学建筑节能研究中心	孟庆林，张磊，赵立华（5.2，5.3）
珠海格力电器有限公司	陈进（5.7）

总　　序

建设资源节约型社会，是中央根据我国的社会、经济发展状况，在对国内外政治经济和社会发展历史进行深入研究之后做出的战略决策，是为中国今后的社会发展模式提出的科学规划。节约能源是资源节约型社会的重要组成部分，建筑的运行能耗大约为全社会商品用能的三分之一，并且是节能潜力最大的用能领域，因此应将其作为节能工作的重点。

不同于“嫦娥探月”或三峡工程这样的单项重大工程，建筑节能是一项涉及全社会方方面面，与工程技术、文化理念、生活方式、社会公平等多方面问题密切相关的全社会行动。其对全社会介入的程度很类似于一场新的人民战争。而这场战争的胜利，首先要“知己知彼”，对我国和国外的建筑能源消耗状况有清晰的了解和认识；要“运筹帷幄”，对建筑节能的各个渠道、各项任务做出科学的规划。在此基础上才能得到合理的政策策略去推动各项具体任务的实现，也才能充分利用全社会当前对建筑节能事业的高度热情，使其转换成为建筑节能工作的真正成果。

从上述认识出发，我们发现目前我国建筑节能工作尚处在多少有些“情况不明，任务不清”的状态。这将影响我国建筑节能工作的顺利进行。出于这一认识，我们开展了一些相关研究，并陆续发表了一些研究成果，受到有关部门的重视。随着研究的不断深入，我们逐渐意识到这种建筑节能状况的国情研究不是一个课题通过一项研究工作就可以完成的，而应该是一项长期的不间断的工作，需要时刻研究最新的状况，不断对变化了的情况做出新的分析和判断，进而修订和确定新的战略目标。这真像一场持久的人民战争。基于这一认识，在国家能源办、建设部、发改委的有关领导和学术界许多专家的倡议和支持下，我们准备与社会各界合作，持久进行这样的国情研究。作为中国工程院“建筑节能战略研究”咨询项目的部分内容，从2007年起，把每年在建筑节能领域国情研究的最新成果编撰成书，作为《中国建筑节能年度发展研究报告》，以这种形式向社会及时汇报。

清华大学建筑节能研究中心

前　言

今年本书的主题是城镇住宅节能，是从 2010 年起确定的按照公共建筑、北方城镇供热、农村住宅和城镇住宅四个方向每年突出一个方向的方案以来，第一次完成一个完整的循环。把从 2010 年起的四本报告合起来读一遍，可以基本上对我国建筑节能各相关领域的状况有一个全面了解。

2012 年的首件大事就是党的十八大的胜利召开。十八大报告提出了生态文明建设，要“全面落实经济建设、政治建设、文化建设、社会建设、生态文明建设五位一体总体布局”。这是我们开展建筑节能工作的指导思想，也是住宅节能工作所应遵循的基本出发点。

工业革命以来人类利用自然、改造自然的能力有了空前的发展，相应而来的工业文明实质上就是以充分发展人的自由，挖掘一切自然资源去满足人类的最大需求。这样，“人定胜天”的人类与自然的关系构成工业文明的核心。当人类在自然面前还很渺小，人类基本的生存与发展的基本需求尚不能完全被满足时，当人类的活动不足以构成对自然的任何影响时，这种人与自然的关系扭转了自然的“神化”，为人类的进步与发展起到重要作用。然而，经过几百年的工业文明，人类征服自然的能力有了极大的提高。在充分实现了自身的生存与发展需求的同时，人类活动已经足以构成对自然的威胁。无论是碳排放造成的气候变化引起全球范围的生态环境的变化，还是人类活动造成的污染物排放形成的区域性雾霾与污染，以及由于人类的过度开发导致的能源与水的逐渐枯竭，都在质疑和反思这一伴随工业革命而主导人类发展的工业文明发展模式，我们需要重新摆正人与自然的关系，以实现人类的可持续发展。生态文明正是由此而系统地、理论地提出的新的人类发展模式。如十八大报告中所述“树立尊重自然、顺应自然、保护自然的生态文明理念”，并将其融入“经济建设、政治建设、文化建设、社会建设各方面和全过程”。生态文明可认为是继农耕文明、工业文明后人类文明发展的一个新的阶段，是我们未来应遵循的原则和发展模式，当然也应该是我们考虑住宅模式、实现住宅节能、认识和解决这一领域尚在争论的问题的基本出发点。

目前在这一领域所争论的本质是对未来发展模式的不同构想：应是通过人类不断壮大的能力挖掘自然，以满足人类无限的需求；还是应该在自然资源和容量所允许的上限下，优化和平衡各种需求？正是这样的不同思路，才产生诸多争论，如：

未来的住宅规模，是在对总量、对户单元面积、对人均面积的上限控制下的发展；还是为了满足GDP的增速，为了满足各方利益，多多益善？

未来的室内环境，是在能源和资源供应量上限控制下的一种满足基本健康要求、适度的室内环境；还是追求所谓“最佳的”舒适性标准，“恒温恒湿恒氧”的环境？

未来营造室内环境的途径，是主要试图依靠与自然环境相通来解决，只是在极端气候状况下通过机械系统做适当调整；还是尽量与自然环境隔绝，完全依靠机械系统去营造一个舒适的“人工环境”？

如此诸多基本问题和在这些基本问题下演绎出的更多的一些实际问题，都可以归结为未来发展模式问题，是为了人类发展的需要而向自然更多地索取，还是在有限资源下与自然协调平衡地发展？

一种观点认为，可以把希望寄托于科学发展与技术创新，通过不断的技术进步来满足不断增长的需求，从而促进人类的进步。然而人类历史发展表明，新的技术对资源利用效率的提高，永远赶不上人类对需求增长的欲望和速度。尽管工业革命以来的技术创新使得各种资源的利用效率有了极大的提高，但对资源的实际消耗、对环境的破坏和对生态的影响却是以高出一个数量级的速度增长。生态文明的发展模式并不排斥技术的创新，与工业文明发展模式的本质差别在于：是首先确定资源利用与环境影响的上限，再依靠科技进步谋求在这一上限控制下的发展；还是先定出满足需求的目标（实际上又是在不断修订着这一目标），通过技术进步去争取实现这一目标下的低资源消耗与低污染？对这个问题的充分认识与解决，可以解决我们发展建设中的基本问题，从根本上澄清各种争论。本书的第3章从中外住宅建设发展对比出发，在这些问题上，试图通过生态文明的理念，说明住宅发展模式的基本问题。

在第4章则进一步组织了各相关问题的系列研究文章，希望引起各方面的关注和讨论，从而解决住宅建设和住宅节能发展模式的基本问题。这就是关于室内舒适性和舒适性标准的讨论；关于住宅环境控制的集中式还是分散式系统方式的讨论；关于如何进行室内通风以保障室内空气质量的讨论；关于住宅建筑围护结构保温与密闭程度的讨论；以及住宅空调方式的讨论。这些讨论不能涵盖住宅节能的全部问题，但却是按照哪种模式实现住宅节能的基本问题。

当前业内争论的一个热点问题是南方住宅是否要集中供热。这恰是可以从上面发展模式问题导出的一个具体问题。本书对此从多个角度给出分析，结合大量实际案例对这一问题做出回答。

本书在第5章介绍了一些与住宅节能相关的技术。主要是一些尚未被重视的有效技术或持有不同认识的技术方式。很多对住宅节能来说是非常重要的技术与措施在本书都没有涉及，例如围护结构的保温与隔热、水源地源热泵等，都没在书中涉及。这并不是说这些技术不重要，只是相关内容在以前几年的报告中都已充分说明，不希望在此重复。

按照2010年开始的惯例，应该有专门一章介绍在相关领域中的最佳工程案例。从2012年初开始，我们就把寻找住宅案例、现场调查与实测作为一项重要工作，在全国多个地区开展工作。业内很多关心我们工作的朋友也为寻找案例提供了很多线索和资料，然而最终未能选出足够的最佳案例。这一方面是由于从生态文明的理念出发，可以找到太多的非常出色的小区案例，但相互比较却很难从中进一步挑出拔尖者。另一方面就是缺少完整的能耗计量统计数据，把一些无完整能耗数据的项目摆出，有违我们几年来“用能耗数据说话”的基本原则。当然这也与我们启动挑选工作迟缓，没能更早的确定项目，未能更早地开始实测有关。这次只得如此，在四年后2017年的节能发展报告中，我们一定向读者呈献经过精心挑选和全面测试的住宅杰作，也希望业内的同仁们能够对此提供更多的帮助。

按照惯例，本书的第1章给出我国2011年建筑能耗数据和当前建筑节能领域的基本状况。能耗数据是研究节能工作的基础，但得到可信赖的能耗数据则是一件耗时、耗资、耗人力的难事。今年的数据仍是根据我们多年来持续发展的CBEM模型得到。它的基础是对建筑能耗特性的深入认识和大范围长期实测数据的积累。十二五期间各级政府相关部门下大力抓了能耗实测与能耗统计工作，我们掌握的实际用能数据比以往有了数量级上的增加，这对构成可信赖的能耗模型至关重要。衷心感谢实测和统计这些数据的第一线工作人员。经过大量统计数据修订后的CBEM模型所得到中国建筑能耗总量与国家发改委发布的2011年中国能源统计年鉴中转换得到的建筑能耗总量非常接近。这也许是一个巧合，但至少说明目前给出的这些数据在一定程度上可以反映出中国建筑用能的实际状况。

本书在燕达博士的直接组织下由清华大学建筑节能中心的成员和很多“外援”作者合作完成。除书中列出的主要作者和他们的贡献章节外，在此还要特别感谢彭琛和胡姗两位研究生。他们不仅承担了第 1、2 章的全部，以及第 3 章与附录的部分写作任务，还担任了全书的组织、催稿、编辑工作。没有他们的辛勤劳动，本书不可能如期出版。

这本书是自 2007 年出版的《中国建筑节能年度发展研究报告》的第七部。能够把这件事持续到今天，与我国建筑节能工作的持续发展与深入有关，更离不开全社会广大读者的关注和厚爱。没有大家持续从各方面的支持，很难有这样持续七年的工作。当然还要特别感谢中国建筑工业出版社的齐庆梅编辑，她为本书高质量的及时出版克服了难以想像的困难。随着全社会建设生态文明工作的进一步展开，我国的建筑节能工作也一定会继续深入持久地开展下去。我们一定不辜负广大读者的厚爱，持续地把这本书写下去。

江亿

2013 年 2 月于清华节能楼

目　录

第1篇　中国建筑能耗现状分析

第1章　中国建筑节能现状分析 …… 2

1.1　建筑能耗现状分析 …… 2

1.2　2012年中国建筑节能工作新规划 …… 10

1.3　中国建筑用能总量控制目标 …… 21

1.4　实现中国建筑节能总量控制的途径 …… 27

第2篇　城镇住宅节能专题

第2章　城镇住宅用能状况 …… 40

2.1　城镇住宅相关概念界定 …… 40

2.2　城镇住宅发展趋势 …… 41

2.3　城镇住宅能耗总量 …… 47

2.4　城镇住宅各用能分项 …… 50

2.5　典型城市的住宅能耗 …… 62

2.6　世界各国住宅及能耗 …… 64

第3章　城镇住宅用能可持续理念和发展模式探究 …… 80

3.1　中外住宅能耗对比 …… 80

3.2　发达国家住宅能耗增长的原因 …… 88

3.3　我国住宅建筑能耗的上限 …… 93
3.4　能源消耗与服务水平之间的关系 …… 94
3.5　实现住宅节能的两个途径 …… 98
3.6　几个基本问题的讨论 …… 102
3.7　有效推动住宅节能的政策标准与机制 …… 106
3.8　实现住宅节能目标的住宅建设要点 …… 111

第4章　城镇住宅专题讨论 …… 113

4.1　住宅的舒适与健康 …… 113
4.2　住宅空调与采暖——集中还是分散? …… 124
4.3　住宅建筑的通风和气密性 …… 139
4.4　围护结构节能 …… 150
4.5　夏季空调节能 …… 160
4.6　长江流域住宅采暖 …… 170
4.7　生活热水节能 …… 182
4.8　家电电器节能 …… 193

第5章　城镇住宅节能技术 …… 203

5.1　住宅被动式设计 …… 203
5.2　内置百叶中空玻璃 …… 217
5.3　屋面隔热技术 …… 225
5.4　分体空调室外机的优化布置 …… 236
5.5　适合于长江流域住宅的采暖空调方式 …… 246
5.6　太阳能生活热水系统 …… 254
5.7　热泵热水器 …… 260
5.8　房间自然通风器 …… 275
5.9　地下空间照明 …… 283

附录1　关于建筑能耗总量结果说明及验证 …… 289
附录2　江浙地区某住宅空调采暖全年实测能耗 …… 292

第 1 篇　中国建筑能耗现状分析

第1章　中国建筑节能现状分析

1.1　建筑能耗现状分析

1.1.1　建筑能耗的总体情况

本书讨论的建筑能耗，指的是民用建筑的运行能耗，即在住宅、办公建筑、学校、商场、宾馆、交通枢纽、文体娱乐设施等非工业建筑内，为居住者或使用者提供采暖、通风、空调、照明、炊事、生活热水，以及其他为了实现建筑的各项服务功能所使用的能源。

考虑到我国南北地区冬季采暖方式的差别、城乡建筑形式和生活方式的差别，以及居住建筑和公共建筑人员活动及用能设备的差别，将我国的建筑用能分为北方城镇采暖用能、城镇住宅用能（不包括北方地区的采暖）、公共建筑用能（不包括北方地区的采暖），以及农村住宅用能四类。

（1）北方城镇采暖用能

指的是采取集中供热方式的省、自治区和直辖市的冬季采暖能耗，包括各种形式的集中采暖和分散采暖。地域涵盖北京、天津、河北、山西、内蒙古、辽宁、吉林、黑龙江、山东、甘肃、青海、宁夏、新疆和西藏的全部城镇地区，以及河南、陕西、四川的一部分。

将该部分用能单独考虑的原因是，北方城镇地区的采暖多为集中采暖，包括大量的城市级别热网与小区级别热网。与其他建筑用能以楼栋或者以户为单位不同，这部分采暖用能在很大程度上与供热系统的结构形式和运行方式有关，并且其实际用能数值也是按照供热系统来统一统计核算，所以把这部分建筑用能作为单独一类，与其他建筑用能区别对待。

目前的供热系统按热源系统形式及规模分类，可分为大中规模的热电联产、小规模热电联产、区域燃煤锅炉、区域燃气锅炉、小区燃煤锅炉、小区燃气锅炉、热泵集中供热等集中供热方式，以及户式燃气炉、户式燃煤炉、空调分散采暖和直接电加热等分散采暖方式。使用的能源种类主要包括煤、燃气和电力。本章考察各类采暖系统的一次能耗，即包括了热源和热力站损失、管网的热损失和输配能耗，以及最终建筑的得热量。

（2）城镇住宅用能（不包括北方地区的采暖）

指的是除了北方地区的采暖能耗外，城镇住宅所消耗的能源。从终端用能途径上，包括家用电器、空调、照明、炊事、生活热水，以及夏热冬冷地区[1]的冬季采暖能耗。城镇住宅使用的主要商品能源种类是电力、煤、天然气、液化石油气和城市煤气等。

夏热冬冷地区的冬季采暖绝大部分为分散形式，热源方式包括空气源热泵、直接电加热等针对建筑空间的采暖方式，以及炭火盆[2]、电热毯、电手炉等各种形式的局部加热方式，这些能耗都归入此类。

（3）商业及公共建筑用能（不包括北方地区的采暖）

指除了北方地区的采暖能耗外，该类建筑内由于各种活动而产生的能耗，包括空调、照明、插座、电梯、炊事、各种服务设施，以及夏热冬冷地区城镇公共建筑的冬季采暖能耗。这里的商业及公共建筑泛指除了工业生产用房以外的所有非住宅建筑。公共建筑使用的商品能源种类是电力、燃气、燃油和燃煤等。

（4）农村住宅用能

指农村家庭生活所消耗的能源，包括炊事、采暖、降温、照明、热水、家电等。农村住宅使用的主要能源种类是电力、燃煤和生物质能（秸秆、薪柴）。其中的生物质能部分能耗不纳入国家能源宏观统计，本书将其单独列出。

本章的建筑能耗数据来源于清华大学建筑节能研究中心建立的中国建筑能耗模型（China Building Energy Model，简称 CBEM ）的研究结果[3]，据此，分析我国

---

[1] 在本书的计算过程中，夏热冬冷地区包括上海、安徽、江苏、浙江、江西、湖南、湖北、重庆，以及福建等省市。

[2] 炭火盆能耗为非商品能耗，不纳入国家能源宏观统计，本书中提到的建筑能耗不包括这一部分。

[3] 模型构架基于清华大学博士学位论文《基于能耗数据的中国建筑节能问题研究》，杨秀，2009 年 12 月；基础数据基于统计数据进行了更新。

建筑能耗现状和1996～2011年的逐年变化。

如表1-1所示，2011年建筑总能耗（不含生物质能）为6.87亿tce❶，占全国总能耗的19.74%❷；建筑商品能耗和生物质能共计8.14亿tce。建筑总面积为469亿m^2，单位面积的建筑商品能耗为14.7kgce/m^2。从建筑能耗的变化来看，1996～2011年间，建筑面积迅速增长，建筑能耗强度缓中有升，两方面因素造成建筑能耗总量持续增加，如图1-1、图1-2所示。

2011年中国建筑能耗 **表1-1**

用能分类	建筑面积	商品能耗				生物质能	总能耗（含生物质能）
		电	非电商品能	总商品能耗（不含生物质能）	单位面积商品能耗		
单位	亿m^2	亿kWh	万tce	万tce	kgce/m^2	万tce	万tce
北方城镇采暖	102	78	16406	16646	16.4	—	16646
城镇住宅（除北方采暖）	151	3566	4365	15350	10.2	—	15350
公共建筑（除北方采暖）	80	4467	3297	17056	21.4	—	17056
农村住宅	238❸	1542	14900	19650	8.3	12707	32357
合计	469	9654	38968	68702	14.7	12707	81409

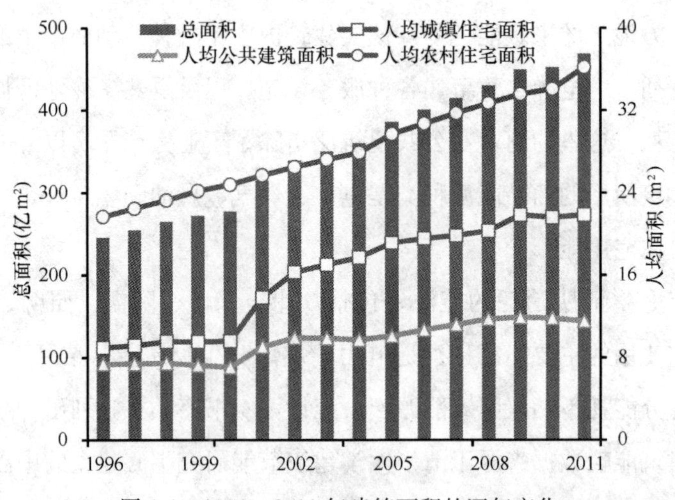

图1-1 1996～2011年建筑面积的逐年变化

❶ 本篇采用发电煤耗法对终端电耗进行换算，即按照每年的全国平均火力发电煤耗把电力换算为标准煤。其中，2011年的系数为1kWh=0.308kgce（千克标准煤）。

❷ 2011年的中国能耗总量为34.8亿tce，数据来源于中国统计年鉴2012表7-2。

❸ 中国统计年鉴中缺乏农村住宅面积数据，CBEM中的农村住宅面积由乡村人口数（中国统计年鉴2012，表3-1）与农村人均住房面积（中国统计年鉴2012，表10-1）相乘获得。

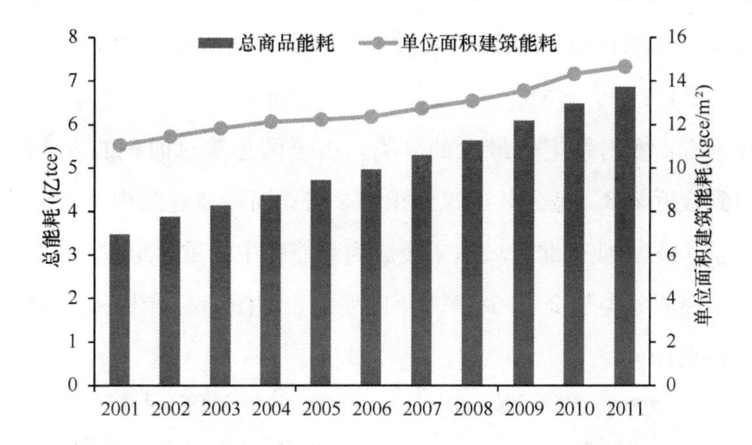

图 1-2　2001～2011 年建筑总能耗和能耗强度的逐年变化

1.1.2　四个用能分类的能耗状况

图 1-3 给出 2011 年四个建筑用能分类的能耗总量、建筑面积和能耗强度。

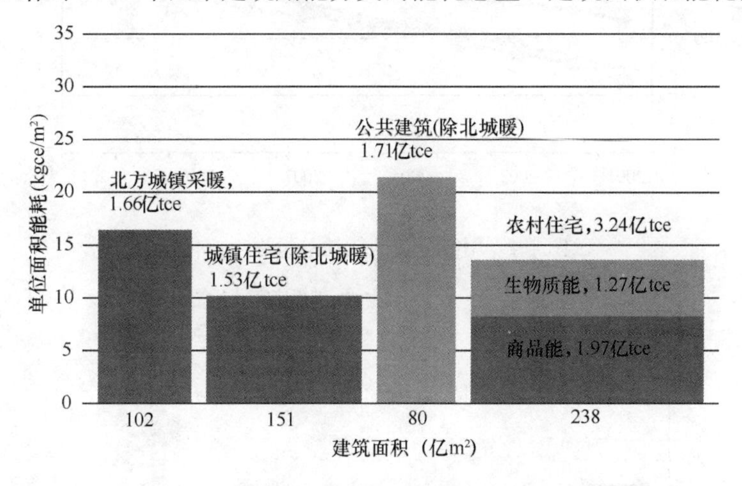

图 1-3　2011 年四个建筑用能分类的能耗情况

注：横轴为四类用能的面积，纵轴为单位面积的商品能耗，因此矩形的面积大小代表用能分类的能耗。需要注意的是，北方城镇采暖用能对应的面积包括在城镇住宅和公共建筑之内，因此我国建筑总面积等于后三项的和，即 469 亿 m²，而不是四项的总和。

从用能总量来看，呈四分天下的局势，四类用能各占建筑能耗的 1/4 左右。

从能耗强度来看，四类用能有显著差别，公共建筑（不含北方采暖）最高，达 21.4kgce/m²，接近城镇住宅（不含北方采暖）的 2 倍，而农村住宅的商品能耗强度最低，仅为 8.3kgce/m^2（如果将农村地区的生物质能计入的话，其能耗强度可达 13.6kgce/m^2）。

从面积来看，农村住宅是最大的分类，占全国建筑总面积的 51%；城镇建筑中，住宅占到接近 2/3，是公共建筑面积的 2 倍；而城镇建筑中北方寒冷和严寒地区的面积占了 44%，使得北方城镇采暖成为总能耗中的重要组成。

结合四个用能分类从 2001～2011 年的变化，如图 1-4、图 1-5 所示，进一步发现以下显著特点：

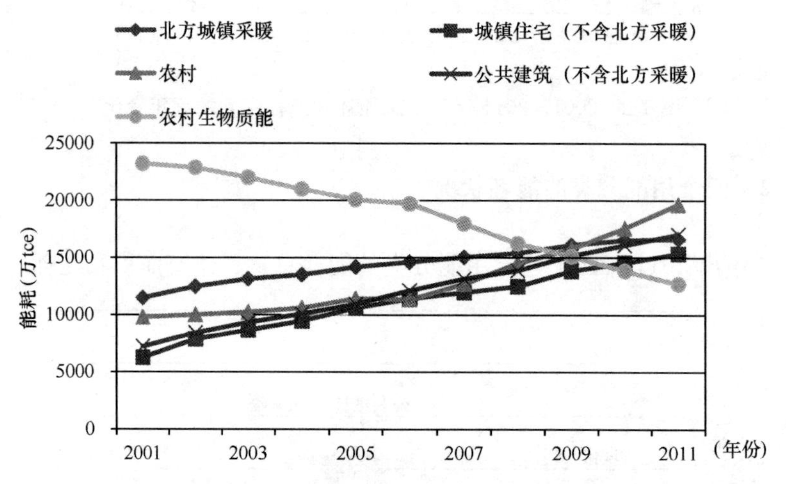

图 1-4 用能分类的能耗总量逐年变化

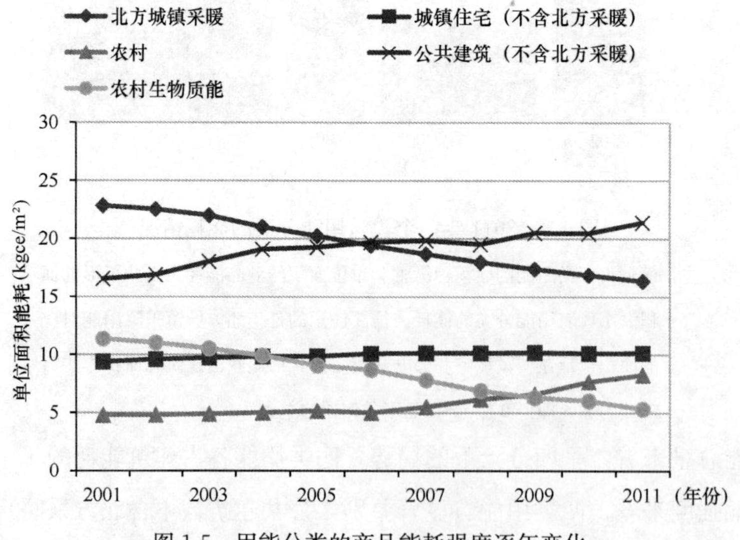

图 1-5 用能分类的商品能耗强度逐年变化

1）北方城镇采暖能耗强度较大，近年来持续下降，显示了节能工作的成效。

2）2001年以来，除北方城镇采暖外，其他各类的能耗强度都呈持续增长趋势，增长最快的是公共建筑（不含北方采暖），从2005年起超过北方城镇采暖成为能耗强度最高的分类，是最近几年节能的重点。

3）农村住宅商品能耗总量增加的同时，生物质能使用量持续快速减少，如果现有的1.27亿tce生物质能耗都被商品能耗所取代，农村住宅的商品能耗将增加3/5。

下面对每一个用能分类的变化进行详细的分析。

（1）北方城镇采暖

2011年北方城镇采暖能耗为1.66亿tce，占建筑能耗的24.2%。2001～2011年，北方城镇建筑采暖面积从33亿m^2增长到102亿m^2，增加了2倍。从能耗总量来看，北方城镇建筑采暖能耗从0.84亿tce增长到1.66亿tce，增加了1倍，明显慢于建筑面积的增长，体现了节能工作取得的显著成绩——平均的单位面积采暖能耗从2001年的22.8kgce/m^2降低到2011年的16.4kgce/m^2。

具体说来，能耗强度降低的主要原因包括建筑保温水平提高、高效热源方式占比提高和供热系统效率提高：

1）建筑保温水平的提高。近年来，住房和城乡建设部通过多种途径提高建筑保温水平，包括：建立覆盖不同气候区、不同建筑类型的建筑节能设计标准体系，从2004年底开始的节能专项审查工作，以及“十一五”期间开展的既有居住建筑改造。这三方面工作使得我国建筑的保温水平整体大幅提高，起到了降低建筑实际需热量的作用。

2）高效热源方式比例迅速提高。各种采暖方式的效率不同[1]，目前缺乏对各种热源方式对应面积的确切统计数据，但总体看来，高效的热电联产集中供热、区域锅炉方式逐步取代小型燃煤锅炉和户式分散小煤炉，使后者的比例迅速减少；各

[1] 关于各种采暖方式热源效率的详细分析见《中国建筑节能发展年度研究报告2011》的2.3节。简单说来，各种主要的采暖方式中，燃气采暖方式的热源效率与锅炉大小没有直接关系，实际使用的效率为85%～90%之间。燃煤采暖方式中，热源效率最高的是热电联产集中供热，其次是各种形式的区域燃煤锅炉，效率在35%～85%之间，一般说来，燃气锅炉的效率高于燃煤锅炉；燃煤的采暖方式中大锅炉效率高于中小型锅炉，而分户燃煤炉采暖效率最低，根据炉具和采暖器具的不同，效率可低至15%。

类热泵迅速发展，以燃气为能源的采暖方式比例增加。

3）供热系统效率提高。近年来，特别是“十一五”期间开展的既有建筑改造工作，使得各种形式的集中供热系统效率得以整体提高。

（2）城镇住宅（不含北方采暖）

2011年城镇住宅能耗（不含北方采暖）为1.53亿tce，占建筑总能耗的22.3%，其中电力消耗3566亿kWh，非电商品能消耗（燃气、煤炭）0.44亿tce。根据CBEM模型计算结果，2011年我国城镇住宅各终端用能途径的能耗如表1-2所示[❶]。

2011年我国城镇住宅各终端用能途径的能耗 **表1-2**

	实际能耗	折合为标准煤（万tce）	单位面积能耗	占住宅总能耗的比例
空调	520亿kWh电	1603	3.4 kWh/m^2	10.4%
照明	922亿kWh电	2840	6.1 kWh/m^2	18.5%
家电	1106亿kWh电	3407	7.3 kWh/m^2	22.2%
炊事	燃气、燃煤和电力共计4770万tce	4770	3.2 $kgce/m^2$	31.1%
生活热水	燃气和电力共计1453万tce	1453	1.0 $kgce/m^2$	9.5%
夏热冬冷地区冬季采暖[❷]	414亿kWh电	1276	7 kWh/m^2	8.3%

2001～2011年城镇住宅面积迅速增长，增加了2.5倍，是驱动该类能耗总量出现3.5倍增长的最直接原因。城镇住宅单位面积能耗缓慢持续增加，一方面是家庭用能设备种类和数量明显增加，造成能耗需求提高；另一方面，炊具、家电、照明等设备效率提高，减缓了能耗的增长速度。比如，由于城镇燃气普及率的提高，从2000年的45.4%提高到2011年的92.4%[❸]，城市燃煤炊事灶大量减少，同时家庭平均建筑面积大幅度增加，造成单位面积炊事能耗的降低。再如，虽然家庭照明需求不断提高，灯具数量和种类都有所增加，但节能灯大量取代白炽灯，将照明光效提高了4～5倍，大大减缓了照明能耗的增长。

（3）公共建筑（不含北方采暖）

❶ 电力按2011年全国平均火力发电水平换算为标准煤，换算系数为1kWh=0.308kgce。

❷ 仅指夏热冬冷地区的省、自治区和直辖市的城镇住宅，2011年该地区的城镇住宅面积为60亿m^2。

❸ 数据来源：中国统计年鉴2012。

2011年公共建筑面积约为79.7亿m^2，占建筑总面积的17.0%，能耗（不含北方采暖）为1.71亿tce，占建筑总能耗的24.8%，其中电力消耗为4467亿kWh，非电商品能耗（煤炭、燃气）为3297万tce。

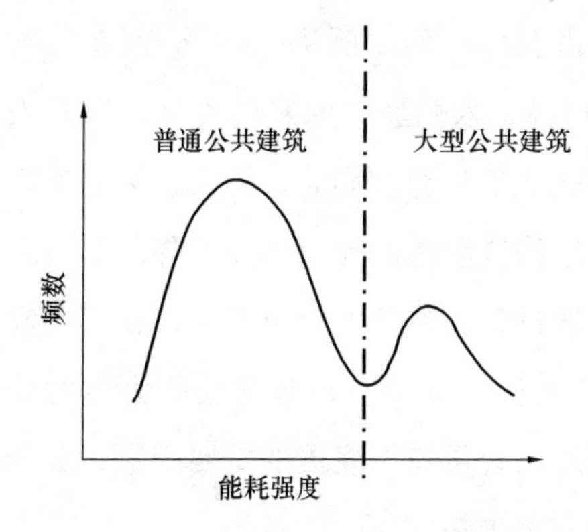

图1-6　我国公共建筑能耗呈现明显的二元结构分布特征

我国的公共建筑用能存在明显的二元分布特征[1]，即大量普通公共建筑集中分布于电耗强度在50～70 kWh/m^2这个较低的能耗水平，少部分大型公共建筑建筑则集中分布在120～180 kWh/m^2的较高能耗水平，后者的能耗强度是前者的2～4倍，如图1-6所示。目前缺乏大型公共建筑（指采用中央空调、单体面积大于2万m^2的公共建筑）面积的全面统计数据，据估算，2011年大型公共建筑面积约为5.7亿m^2，占公共建筑总量的比例约为7.2%。

2001～2011年公共建筑面积增加了0.8倍，平均的单位面积能耗从2001年的17.9kgce/m^2增加到2011年的21.4kgce/m^2，是增长最快的建筑用能分类。最近十几年间，新建公共建筑中大型公共建筑比例的不断提高，档次也越来越高（如各地政府大楼、高档文化设施、高档交通设施和高档写字楼等），兴建千奇百怪、能耗巨大的大型公共建筑成为某种体现经济发展水平的“标签”。另一方面，既有公共建筑相继大修改造，由普通公共建筑升级为大型公共建筑。这些变化导致大型公共建筑比例逐年增加，出现图1-6所示的公共建筑分布向高能耗的“大型公共建筑”尖峰转移，是公共建筑单位面积能耗增长的最主要驱动因素。

（4）农村住宅

2011年农村住宅的商品能耗为1.97亿tce，占建筑总能耗的26.8%，其中电力消耗为1542亿kWh，非电商品能（燃煤、燃气、液化石油气）为1.49亿tce。此外，2011年农村生物质能（秸秆、薪柴）的消耗约折合1.27亿tce[2]。

2001～2011年农村人口从8.0亿减少到6.6亿人，而人均住房面积从

---

[1] 关于公共建筑二元分布特征的详细叙述见《中国建筑节能年度发展研究报告2010》第2.3节。

[2] 参考2012年《中国建筑节能年度研究发展报告》，2011年的农村能耗数据，根据2007年农村商品能耗和生物质能耗数据，以及2006～2008年的变化趋势外推估算。

25.7m^2/人增加到36.2m^2/人[1]，带来农村住房面积的增长。

以户为单位来看农村住宅能耗的变化，如图1-7所示，户均总能耗没有明显的变化，而生物质能有被商品能耗取代的趋势，占总能耗的比例从2001年的70%下降到2011年的39%。随着农村电力普及率的提高、农村收入水平的提高，以及农村家电数量和使用的增加，农村户均电耗呈快速增长趋势。同时，越来越多的生物质能被煤炭所取代，这就导致农村生活用能中生物质能源的比例迅速下降。如何充分利用农村地区各种可再生资源丰富的优势，通过整体的能源解决方案，在实现农村生活水平提高的同时不使商品能源消耗同步增长，维持农村非商品能为主的特征，是我国农村住宅节能的关键，也是我国能源系统可持续发展的重要问题，关于此问题的讨论详见《中国建筑节能年度发展研究报告2012》。

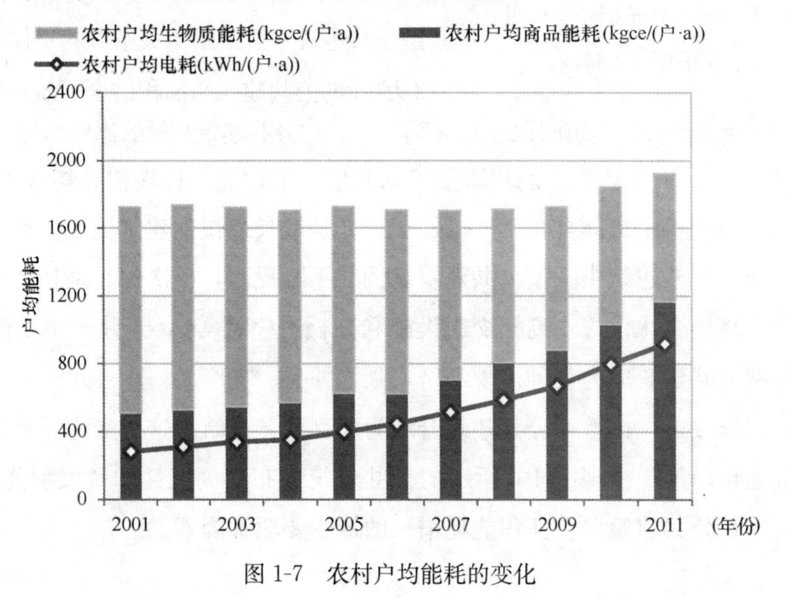

图1-7 农村户均能耗的变化

1.2 2012年中国建筑节能工作新规划

1.2.1 “十二五”建筑节能专项规划

2012年5月，住房和城乡建设部颁布《“十二五”建筑节能专项规划》（以下

[1] 数据来源：中国统计年鉴2011，表3-1。

简称《专项规划》）（建科［2012］72号），要求各级建设部门切实执行。《专项规划》从发展现状和面临形势出发，提出“十二五”期间建筑节能工作主要目标、指导思想和发展路径，并根据目标明确了九个重点任务和实现目标的十项保障措施，以及组织实施方式。

《专项规划》在总结“十一五”期间建筑节能发展成就的基础上，提出了新的目标。“十一五”期间建筑节能实现了1.1亿tce节能量，而《专项规划》提出到“十二五”末，建筑节能新增1.16亿tce节能能力。新建建筑节能、北方既有建筑供热计量与节能改造、公共建筑节能监管体系建设和节能运行管理，以及可再生能源与建筑一体化应用被列为实现建筑节能量目标的四个主要方面。

从节能的总体思路来看，《专项规划》强调把提高建筑能效作为建筑节能的主要途径，规定了很多提高能效的具体指标。规划强调政府部门在建筑节能工作中的作用，作为各级城乡和建设部门执行和考核的依据。而大量实践证明，建筑节能应逐步从以节能技术为主导的思路转变为实际用能量控制为主导的思路。在党的十八大报告中重点提出的“能耗总量控制”的思想（后文有阐述），正是这一认识的高度总结，同时也是今后各级政府部门“生态文明建设”工作的思路，在《专项规划》中可能也应该从用能总量控制这点出发，使我们的建筑节能工作与生态文明建设的思想相协调。

《专项规划》与“十一五”的工作有一定的延续性，也增加了一些内容，两者的主要指标对比如表1-3所示，主要变化包括：

1）对于新建建筑提出更明确的节能指标，并提出了新建超低能耗的示范建筑；

2）对绿色建筑和可再生能源建筑，由“十一五”期间的示范项目建设，推进为规模化建设；

3）进一步扩大北方既有建筑节能改造面积，并首次提出在过渡地区和南方地区开展节能改造试点；

4）公共建筑节能方面，提出了监管体系、监管平台建设的具体目标，节能运行和改造，以及实际能耗节能率的目标；

5）扩大可再生能源建筑应用范围，并提出常规能源替代能力目标；

6）首次提出建立建筑节能体制机制建设，突出建筑节能工作中的政府的监管职责。

总体来看，与“十一五”期间工作规划相比，《专项规划》增大了相应的节能技术和措施的应用量。值得注意的是，各项建筑节能工作目标进一步提高，建筑节能覆盖面从城镇建筑扩展到农村建筑，既有建筑节能从北方扩展到南方，示范性节能项目推广为规模化建设，这些变化反映了我国建筑节能工作在广度和深度上得到进一步重视，并通过几年的示范试点工作，收到了实质效果，得到了进一步支持与推广。

“十一五”期间与“十二五”期间建筑节能工作主要指标对比　　表 1-3

“十一五”建筑节能工作主要指标[12]、[13]		“十二五”建筑节能工作主要指标[14]	
项　目	规划指标	项　目	规划指标
新建建筑节能	施工阶段执行节能强制性标准的比例达到95%以上	新建建筑	北方严寒及寒冷地区、夏热冬冷地区全面执行新颁布的节能设计标准，执行比例达到95%以上；北京、天津等特大城市执行更高水平的节能标准；建设完成一批低能耗、超低能耗示范建筑
低能耗、绿色建筑示范项目	30个	绿色建筑规模化推进	新建绿色建筑8亿m^2。规划期末，城镇新建建筑20%以上达到绿色建筑标准要求
北方采暖地区既有居住建筑供热计量及节能改造	1.5亿m^2	既有居住建筑节能改造	北方采暖地区：实施既有居住建筑供热计量及节能改造4亿m^2以上； 过渡地区、南方地区：实施既有居住建筑节能改造试点5000万m^2
大型公共建筑节能运行管理与改造	实施政府办公建筑和大型公共建筑节能监管体系建设	大型公共建筑节能监管	监管体系建设（加大能耗统计、能源审计、能效公示、能耗限额、超定额加价、能效测评制度实施力度）； 监管平台（建设省级监测平台20个，实现省级监管平台全覆盖，节约型校园建设200所，动态监测建筑能耗5000栋）； 节能运行和改造（实施高耗能公共建筑节能改造达到6000万m^2，高校节能改造示范50所）； 实现公共建筑单位面积能耗下降10%，其中大型公共建筑能耗降低15%

续表

"十一五"建筑节能工作主要指标[12]、[13]		"十二五"建筑节能工作主要指标[14]	
项　目	规划指标	项　目	规划指标
可再生能源在建筑中规模化应用示范推广项目	200个	可再生能源建筑应用	新增可再生能源建筑应用面积25亿m^2，形成常规能源替代能力3000万tce
农村建筑节能	规划未提及，实际有推动	农村建筑节能	农村危房改造建筑节能示范40万户
墙体材料革新	产业化示范	新型建筑节能材料推广	新型墙体材料产量占墙体材料总量的比例达到65%以上，建筑应用比例达到75%以上
		建筑节能体制机制	形成以《节约能源法》和《民用建筑节能条例》为主体，部门规章、地方性法规、地方政府规章及规范性文件为配套的建筑节能法规体系。省、市、县三级职责明确、监管有效的体制和机制。建筑节能技术标准体系健全。基本建立并实行建筑节能统计、监测、考核制度

专项规划中需要进一步讨论的问题：

1）建筑节能应实现从提高能效主导的思路转向用能总量控制的思路

《专项规划》强调将提高能效作为主要节能路径，具体的工作方案包括严格新建建筑执行节能设计标准，推进绿色建筑规模化，推动新型建筑节能材料推广等，而这些举措大部分是"十一五"建筑节能工作的延续。从各类建筑用能实际能耗来看，"十一五"期间，北方城镇采暖节能，通过围护结构保温、提高高效热源方式的比例、提高供热系统效率等途径取得了突出的成绩，这是由于北方城镇集中采暖的"全时间，全空间"使用方式决定的；然而，其他类型建筑用能强度（包括公共建筑（除北方采暖外）、城镇住宅（除北方采暖外）和农村住宅（商品能耗）用能）都明显增加。我国建筑能耗总量从"十一五"初期（2006年）建筑能耗为5.06亿tce增长到2010年的6.48亿tce，全国平均的建筑能耗强度从12.6kgce/m^2增长到15.0kgce/m^2，能耗总量和能耗强度分别增长了34%和19%。

促使建筑用能强度增加的因素包括：随着收入的增加和城市化、工业化进程的推进，建筑为人们提供的室内环境需求不再限于“温饱”的水平，而更强调舒适与健康，比如夏季降温手段增加、南方建筑冬季室温提高、生活热水供应量增加、家用电器种类和数量增长等；出现了一小部分追求“奢华”享受的人群，如保持室内环境恒温恒湿、大量使用高能耗的家用电器；建筑运行理念悄然变化：大量建筑和系统，由独立分散、可根据人的不同需求自由调控的运行方式，变为集中的、机械控制的运行方式，如大量使用集中空调的新建或改建公共建筑替代了分散空调的建筑。人们对舒适生活的追求无可厚非，但不合适的建筑运行理念和对提高建筑服务水平的盲目追求会导致室内环境服务量超出实际需求的增加，大量增加了使用能耗，却没有为建筑使用者的感受带来相应的提高。因此，仅以倡导“提高能效”，推动节能技术应用为主要节能途径的思路，可能难以解决这些变化带来的能耗增长的问题，而往往出现如下情况：一些节能技术由于实际运行成本高或实际条件下难以运行，投入建设却闲置不用；一些节能技术提供的服务量超出合理的需求，导致建筑运行能耗不降反增；更常见的是对于一些节能技术或设备，投入大量物质和资金，却没有取得明显的节能效果。这都说明，仅仅强调提高能效、应用“节能技术措施”也可难以实现真正意义的建筑节能。

建筑用能与工业用能属性的巨大差异，是导致建筑节能不能照搬工业节能的“提高能效”思路的根本原因：工业用能的能效可以用具体的产品用能量衡量，而建筑用能属于消费领域用能，其“产出”是人们获得的建筑中的“服务”，“服务量”的需求是无止境的，而其本身也没有如同具体的产品用能标准，因此，建筑节能难以通过“提高能效”来评判；而一旦没有对“服务量”定出标准，其无上限的增长，势必造成能耗的增加，即使提高了“能效”，实际用能量还会增长。目前我国实际建筑能耗的增长，正是这个原因。

那么，怎样才能实现真正的建筑节能呢？实际能耗数据是检验节能工作成果的唯一标准。真正意义的节能，应该能够反映在能耗数据上，即以实际能耗数据为依据来评判建筑节能工作的成效；进一步，在我国能源总量限制的前提下，提出用能总量的上限，在各类建筑具体的用能指标下，通过技术结合建筑使用模式的创新，维持甚至降低建筑用能强度，这是符合党的十八大报告提出的“能耗总量控制”主旨的建筑节能工作思路。

2）新建建筑节能的提高建筑能效措施应结合新建建筑面积控制

从节能目标来看，新建建筑节能是建筑节能工作最大的一块，《专项规划》确定的新建建筑节能能力为 4500 万 tce，占建筑总节能量目标（1.16 亿 tce）的 39%。如何实现这个节能量？

《专项规划》对于新建建筑节能的重点是加强北方严寒及寒冷地区、夏热冬冷地区节能标准执行力度（执行比例达到95%以上）。把“继续强化新建建筑节能监管和指导，完善新建建筑全寿命期管理机制，实行能耗指标控制”作为实现目标的主要任务。

另一个角度来看，确保节能标准执行力度的情况下，新建建筑面积越大，新建建筑总的节能量就越多。这与建设“资源节约型，环境友好型”社会的宗旨相矛盾，因而，新建建筑节能应该充分考虑新建建筑面积总量约束，与提高建筑能效一起，成为实现新建建筑节能的工作任务。

3）农村建筑节能是非常重要且大有可为的领域

《专项规划》列出了农村建筑节能条目，将危房改造作为农村节能的工作主要内容，同时提出了探索农村建筑节能途径：引导农民按绿色建筑的原则进行设计和改造，在农村地区推广应用太阳能、沼气、生物质能和农房节能技术。这对于改善农民生活质量，推进农村建筑节能有积极的引导作用。

农村建筑节能十分重要，且是大有可为的领域，具体来看：农村建筑面积约占我国总建筑面积的一半，2011 年，其用能总量达到了 1.97 亿 tce，加上生物质能 1.27 亿 tce，占到全国建筑用能总量的 40%；同时，农村建筑商品用能强度呈快速增长的趋势，越来越多的生物质能被煤炭、电力取代，当前农村建筑商品用能强度仅约为城镇居民的一半，商品能源需求增加，给建筑节能工作带来了新的压力。另一方面，农村地区有丰富的可再生资源，自然环境条件优越，且应用可再生能源的空间比城市大，因此，重视农村可再生能源的发展，对于满足农村居民生活用能需求，减缓商品用能需求增长有重要意义。

由于经济和技术水平的限制，农村建筑节能属于建筑节能工作的薄弱环节，市场所起的作用有限，农村建筑节能更需要政府政策和资金的支持。此外，由于农村建筑形式和居民生活方式与城镇差异很大，不能照搬城镇建筑节能标准和指标。《中国建筑节能年度发展研究报告 2012》的农村住宅节能专题，针对农村住宅建筑节能工作的特点，提出了在北方建设“无煤村”、南方建设“生态村”的节能思路，充分利用农村地区资源优势，发展生物质能源和其他可再生能源技术，在提高农村居民生活品质的同时，实现农村建筑节能目标。具体而言主要有以下两点：

1）在北方农村开展房屋改造，加强围护结构保温和气密性，减少采暖需热量；发展火炕，充分利用炊事余热；发展各种太阳能采暖和生活热水；秸秆薪柴颗粒压缩技术，实现高密度储存和高效燃烧。

2）在南方农村传统农居的基础上进一步改善，通过被动式方法获得舒适的室内环境；发展沼气池，解决炊事和生活热水；解决燃烧污染、污水等问题，营造优美的室外环境。

1.2.2 节能减排“十二五”规划

2012年8月，国务院出台《节能减排“十二五”规划》（国发〔2012〕40号）印发各级政府，要求认真贯彻执行。该规划涉及工业、建筑和交通各用能部门，关于建筑节能的指标主要分为了三个方面，其中非常明确地提出了公共机构单位建筑面积能耗控制目标，指标的内容引用如下：

1）建筑：北方采暖地区既有居住建筑改造面积4亿m^2、城镇新建绿色建筑标准执行率由1%提高到15%；

2）公共机构：公共机构单位建筑面积能耗由23.9kgce/m^2降至21 kgce/m^2，公共机构人均能耗由447.4kgce/人降至380kgce/人；

3）终端用能设备能效：包括房间空调器、电冰箱和家用燃气热水器。

在主要任务中，该规划对于建筑节能主要强调了新建建筑节能和既有建筑改造节能两方面，此外，商用和民用节能、公共机构节能中，重点强调了节能设备、运行管理节能，突出能耗监测和节能监管体系的作用。

总体看来，《节能减排“十二五”规划》中建筑相关部分与专项规划的主要内容基本一致。值得一提的是，《节能减排“十二五”规划》从总体上提出了“加强用能节能管理”保障措施，提到“在工业、建筑、交通运输、公共机构以及城乡建设和消费领域全面加强用能管理，切实改变敞开供应能源、无约束使用能源的现象。”这句话反映了用能量控制的思想，对于今后节能工作发展指出了一个方向。

1.2.3　民用建筑能耗和节能信息统计

住房和城乡建设部从2007年开始在部分城市试行民用建筑能耗统计工作，于2007年8月首次印发《民用建筑能耗和节能信息统计报表制度》（以下简称《报表制度》），并于2009年12月和2012年3月对其进行了修订。

《报表制度》包括城镇民用建筑能耗和节能信息统计报表以及农村居住建筑能耗信息统计报表两个部分。通过报表主要统计建筑和系统（供暖、供冷、可再生能源等）的基本信息，以及各类型建筑能耗信息。

《报表制度》中能耗统计信息针对的建筑类型包括：国家机关办公建筑、城镇大型公共建筑、中小型公共建筑、居住建筑、集中供热以及农村居住建筑，符合按照建筑用能特点对我国建筑用能的分类；此外，对于新建建筑、既有建筑和可再生能源规模化应用的信息业进行了统计。《报表制度》全面采集我国各类建筑信息、系统信息和建筑能耗信息，对推动建筑节能工作的开展有着非常积极的作用。当前《报表制度》中还有两点值得重视：

（1）二次能耗的换算方法不明确。对电力的换算方法，我国的能耗统计中常用的有发电煤耗法和热当量法两种方法，如果采用发电煤耗法，1kWh电按生产1kWh电所消耗的一次能源热量换算（按当年全国平均火电发电标准煤耗计算），例如，2010年1kWh电需要0.312kgce；采用热当量法，1kWh电折算到一次能源等于0.1229kgce，两者相差近3倍。《报表制度》没有明确规定使用的换算方法，在加总各能源种类的总量时，有可能造成数据的混淆。

（2）居住建筑按照户来进行统计更好，更能反映住宅用能单元的特点。住宅与公共建筑不同，用能单元不是“楼栋”，而是“户”，居住建筑能耗分析和节能技术应用也应该是按照户进行。当前美国、欧盟和日本等国家和地区对于住宅建筑用能均是按照户进行统计，建议在对居住建筑进行数据收集时，加入户数的数据项目，用能量以户作为单位统计。

住房和城乡建设部于2012年9月印发了《民用建筑能耗和节能信息统计暂行办法》（以下简称《暂行办法》）（建科［2012］141号），要求各级建设主管部门对民用建筑能耗状况和建筑节能信息进行收集、整理、分析和公布，自2012年11月15日起施行。该办法建立和完善了民用建筑能耗和节能信息统计的统计制度，包括统计调查对象、各级建设主管部门的职责、报表填报要求、统计资料管理和使用方案，及相关奖励。这次《暂行办法》的正式颁布实施，是以法规形式对民用建筑能耗和信息统计工作重要性的肯定，也是在能耗统计工作方面的进步。

1.2.4 党的“十八大报告”关于生态文明建设内容分析

2012年11月8日，中共中央总书记胡锦涛代表十七届中央委员会向中共第十八次代表大会作了题为《坚定不移沿着中国特色社会主义道路前进—为全面建成小康社会而奋斗》的报告，报告分为十二个专题，其中第八个专题为“大力推进生态文明建设”，指出“建设生态文明，是关系人民福祉、关乎民族未来的长远大计”。建筑节能工作是生态文明建设的重要内容，建设生态文明的提出，实际也是将建筑节能工作的重要性提到了新的高度。

对十八大报告原文中关于生态文明建设的阐述作如下解读：

原文一：“必须坚持解放和发展社会生产力。解放和发展社会生产力是中国特色社会主义的根本任务。要坚持以经济建设为中心，以科学发展为主题，全面推进经济建设、政治建设、文化建设、社会建设、生态文明建设，实现以人为本、全面协调可持续的科学发展。”（二、夺取中国特色社会主义新胜利）

首次将生态文明建设与经济建设、政治建设、文化建设和社会建设并重，提出“五位一体”的新布局，将此作为建设中国特色社会主义事业总体布局中的重要组成部分。推进生态文明建设，是中国特色社会主义现代化建设的必然要求，是总揽国内外大局，贯彻落实科学发展观的具体体现。

原文二：“把生态文明建设放在突出地位，融入经济建设、政治建设、文化建设、社会建设各方面和全过程”。（八、大力推进生态文明建设）

这句话强调了生态文明建设的重要性，生态文明建设需融入中国特色社会主义建设的各方面和全过程。具体到建筑节能工作，已不再单单是节约能源的问题。建筑节能工作实际已经影响到了社会发展的各方面：

1）经济建设方面，能源是国家经济发展的动力，建筑运行节省更多的能源，可以支持工业正常发展，南方部分省份夏季因为电力不够，拉闸限电的情况时有发生，对于生产、人民工作和生活影响巨大。

2）政治建设方面，控制温室气体排放是我国作为负责任的大国所必须履行的承诺，建筑节能所实现的温室气体减排量是非常可观的，对切实承担全球排放控制目标的责任，树立我国良好国际形象有着十分积极的作用。

3）文化建设方面，建筑节能工作实际需要发扬中国人“勤俭节约”的优良文化传统，建筑设计与运行要继承和发扬中国的“天人合一”、人与环境和谐相处的哲学思想，推动建筑节能工作，实际也是在弘扬我国优良的传统文化。

4）社会建设方面，建筑用能服务于人们工作、学习、生活的各个环节。空调、采暖、通风、照明等室内环境的营造，使得人们享受健康舒适的室内环境；电器、生活热水、炊事等属于人们日常生活的必需环节，建筑节能工作影响到这些用能，对社会建设的影响之深之广可见一斑。

总结而言，建筑节能作为生态文明建设的重要部分，应该融入到经济、政治、文化和社会的建设中，全面支持中国特色社会主义事业。

原文三：“推动能源生产和消费革命，控制能源消费总量，加强节能降耗，支持节能低碳产业和新能源、可再生能源发展，确保国家能源安全。”

“控制能源消费总量”的提出，对于建筑节能工作有着十分重要的意义。当前节能工作经常提“提高能效”，而未在能耗上明确节能的目标。一些观点认为我国正处在高速发展的过程中，难以确定未来的能源消费水平。然而，人类可利用的化石能源总量有限，我国人均占有量更是缺乏，不对能耗总量进行控制，势必导致“消费领域”的能耗无节制增长。由于人类无止境的物质欲求，消费领域的服务需求是永远没有上限的，而建筑用能正属于消费领域。另一方面，化石能源的使用造成的碳排放也严重影响人类的生存安全。在可预见的未来，可再生能源难以替代化石能源，无法改变化石能源作为主要能源的能源结构，所以进行能耗总量控制，是保障国家能源安全、社会稳定和可持续发展的必然举措，应尽快地贯彻到建筑节能工作的各个环节！

1.2.5 绿色建筑行动方案

2013年1月1日，国务院办公厅转发了国家发展与改革委员会、住房和城乡建设部制定的《绿色建筑行动方案》（以下简称《行动方案》）（国办发［2013］1号）。该方案指出了开展绿色建筑行动的重要意义，结合党的十八大报告，提出推进生态文明融入城乡建设的全过程，抓住建筑“全寿命期”概念，从“政策法规、体制机制、规划设计、标准规范、技术推广、建设运营和产业支撑等方面全面推进绿色建筑行动，加快推进建设资源节约型和环境友好型社会”。

《行动方案》的主要目标落在了新建建筑节能和既有建筑改造上，对比《“十二五”建筑节能专项规划》，该方案将“十二五”期间的新建绿色建筑建设目标从8亿m^2提高到10亿m^2；将公共建筑节能改造从6000万m^2增加到1.2亿m^2（增加了公共机构办公建筑改造6000m^2一项）。《行动方案》强调建筑的全寿命期节约资源，这可以认为是对于建筑节能工作认识的变化，如果加入实际能耗控制的内容，可能将更好地与十八大关于生态文明建设的精神相契合。

从《行动方案》的重点任务来看，有两点具有重要意义：1）“切实抓好新建建筑节能工作”一项，提到了“积极推进绿色农房建设”，要“大力推广太阳能热利用、围护结构保温隔热、省柴节煤灶、节能炕等农房节能技术；切实推进生物质能利用”等内容，对于农村建筑节能工作有积极的指导作用；2）“严格建筑拆除管理程序”，控制违规拆除行为，延长建筑使用年限，节约建材，减少建材生产和建设能耗，对降低建筑的全寿命期能源资源有着十分重要的作用。

总体来看，《行动方案》强化了“绿色建筑”节能的概念，在目标和任务方面，参考了《“十二五”建筑节能专项规划》的内容，增加了“生态文明建设”的理念，如果能够结合能耗总量控制的思路，提出具体指标，也许能够更好地促进“绿色建筑”的节能效果。

1.2.6 能源发展“十二五”规划

2013年1月23日，国务院印发了《能源发展“十二五”规划》（以下简称《能源规划》）（国发［2013］2号），该规划包括发展基础和背景、指导方针和目标、主要任务、保障措施以及规划实施五部分。

《能源规划》指出当前我国面临“资源制约日益加剧，能源安全形势严峻”、“生态环境约束凸显，绿色发展迫在眉睫”等重大挑战，到“十二五”末，国内一次能源生产预期为36.6亿tce，考虑进口，国内一次能源消费总量应控制在40亿tce左右，用电量控制在6.15万亿kWh左右。这是我国首次在国家的规划或节能方案中明确提出能源消费的总量控制目标，是我国节能工作思路转变的重大标志。

《能源规划》提出的“实施能源消费强度和消费总量双控制”，将能源和电力消费总量分解到各省（区、市），如果能够将能源消费总量按行业进行分解，提出可用于建筑运行的能耗上限，就可以更好地指导建筑节能工作。

《能源规划》已将住房和城乡建设部纳入落实能源消费总量控制的实施部门，建筑作为社会能源消耗的重要组成部分，需要贯彻总量控制思想，根据我国工业发展，交通需求，以及人民生活等多方面因素，切实设计各分类用能的控制目标，实现能耗总量控制目标。

1.3　中国建筑用能总量控制目标

建筑用能中各分类用能总量的增长源于用能强度和建筑面积两方面的增长。未来的短期内，这两方面因素还将持续增长一段时间，而我国不得不面临的能源与碳排放约束要求建筑部门回答：未来中国建筑用能总量应控制在什么样的水平？

如果参考欧美发达国家的建筑能耗水平，我国单位面积建筑用能强度将在当前的水平上再提高2倍，即使建筑面积不变，建筑用能总量也将达到20亿tce，相当于2011年国家总能耗的60%；再假定未来人均建筑面积增加，从当前约$30m^2$/人，提高到欧洲$60m^2$/人，或者美国$100m^2$/人的水平，建筑用能总量再乘以2倍或者3倍，那么，即使将全国每年可用的能源都用来为建筑运行服务都不够。

再从国家用能总量的角度来看，近年来，我国能源消耗迅速增加，其中工业、建筑、交通用能，甚至农业用能均在逐年增加。从2001年以来，我国总的终端能源消耗及各部门用能变化如图1-8所示。

各部门用能增长的原因是：工业部门的用能增长，是由于我国作为制造业大国，工业生产产量快速增加，即便工业生产的能效不断提高，工业用能总量还是大幅度增加；交通能耗的增长，与汽车拥有量，以及人们日益增加的出行量有关；而建筑用能的增长，则是伴随着城镇化率和生活水平的提高，建筑面积增加，生活和工作用能强度增加，总量也随之增加。

建筑用能属于消费领域能源。工业生产用能的能效可以通过比较生产同一产品的能耗进行比较，而建筑用能无特定的产品，服务量和服务水平可以根据使用者的需求而变化，用能量随着服务量和服务水平同步增长，但两者并不是线性的关系。

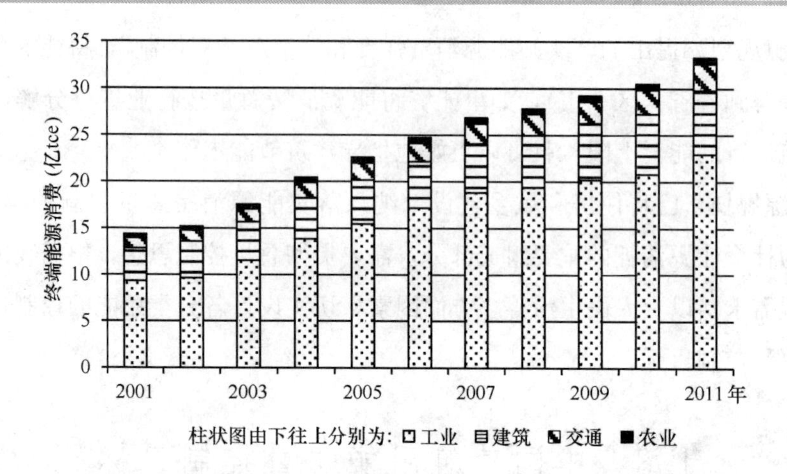

图 1-8 各部门能耗发展情况

（农业和交通能耗数据来源于中国统计年鉴，建筑能耗依据 CBEM 模型计算结果，工业能耗在此基础上根据总量计算得到。）

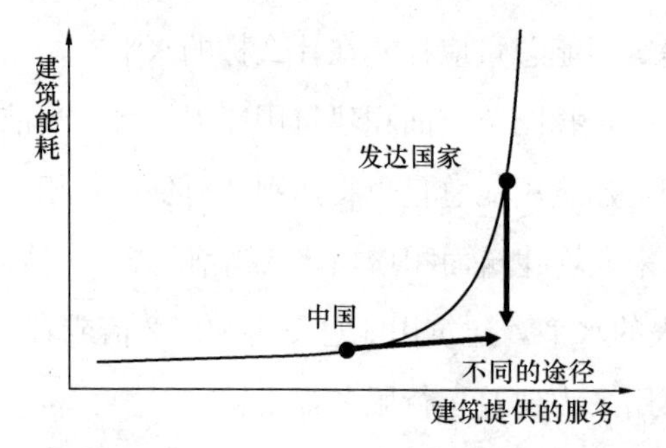

图 1-9 建筑用能与建筑提供的服务量关系

通过研究发现，建筑用能跟服务量的关系可定性表示如图 1-9 所示，即当服务水平较低时，能耗的少量增加可大幅度提高建筑的服务水平，当建筑服务达到一定水平，要想进一步提高则需要大幅度增加能耗。如基本的降温手段（电扇、短时间的空调）可有效改善建筑使用者的感受，而想要达到“恒温恒湿”的室内环境则需要消耗几倍甚至更多的能源。

消费领域的服务需求不像物质生产那样有明确的标准，人们对于服务量的需求可以永无止境，如果不加以控制和约束，建筑运行可能造成巨大的能源消耗。正是由于建筑用能与工业用能性质的差异，建筑节能也应与工业节能有不同的思路——不是从提高能效的角度出发（建筑所要求的服务量的确定本身存在争议），而应该是从能源资源的供应角度出发，在制定公平合理的分配方案的前提下，提出切实的技术措施，以追求相当能源条件下的最优服务水平。这应该是建筑节能区别于工业节能的基本出发点。

能源消耗总量受到全球资源和环境容量的限制，从地球人拥有同等的碳排放和能源使用的权力出发，可以得出未来全球人均碳排放量和化石能源利用量的上限；而从我国的能源资源、经济和技术水平以及可能从国外获得的能源量等情况来分析，也可以得到我国未来发展可以利用的能源上限。从这一总量出发，进一步结合我国社会与经济发展用能状况，可以得出我国未来能为建筑运行提供的能源总量。本节分别从这样几个分析角度出发，“自上而下”地对我国未来可以容许的建筑能耗上限进行估计。这应该是我们建筑节能工作要实现的用能上限控制目标。

1.3.1　能源总量的约束

(1) 碳排放总量的限制

碳排放的主要来源是化石能源的使用，国际能源署（IEA）研究表明[1]，由于化石能源使用产生的碳排放量约占人类活动碳排放总量的80%，减少化石能源使用量是减少碳排放的重要途径。

2010年，世界能源使用形成的碳排放总量为304.9亿t，中国碳排放为全球第一，占22.3%，人均碳排放量已超过世界平均水平❶。我国温室气体排放的大量增加，已经引起世界各国的关注，要求我国尽快控制碳排放的呼声越来越高。

“碳减排”的目标是多少？联合国政府间气候变化专业委员会（IPCC）组织指出，为保护人类生存条件需控制地球平均温度升高不超过2K❶。为达到这一目的，应逐步控制二氧化碳排放量。

到2020年，CO_2排放总量达到峰值400亿t。由于能源使用产生的碳排放约为320亿t，按照目前的化石能源结构，约为156亿tce化石能源的碳排放；根据联合国预测，2020年全球人口将达到76.6亿计算[2]，人均化石能源消耗约为2tce。而目前美国人均化石能源消耗为9.8tce，为该值的5倍，中国为人均化石能源消耗为2.2tce，也已超过了这个值。

到2035年，碳排放量应该继续减少到216亿t。

中国是以煤炭为主要一次能源的国家，煤的碳排放系数是化石燃料中最高的，

---

❶ 来源：1. IPCC (the Intergovernmental Panel on Climate Change), Working Group III Fourth Assessment Report, 2007; 2. MalteMeinshausen, Nicolai Meinshausen, William Hare, Sarah C. B. Raper, KatjaFrieler, RetoKnutti, David J. Frame, Myles R. Allen. Greenhouse-gas emission targets for limiting global warming to 2 ℃, nature, 2009.

更应该严格控制化石能源使用总量。根据全球碳排放控制目标，如果未来中国人口达到14.5亿[15]，化石能源消耗总量应控制在29.5亿tce；除化石能源外，当前常用的能源类型还包括核能、太阳能、风能、水能以及生物质等可再生能源资源，根据中国工程院研究，通过大力发展核能和可再生能源，未来核能有可能占一次能源的10%左右，可再生能源占到20%左右[3]。考虑到这些非碳能源的贡献，从碳排放总量的限制推算，未来我国一次能源消耗总量上限应该不超过42亿tce。

（2）我国可获取能源总量限制

2011年，我国一次能源消费总量已达到34.8亿tce。其中煤炭约占68%，石油占19%，天然气占6%，核电、水电和风电占8%[15]，见图1-10。其中石油的对外依存度已经超过50%[4]。水电、核电、风电的发展受资源、技术和经济水平的限制，很难在短期内替代化石能源成为主要能源。而我国传统化石能源资源总量丰富，但人均能源资源占有量少，煤炭、石油、天然气人均占有量分别为世界的2/3、1/6和1/15[5]。表1-4是我国已探明化石能源储量，石油、天然气和煤炭的储产比均大大低于世界平均水平，石油储产比为9.9，这意味着在没有新探明石油的情况下，我国的石油资源将在10年内枯竭。而目前，我国的石油对外依存度已经超过了50%，继续增加能源进口量，将严重影响到国家能源安全。

2011年我国能源储量 **表1-4**

	单位	储存量	生产量	消费量	储产比	全球平均储产比
石油	亿吨	20.1	2.04	4.8	9.9	54.2
天然气	亿m^3	30510	1025.3	1337.6	29.8	63.6
煤炭	亿吨	1145	35.2	33.2	32.5	112

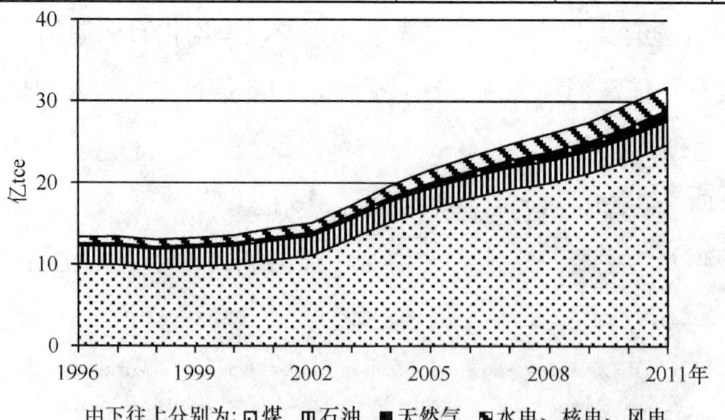

图1-10 我国能源供应发展情况

在我国城镇化进程中，能源供应量成为发展的瓶颈。一方面，受能源资源赋存量、生产安全、水资源和生态环境、土地沉降、技术水平和运输条件的限制，我国煤、石油和天然气等化石能源年生产量有限；另一方面，国内生产难以满足快速增长的消费要求，能源供应对外依存度逐步提高。然而，能源进口量受能源生产国、运输安全和能源市场价格等多方面因素的制约，进口量很容易受到冲击，因而不能通过扩大进口满足国内能源需求。

我国用能量超快增长的发展势头难以持续，必须进行重大调整，必须对化石能源进行总量控制。根据中国工程院研究，到2020年，我国有较大可靠性的能源供应能力为39.3亿～40.9亿 tce，各类能源供应量见表1-5[3]。

我国未来能源可能的供应能力（单位：亿 tce） **表1-5**

	煤炭	天然气	石油	水电	核电	风电	太阳能发电	太阳能热	生物质
国内生产	21	2.83～3.21	3～3.29	3.27	1.63～1.86	0.62～0.93	0.046～0.092	0.3	1～1.45
进口能源	—	1.29	4.28	—	—	—	—	—	—

如果考虑对我国温室气体排放和环境制约的因素，我国能源供应能力还将受到很大的影响，多数非化石能源，水电和核电供应能力已经难以再扩大，其他可再生能源的发展仍然面临多方面的技术障碍。因此，从我国能源供应能力来看，2020年我国能源消耗量不应超过40亿 tce。

1.3.2 建筑节能工作的目标

受碳排放和可获得的能源量的共同约束，未来我国能源消耗总量应该在40亿 tce以下。这不是一个暂时的约束，而将是长远发展要求的目标：从全球碳减排目标来看，未来碳排放量要逐年减少，化石能源用量也应逐年减少；我国能源赋存有限，能源技术短期内难以取得重大突破，因而难以支持不断增长的能源需求。为履行大国义务，同时保障我国能源安全和可持续发展要求，控制能源消耗总量势在必行。

在国家能源消耗总量的约束下，建筑能源使用也应该实行总量控制。目前，我国建筑能源消耗约占社会总能耗的20％，而发达国家建筑能耗占社会能耗的30％

～40%❶。是不是中国的建筑能耗也能占到总能耗的30%以上呢?

从我国社会经济结构来看，工业（特别是制造业）是中国发展的动力（2000以来，第二产业占GDP的比例在45%～48%[15]，见图1-11），生产和制造加工对能源的需求量大，工业用能量约占国家总能耗的65%以上。在未来很长一段时间内，制造业还将是支撑我国发展的重要经济部门，工业用能还将占我国能源消耗量的主要部分，逐年增长的态势短期内不会改变（近年来工业用能增长率持续在5%[17]）。另一方面，我国目前交通用能仅占全社会总能耗的10%左右，无论从用能比例还是人均交通用能，都远低于经济合作与发展组织（简称经合组织，OECD）国家水平。随着现代化发展，交通用能比例一定会有所提高。

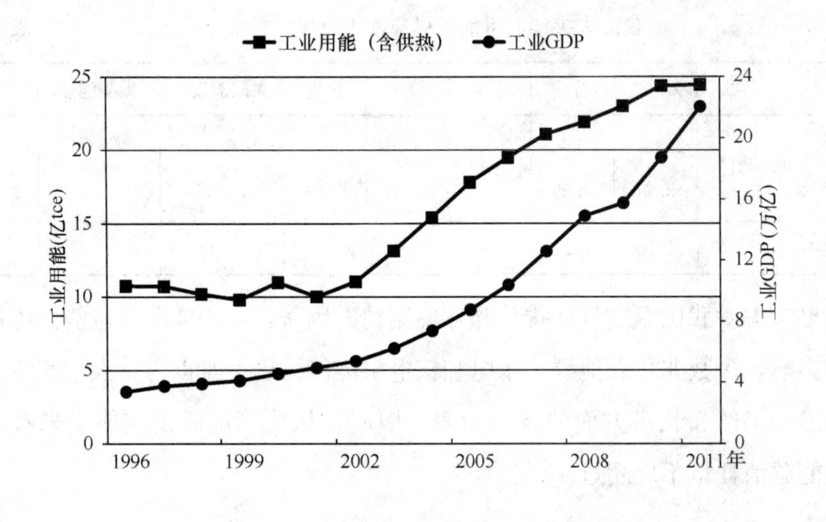

图1-11 工业用能和工业GDP[17]

我国建筑用能（不包括农村非商品生物质能源的建筑用能）一直维持在社会总能耗的20%～25%[17]（图1-12）。在保证我国各部门经济建设健康发展的情况下，不断提高工业用能能效，维持工业用能在目前的基础上增长不超过10%，交通用能不超过目前的2倍，未来建筑能耗最多只能维持在社会能耗的25%以下。

综上所述，由于碳排放总量和能源供应量的约束，我国国家用能总量应在40亿tce以内；考虑工业生产、交通和人民生活发展需要，建筑能耗总量应该在10

❶ 1. D&R International, Ltd. 2010 Buildings Energy Data Book, U. S. Department of Energy; 2. European Commission, Eurostat, http://epp.eurostat.ec.europa.eu.

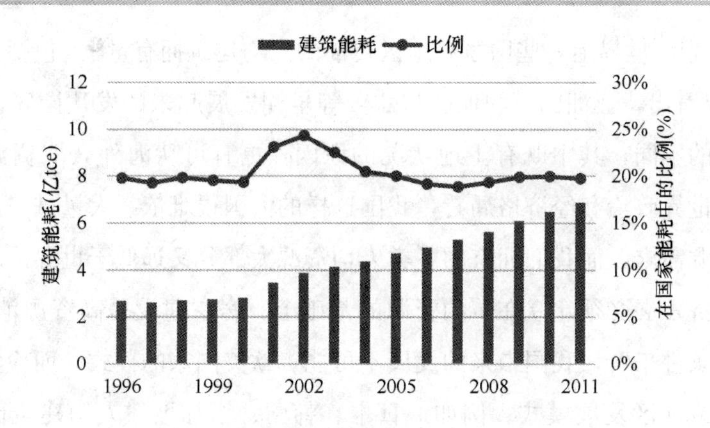

图 1-12 我国建筑能耗发展历程[7]

（不包括农村生物质能耗）

亿 tce 以内，这一用能总量不包括安装在建筑物本身的可再生能源（如太阳能光热、太阳能光电、风能等）。

1.4 实现中国建筑节能总量控制的途径

影响建筑用能总量主要包括两个因素：建筑面积和用能强度，即：

建筑用能总量＝用能强度×总拥有量

用能强度是指单位建筑面积用能，总拥有量则是指总的建筑面积。所以要研究未来建筑用能总量，就需要分别研究未来可能的建筑用能强度的变化和建筑总量的变化。由于城市和农村建筑使用状况、环境条件等都不相同，所以用能强度也不同，于是还需要分别考虑城镇和农村的建筑用能强度和建筑总量的变化。

1.4.1 合理的建筑面积

建筑面积总量控制是实现建筑节能目标的重要内容。在城镇化的背景下，城镇住宅和非住宅类城镇建筑面积将进一步增长。然而，受土地和环境资源的约束，未来建筑面积总量不能无限增长。另一方面，建筑面积的增长引起建筑能耗增加，在能耗总量的约束下，为保障建筑能够正常运行，建筑规模也应存在上限。

图1-13列出世界上一些国家和地区目前的人均建筑拥有量❶（包括住宅和公共建筑）。可以看出，亚洲国家和地区与欧美等早期发展起来的发达国家人均建筑拥有量有很大的不同，其中既有土地状况的原因，更有可从海外获取资源规模的原因。从目前世界政治和经济格局看，我国这样的大国很难依靠大量进口满足我国发展的各种资源需求，而我们拥有的各类人均资源大部分又远低于世界平均水平，因此我国的经济发展必须建立在节约资源的基础上。房屋建设是高资源消耗型产业，从资源环境条件来看，我国未来的发展不可能走欧美国家的模式，而应该参照亚洲的发达国家或地区发展模式。例如，日本、韩国、新加坡，人均建筑面积都是在40 m^2左右，我国也应把人均量控制在这个范围。如果控制在40～45m^2之间，按照未来14.7亿人口计算[8]，总的建筑规模应该约为600亿m^2。

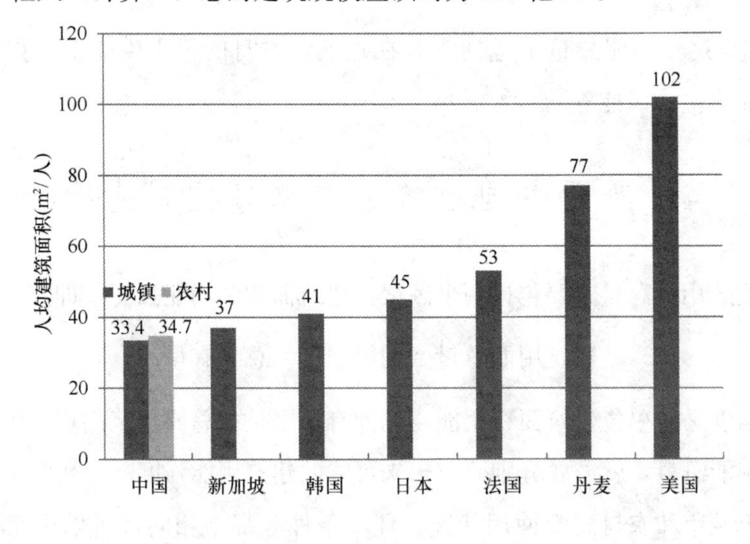

图1-13 世界各国人均建筑面积对比

目前，我国建筑总量已经达到469亿m^2，其中，城镇住宅约151亿m^2，城镇公共建筑约80亿m^2，农村建筑约238亿m^2。按照总量600亿m^2的规划，未来城

❶ 数据来源：1. 中华人民共和国国家统计局. 中国统计年鉴2011. 中国统计出版社；2. D&R International，Ltd. 2010 Buildings Energy Data Book，U. S. Department of Energy；3. European Commission，Eurostat，http：//epp. eurostat. ec. europa. eu；4. Department of statistics Singapore，Yearbook of statistics Singapore 2011，www. singastat. gov. sg；5. 星洲日报，http：//tech. sinchew－i. com/sc/node/228124；6. Korea Energy Economics Institute，Ministry of Commerce，Industry and Eenergy，Yearbook of Energy Statistics 2007；7. Korea National Statistical Office，http：//www. kosis. kr/eng/e_kosis. jsp? listid=B&lanType=ENG；8. The Energy Data and Modeling Center The Institute of Energy Economics，Japan，EDMC Handbook of Energy & Economic Statistics in Japan，2011.

镇人均住宅面积应基本维持在当前24m²/人的水平，城镇住宅总面积将达到240亿m²，可以增加量为90亿～100亿m²；未来城镇人均非住宅类建筑面积达到人均12m²/人，非住宅类城镇建筑总的建筑面积达到120亿m²，可以增加量为40亿m²；农村人口减少，建筑面积在目前238亿m²的基础上略有增加，到达240亿m²。这样总建筑面积才有可能控制在600亿m²。

这样，未来城镇民用建筑增加总量不超过130亿m²，这一过程如果在10～15年完成，则每年不包括既有建筑的拆除，新增城镇建筑面积应控制在8亿～10亿m²以内，这是从我国城镇发展与我国的土地与资源条件出发所得出的约束条件，也是我们考虑建筑能耗总量时的基本点。

1.4.2　北方城镇采暖用能

我国北方地区城镇建筑实行集中供暖，用能强度大，一直是建筑节能工作关注的重点。“十一五”期间，通过围护结构保温，提高高效热源方式的比例，提高供热系统效率等途径，取得了突出的成绩。如果按照“好处归热”的方法来分摊热电联产电厂的发电与供热煤耗，我国北方供热单位面积能耗从22.8kgce/m²（2001年）降低到16.4kgce/m²（2011年）。2011年，北方城镇采暖的总能耗为1.66亿tce。

随着城镇化的推进，北方城镇建筑面积预计将从目前的102亿m²增加到150亿m²。从目前推广节能技术的状况和效果看，北方城镇采暖用能还存在如下节能空间：

（1）改善保温，降低采暖需热量

目前我国北方地区本世纪以来的新建建筑采暖能耗依气候不同，在60～120kWh/m²之间，与同气候带发达国家的先进水平相比，还有可以进一步降低的空间。通过改善外墙保温、外窗保温，减少渗风带来的热损失，引进定量通风窗，引进高效的带热回收的换气装置等措施，可以使建筑需热量进一步降低到45～90kWh/m²（根据气候条件，山东建筑需热量降为45kWh/m²，北京为60kWh/m²，哈尔滨为90kWh/m²）。与发达国家比，我国保温性能差的老旧建筑比例低，对这些建筑进行节能改造的困难和发达国家比相对较小。按照新建建筑的节能标准对这些老旧建筑进行改造，也可以显著降低采暖需热量。

已有大量围护结构改造实例证明这一目标完全可以实现。如北京市某居民楼[26]通过改造围护结构保温，室内温度明显高于未改造的楼栋，而且建筑能耗从80kWh/m^{2}降低到54kWh/m^2；沈阳市某新建住宅项目在实现室内温度在18～20℃的情况下，耗热量小于65kWh/m^2。

(2) 通过落实热改，实现分户分室热量调节，进一步消除过热现象

推行“供热改革”，包括改革供热企业经营机制，变按照面积收费为按照热量收费，激励使用者自觉调节。增加末端调节装置，使得房间温度可以调节，避免过热，使由于过量供热造成的损失从目前的15%～25%降低到10%以下。

例如，在长春某小区[9]通过以“室温调控”为核心的末端通断调节与热分摊技术改造，减少了大量由于过热造成的热损失，对比未调控楼栋平均耗热量为105kWh/m^2，在仅有30%的用户长期调控情况下，调控楼栋平均耗热量为85kWh/m^2，节能达18.6%。到2011年前后，末端通断调节室温调控技术已在北京、吉林、内蒙古、黑龙江等省份进行了大量的应用，经过近五个采暖期，运行效果良好，与未采用末端调控的建筑相比，建筑采暖耗热量降低10%～20%。

(3) 大幅度提高热源效率

除了建筑保温和末端调节，采暖热源的节能潜力更大，主要是：1) 采用基于吸收式热泵的热电联产供热方式，能够使热电联产电厂在燃煤量不变、发电量不变的条件下，输出的供热量提高30%～50%；2) 对燃气锅炉的排烟进行冷凝回收，使其效率提高10%～15%；3) 将各类工业生产过程排出的低品位余热作为集中供热热源，利用这部分热量可以看做零耗能。

我国北方大部分城市目前都已建成不同规模的城市集中供热管网，充分利用好这一资源，有可能充分挖掘和利用上面所述的待开发热源。目前已有一些提高热源效率的实际工程案例。如，大同某热电厂乏汽余热利用示范工程中，采用吸收式热泵技术，将乏汽余热回收用于供热，大幅度提高该电厂的供热能力和能源利用效率，将供暖面积从原来的260万m^{2}提高到638万m^2，而不增加电厂总煤耗，不降低冬季总发电量；赤峰市工业余热应用于城市集中供热，将铜厂和水泥厂大量的低品位无法直接利用的余热加以回收，整个供暖季内，可以从工厂取热121.7万GJ，可提供234万m^{2}的供暖需求。

进一步推广高效热电联产技术，为80亿m^{2}建筑提供20～30W/m^{2}热量；充分

挖掘推广各类工业余热利用，用其为40亿m^2建筑提供20～30W/m^2的热量；同时，采用燃煤或燃气锅炉作为这些热电联产和工业余热的调峰，为上述120亿m^2建筑解决20W/m^2左右的调峰负荷。热泵、地热以及其他方式用以解决无法集中供热的约30亿m^2的区域。这样，当未来北方城镇采暖用能的面积增加到150亿m^2，通过提高热源效率，落实热改以消除过热现象，改善保温以降低采暖热需求，未来北方城镇采暖用能强度有可能从现在的16.4kgce/m^2降低到10kgce/m^2，总用能量从现在的1.66亿tce减少到1.5亿tce。

1.4.3　城镇住宅（不含北方采暖）用能

城镇住宅单位面积能耗持续缓慢增加，一方面是家庭用能设备种类和数量明显增加，用能需求增加；另一方面，炊具、家电、照明等设备效率提高，减缓了能耗的增长速度。2011年，城镇住宅（不含北方采暖外）用能达到1.53亿tce，占建筑能耗的22.3%。

随着我国城镇化进程，未来将有超过70%的人口居住在城镇，城镇住宅总面积将大大增加，在合理发展城镇住宅建筑量的情况下，建筑面积预计将从目前的151亿m^2增加到240亿m^2。

根据气候和终端用能类型，城镇住宅（不含北方采暖外）能耗可以分为北方空调、长江流域采暖和空调、夏热冬暖地区空调、家用电器、炊事、生活热水和照明等用能部分。从各部分用能现状和特点出发，城镇住宅节能将从以下几个方面着手：

（1）长江流域住宅的采暖空调能耗近年来迅速增加，该地区应选择何种采暖空调形式引起了广泛争议。目前该地区建筑空调采暖用电强度为8～15kWh/m^2，但冬季室内温度偏低，采暖需求还有较大的增长。从实测数据来看，如果采用集中供应的形式，目前最好的大型热泵案例一年电耗约为40kWh/m^2，采用热电冷联产能耗约为15kgce/m^2，也相当于45kWh电力，而采用热电联产供热加分散空调，全年用能强度为10kgce/m^2加10kWh/m^2电耗，合起来还是40kWh/m^2。相比之下，采用可以实现“部分时间、部分空间”使用方式的分散式空气源热泵，则有可能把用电量控制在30kWh/m^2以内。

（2）随着人民生活水平的提高，各地对夏季空调的需求量都将会增多，空调用能强度还可能增加。通过已有的测试发现，生活方式是影响空调能耗的主要因素，而建筑和系统形式同时也会对空调使用方式产生影响。

从生活方式和建筑及系统形式两方面考虑空调节能问题：1）提倡和维持节能型生活方式。反对“全时间、全空间”、“恒温恒湿”，提倡“部分时间、部分空间”，“随外界气候适当波动”营造室内环境；2）发展与生活方式相适应的建筑形式。反对那些标榜为“先进”、“节能”、“高技术”，而全密闭、不可开窗、采用中央空调的住宅建筑形式；大力发展可以开窗，可以有效的自然通风的住宅建筑形式，尽可能发展各类被动式调节室内环境的技术手段。

通过这些措施，将北方空调用能强度从现在的 2kWh/m^{2}有所增加，但应维持在 4kWh/m^{2}以内，南方空调用能强度从当前的 8kWh/m^{2}增加到 15kWh/m^{2}以内。

（3）对于家电、炊事、照明方面，可采取以下措施：1）鼓励推广节能家电，并通过市场准入制度，限制低能效家电产品进入市场；2）大力推广节能灯，对白炽灯实行市场禁售；3）限制电热洗衣烘干机、电热洗碗烘干机等高能耗家电产品。将用能强度分别控制在家电 10kWh/m^2、照明 7kWh/m^{2}以内，炊事维持当前 70kgce/人的水平。

（4）积极推广太阳能生活热水技术，充分利用太阳能解决生活热水需求，在生活热水需求大大增长的情况下，将该项能耗控制在 54kgce/人的水平内。

根据当前用能特点，用发展的眼光研究分析，在落实各项技术措施情况下，城镇住宅用能各部门可实现以下目标（其中未来各项建筑面积是根据各地区人口及城镇化水平估算得到），见表 1-6。

城镇住宅（不含北方采暖）能耗现状与目标　　表 1-6

		面积或人口	用能强度	用能量（万 tce）
北方空调	目前	66 亿 m^2	2kWh/m^2	400
	未来	100 亿 m^2	4 kWh/m^2	1200
长江流域采暖和空调	目前	60 亿 m^2	10kWh/m^2	1850
	未来	85 亿 m^2	30 kWh/m^2	7900
南方空调	目前	24 亿 m^2	10 kWh/m^2	700
	未来	55 亿 m^2	15 kWh/m^2	2500
家用电器	目前	151 亿 m^2	7 kWh/m^2	3250
	未来	240 亿 m^2	8 kWh/m^2	5900

续表

		面积或人口	用能强度	用能量（万 tce）
炊事	目前	7 亿人	69kgce/人	4800
	未来	10 亿人	70 kgce/人	7000
生活热水	目前	7 亿人	21kgce/人	1550
	未来	10 亿人	54 kgce/人	5400
照明	目前	151 亿 m^2	6 kWh/m^2	2800
	未来	240 亿 m^2	7 kWh/m^2	5200
总计	目前	151 亿 m^2 7 亿人口	10.2kgce/m^2	15350
	未来	240 亿 m^2 10 亿人口	14.6 kgce/m^2	35000

综合以上，在城镇化高速发展，居民生活水平提高的影响下，未来城镇住宅（不含北方采暖）用能强度和用能总量都将有所增加。通过引导绿色健康生活方式，有可能将这部分能耗控制在 3.5 亿 tce 以内。

1.4.4　城镇公共建筑（不含北方采暖）用能

非住宅类城镇建筑（不含北方采暖）用能是用能量增长最快的建筑用能分类。近十年来，该类建筑面积增加近 1 倍，平均的单位面积能耗增加了 0.3 倍。建筑单位面积用能强度分布向高能耗的“大型建筑”尖峰转移，是非住宅类城镇建筑单位面积能耗增长的最主要驱动因素。2011 年，非住宅类城镇建筑面积约占建筑总面积的 17%，而能耗为 1.71 亿 tce，占建筑总能耗的 24.8%。

在城镇化进程中，随着公共服务和设施健全，该类建筑面积也将明显增长，参考发达国家该类建筑建设情况，非住宅类城镇建筑面积预计将从目前的 80 亿 m^2 增加到 120 亿 m^2。

非住宅类城镇建筑节能面临的主要问题是当前对于“节能”的概念认识不清，以为采用了节能技术或节能措施便是建筑节能。而无论如何，只有实际建筑运行能耗数据才能作为评价建筑节能相关工作的标准[11]。基于这个认识，继续强调商业建筑上“和国外接轨”、“多少年不落后”等观点将把“节能”推向“能耗不降反升”的一面。应将实现实际的节能减排效果和可持续发展作为城市建筑的主要追求目标，从以下技术措施取得的非住宅城镇建筑用能的节能量：

（1）以绿色、生态、低碳为城市发展目标，提倡绿色生活模式，尽可能避免建造大型高能耗建筑，改变商业建筑发展模式，提倡“部分时间、部分空间”的室内环境控制，减少“全时间、全空间”室内环境调控的建筑。

图1-14是深圳某办公楼的能耗与该地区典型办公建筑用能强度的逐月对比情况。2011年，该办公楼全年总单位面积能耗指标为57.6kWh/m²（其中单位面积总电耗为51.8kWh/m²）。深圳市写字楼年单位面积平均能耗指标为103.7 kWh/m²。充分利用自然通风和自然采光，提倡“部分时间、部分空间”的室内环境控制是该建筑起到主要作用的节能技术。

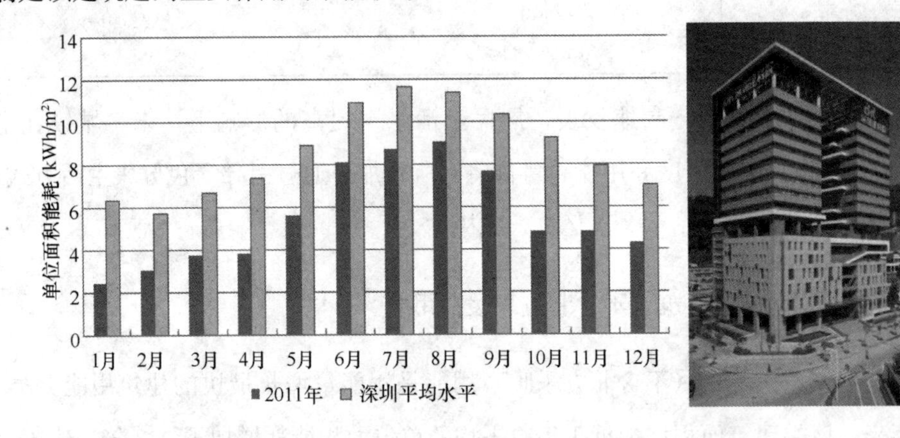

图1-14 深圳某办公建筑单位面积能耗与典型情况对比

（2）全面开展大型商业建筑的分项计量，以实际能耗数据为目标实施节能监管，将逐渐发展到用能定额管理，梯级电价。

（3）推广ESCO（能源服务公司）的模式，改善目前的商业建筑运行管理模式，并促进节能改造。

（4）积极开发推广创新型节能装备，提高系统效率。如LED灯具，能量回收型电梯，温度湿度独立控制的空调系统（可降低能耗30%），大型直连变频离心制冷机等。

通过以上的节能技术和措施，参照当前非住宅类城镇建筑用能水平，未来该类建筑用能强度可以实现：办公建筑平均能耗强度降低到70kWh$_{电}$/m²以下（如前文提到的深圳某办公楼），学校建筑平均能耗强度降低到40kWh$_{电}$/m²以下，大型商场平均能耗强度降低到 120kWh电/m² 以下，一般商场平均能耗强度降低到 40kWh电/m²以下，旅馆平均能耗强度降低到 80kWh电/m²以下。

未来非住宅类城镇建筑面积还将有所增长，通过新建建筑落实以用能定额为目标的全过程管理，既有建筑推广合同能源管理，发展和推广先进的创新技术，有可能使非住宅城镇建筑（不含北方采暖）用能强度从当前的 21.4kgce/ m²降低到 20 kgce/ m²，在当前总用能量为1.71 亿 tce 的情况下，增长至总用能量不超过 2.4 亿 tce。

1.4.5　农村住宅用能

农村住宅单位面积用能（包括生物质能）已超过同气候带的城镇住宅用能，但目前农村建筑提供的服务水平远低于城镇住宅。户均总能耗没有明显的变化，而生物质能有被商品能耗取代的趋势（图 1-7）。2011 年，农村建筑商品能耗为 1.97 亿 tce，占建筑总能耗的 26.8%，生物质能（秸秆、薪柴）消耗约折合为 1.27 亿 tce。

2000～2011 年，农村人口从 8.1 亿减少到 6.6 亿人[15]，而人均住房面积增长带来总住房面积的增长。随着城镇化的推进，农村人口将进一步减少，预计未来农村建筑面积将略有增长，从目前的 238 亿 m²增长到 240 亿 m²。

驱动农村建筑用能增长的原因包括两点：1）生物质能逐渐被商品能替代，居民用电量逐年增加；2）开展“并村”运动，让从事农业生产的人口住进小区，改变了生活方式，实际上不利于其生产和生活。

针对农村住宅不同终端用能类型，未来农村住宅用能应充分利用生物质能解决炊事和北方采暖的需求；利用太阳能解决生活热水的用能需求；充分利用农村环境资源，优化自然通风解决室内降温需求；在服务水平相当的情况下，照明用能强度应控制在和城镇住宅相当的水平；农村家庭住宅面积大于城镇家庭，家电用能强度则会略低于城镇住宅家电用能，未来在 6.5kWh/m²以内。

具体而言，在北方发展“无煤村”，南方发展“生态村”：

（1）北方农村无煤村的技术途径：1）房屋改造，加强保温，加强气密，从而减少采暖需热量；2）发展火炕，充分利用炊事余热；3）发展各种太阳能采暖，太阳能生活热水；4）秸秆薪柴颗粒压缩技术，实现高密度储存和高效燃烧。

（2）南方农村“生态村”的技术途径：1）房屋改造，在传统农居的基础上进一步改善，通过被动式方法获得舒适的室内环境；2）发展沼气池，解决炊事和生活热水；3）解决燃烧污染、污水等问题，营造优美的室外环境。

以上的节能技术或措施已有相当多的案例。例如，秦皇岛市石门新村[1]，通过围护结构改造，建造沼气池，利用秸秆气化炉取代传统柴灶和煤炉，加强太阳能利用等措施，年户均生活总能耗为2.1tce，对比未改造的村落能耗为3.8tce，商品能用量（电、煤、液化气）大大降低，特别是煤的使用量，仅为对比村的1/10，生物质能利用效率提高，而服务水平也明显提高。而对于生物质利用，目前已有生物质固体压缩成型燃料加工技术、生物质压缩成型颗粒燃烧炉具、SGL气化炉及多联产工艺、低温沼气发酵微生物强化技术等多项技术或设备，充分利用农村生物质资源，能够有效地解决炊事、采暖和生活热水等方面的用能需求。

未来农村建筑面积将不会明显增加，发展以生物质能源和可再生能源为主，辅之以电力和燃气的新型清洁能源系统，有可能将农村住宅商品用能强度从现在的8.3kgce/ m^2降低到4.2 kgce/ m^2，总商品用能量从当前的1.97亿tce减少到1亿tce。

1.4.6 小结

通过分析北方城镇采暖用能，城镇住宅（不含北方采暖）用能，非住宅类城镇建筑（不含北方采暖）用能和农村住宅用能等四类建筑用能的现状和节能技术措施，结合未来人口和建筑面积总量分析，可以得到在可实现的技术和措施下，未来我国建筑用能总量有可能实现的控制目标。

对比当前建筑用能强度和建筑面积，总结各项用能和建筑面积控制目标，如表1-7所示。在建筑面积从469亿m^2增长到600亿m^2的情况下，通过大量具体的针对各类型建筑用能特点的节能工作，中国建筑用能总量从当前的6.87亿tce，有可能控制在8.4亿tce以内，符合未来我国建筑用能在10亿tce以内的控制目标。

我国未来建筑能耗总量规划（商品能） **表1-7**

		建筑面积（亿m^2）	用能强度（kgce/m^2）	能耗总量（亿tce）
北方城镇采暖	目前	102	16.4	1.66
	未来	150	10	1.5

续表

		建筑面积（亿 m^2）	用能强度（$kgce/m^2$）	能耗总量（亿 tce）
城镇住宅（除采暖外）	目前	151	10.2	1.53
	未来	240	14.6	3.5
非住宅类城镇建筑（除采暖外）	目前	80	21.4	1.71
	未来	120	20	2.4
农村住宅	目前	238	8.3	1.97
	未来	240	4.2	1
总计	目前	469	14.7	6.87
	未来	600	14	8.4

建筑用能关系到国家能源安全，社会稳定和经济的可持续发展。本书自上而下地提出了未来建筑能源总量目标，并根据我国建筑用能特点和实际情况，规划各类建筑用能控制目标的技术措施，提出我国建筑节能技术路线：

（1）我国能源消耗总量受全球碳减排目标和我国能源供应能力的共同约束。为保障国家能源安全，承担大国责任，我国未来能源消耗总量应该控制在40亿tce以内。根据我国以工业能耗为主的能源结构特点，未来建筑能耗应该控制在10亿tce以内。

（2）根据我国各类建筑用能特点，从实际用能现状和可实现的技术或措施出发，自下而上地分析我国建筑用能总量可以达到的目标，即综合北方城镇采暖用能、城镇住宅（不含北方采暖）用能、非住宅类城镇建筑（不含北方采暖）用能和农村住宅用能，未来建筑用能总量有可能控制在8.4亿tce以内。

（3）对于北方城镇建筑采暖，从热源、输送与分配和建筑热需求三个方面，应该着重抓提高热源效率，落实热改以消除过热现象，改善保温以降低采暖热需求。

（4）引导绿色健康生活方式，是实现城镇住宅（不含北方采暖）用能节能目标的关键措施；尤其是在长江流域应该开发和提倡各种分散的空气源热泵形式，在进一步改善这一地区冬季室内环境的基础上，使其全年采暖空调能耗不超过30kWh/m^2。

（5）对于非住宅类城镇建筑（不含北方采暖）用能，新建建筑落实以用能定额为目标的建筑用能全过程管理，既有建筑推广合同能源管理，发展和推广先进的创新技术，实现用能控制目标。

（6）农村建筑用能是最大的不确定因素，发展以生物质能源和可再生能源为主，辅之以电力和燃气等新型清洁能源系统，在北方发展“无煤村”，南方发展“生态村”，应作为新农村建设的主要目标之一。

中国建筑能源消耗不可能走欧美发达国家的发展模式。中国建筑节能技术路线应是：从我国建筑用能特点出发，结合我国城镇化发展的大背景，具体落实各类建筑用能指标，从实际用能数据出发，从具体的每一类建筑的实际特点出发，“自下而上”全面落实，实现我们的建筑节能宏大目标。

本章参考文献

[1] IEA，CO_2 emissions from fuel combustion highlights 2011，OECD/IEA，Paris

[2] United Nations，Department of Economic and Social Affairs，World Population Prospects，the 2010 Revision，28 June 2011.

[3] 中国能源中长期发展战略研究项目组，中国能源中长期(2030、2050)发展战略研究，2011.

[4] 中华人民共和国国土资源部，2011中国国土资源公报，2012年4月.

[5] 中国科学院可持续发展战略研究组.2012中国可持续发展战略报告.北京：科学出版社，2012.

[6] 清华大学建筑节能研究中心.中国建筑节能年度发展研究报告2012.北京：中国建筑工业出版社，2012.

[7] 杨秀.基于能耗数据的中国建筑节能问题研究.清华大学博士论文，2009.

[8] 国家发展和改革委员会能源研究所课题组.中国2050年低碳发展之路.北京：科学出版社，2009.

[9] 清华大学建筑节能研究中心.中国建筑节能年度发展报告2011.北京：中国建筑工业出版社，2011.

[10] 肖贺.办公建筑能耗统计分布特征与影响因素研究.清华大学硕士论文，2011.

[11] 江亿，燕达.什么是真正的建筑节能？建设科技，2011，NO.11.

[12] 国务院关于印发节能减排综合性工作方案的通知(国发〔2007〕15号).

[13] 建设部关于贯彻《国务院关于加强节能工作的决定》的实施意见(建科[2006]231号).

[14] 住房和城乡建设部《“十二五”建筑节能专项规划》(建科[2012]72号).

[15] 中华人民共和国国家统计局.中国统计年鉴2011.北京：中国统计出版社，2011.

[16] 中华人民共和国国家统计局.中国能源统计年鉴(2000～2011).北京：中国统计出版社.

[17] 中华人民共和国国家统计局.中国统计年鉴2012.北京：中国统计出版社，2012.

第 2 篇　城镇住宅节能专题

第2章　城镇住宅用能状况

2.1　城镇住宅相关概念界定

在本章的开始，首先对本书所涉及的城镇、城镇住宅、城镇住宅能耗等基本概况进行解释和界定。城镇包括城区和镇区。城区是指在市辖区和不设区的市，区、市政府驻地的实际建设连接到的居民委员会和其他区域。镇区是指在城区以外的县人民政府驻地和其他镇，政府驻地的实际建设连接到的居民委员会和其他区域[1]。城镇住宅指的是位于城区和镇区的住宅。本书中所提到的住宅用能包括的是居民在住宅内使用各种设备来满足生活、学习和休息所产生的能源消费，包括空调、采暖（本书不探讨北方城镇的集中采暖，此处的采暖指的是分散形式的采暖）、炊事、生活热水、照明以及家用电器这六个方面所消耗的能源，能源种类主要包括电、燃气等。

对居住空间的需求是人类共同的最基本需求。住房面积是居民赖以生存、生活、学习和休息的空间，它从数量上直接反映人们的基本住房条件和住房水平。与住房面积相关的统计指标主要有三个：住房建筑面积、住房使用面积和居住面积。住房建筑面积是指房屋的外围水平面积，包括阳台、走廊、室外楼梯等的建筑面积。住房使用面积是指住房建筑面积中实际可以使用的那部分面积，即扣除住房外墙、住房中的隔墙、柱等房屋结构占用的面积后所剩余的那部分面积。居住面积是指住房使用面积中专供居住用的房屋面积，不包括客厅、厨房、浴室、卫生间、储藏间以及各室之间走廊等辅助设施的面积，它是按居住用户的内墙线计算的。以往我国统计住房水平只计算卧室面积，这个指标的算法有其历史背景。新中国成立初期城市居民住房紧缺，住宅建设主要靠国家投资，建筑标准普遍偏低，新建住房大

---

[1] 《统计上划分城乡的规定》，国务院于2008年7月12日国函，[2008] 60号批复。

多没有客厅，进门就是卧室，有些住房走廊、厨房和卫生间也是公用的，因此卧室面积也就成了住房面积。国际上对于住宅多是以套作为基本计量单位，如每百人或每千人拥有多少套住宅，或每套住宅有多少建筑面积来反映居民的住房水平，并已成为国际惯例。目前一般选用人均住房建筑面积作为反映人均住房水平的统计指标，它指的是每个居民拥有的住房建筑面积。本书中所提到的面积也是指的住房建筑面积指标。

生活方式是一个外延广阔、层面繁多的综合概念，本书中所探讨的生活方式主要是从个人的层面，研究与住宅内的用能直接相关或间接相关的行为与模式。直接相关的方面包括上述所提到的六个方面的使用模式，例如对于空调设备的使用方式，如何开、关及设定值，电器的拥有量与使用方式；间接相关的方面包括开关窗户、开关窗帘等会影响空调、照明等用能量的行为。

2.2　城镇住宅发展趋势

2.2.1　家庭模式

我国正处在快速城市化的过程之中，城镇人口迅速增加，每年城镇约新增人口1600万左右，从2000～2011年，我国城镇人口从4.59亿增加至6.91亿，城镇人口约增加为1.5倍，城镇人口比例首次超过农村人口，达到总人口的51.3%，见图2-1。

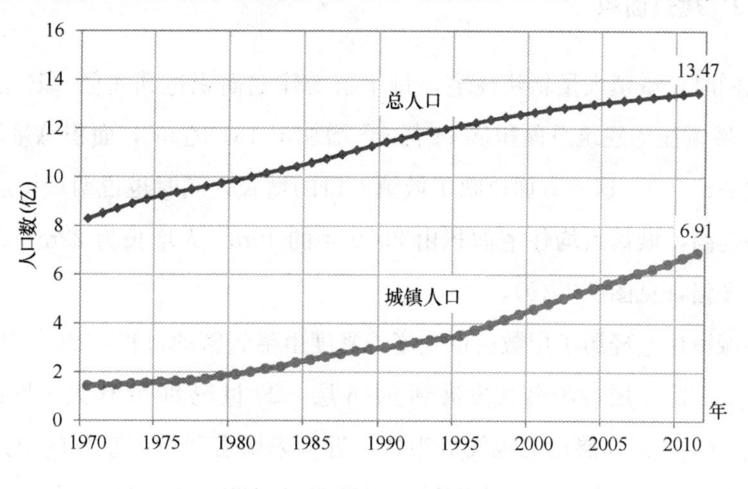

图2-1　我国城镇总人口变化

随着社会进步和时代变迁，传统的中国家庭规模和家庭结构也在发生变化。中国传统家庭模式一般至少包括夫妻和子女两代人，并普遍存在三世同堂、四世同堂甚至五世同堂的现象。改革开放以来，为适应社会生产方式和生活方式的变化，传统的结构复杂而规模庞大的大家庭，已逐步向结构简单而规模较小的家庭模式转化。家庭规模小型化、家庭结构简单化和家庭模式多样化，成为中国现代家庭的主要特征。根据2012年中国统计年鉴提供的数据，中国城镇居民平均每户家庭人口从1985年的3.89人下降到2011年的2.87人，见图2-2。

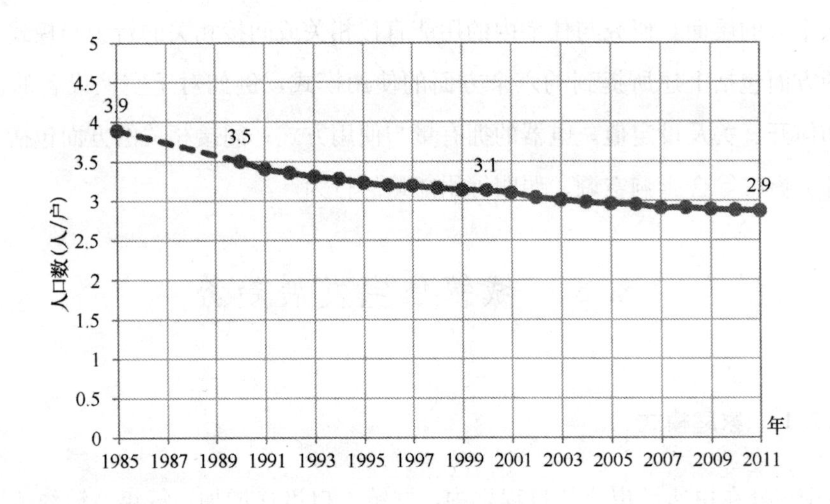

图2-2 中国城镇家庭平均每户人口

2.2.2 建筑面积

与此同时，城镇大量新建住宅，每年新增住宅面积达到8亿～10亿。2000～2011年，城镇住宅建筑总面积从44亿m^2增加至151亿m^2，面积总量增加为3.5倍，见图2-3（*a*）。这一方面反映了城镇人口的增长，同时也说明城镇居民的居住水平大幅提高，城镇人均住宅面积由2000年的10m^2/人增长为22m^2/人，增长为原来的2.2倍，见图2-3（*b*）。

中国城镇住宅经历了层数由低到高，密度由稀到密的过程：20世纪50年代新建住宅为2、3、4层，70年代发展到5、6层，20世纪80年代大中城市多以7～10层住宅为主，但高层住宅也发展很快。近年来随着我国城市化的快速发展，一方面城市人口迅速增加；另一方面城市土地日益紧张，土地综合开发费不断增高，

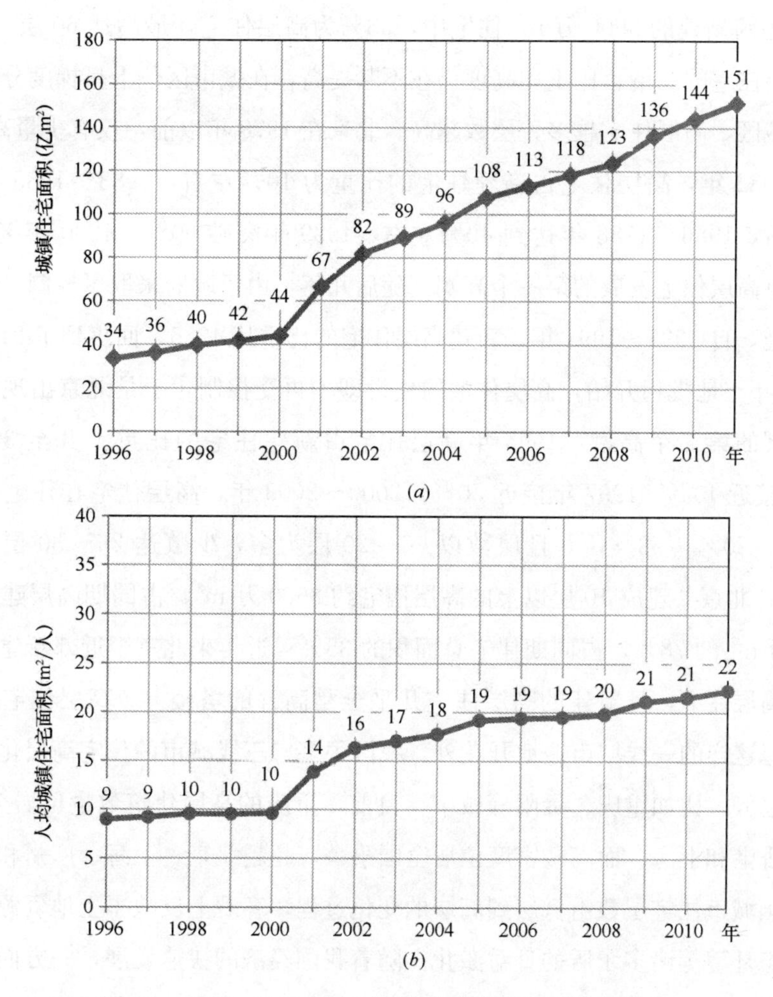

图 2-3　1996～2011 年中国城镇住宅建筑面积历史发展

(*a*) 城镇住宅总面积；(*b*) 人均城镇住宅面积

注：此处的人均城镇住宅面积是由中国城镇住宅总建筑面积除以城镇总人口得到，而并非统计年鉴“10-1 人民生活基本情况”一表中提供的“城镇居民人均住房建筑面积（平方米)”，2012 年统计年鉴中提供 2011 年城镇居民人均住房建筑面积为 32.7m²/人，与此图中的 22m²/人有较大区别，这是由于统计年鉴中的“城市人均住宅建筑面积”为城镇住户抽样调查数据，没有考虑大量集体户的存在，例如学生、农民工等。

开发商为了增加开发效益，大量建设高层、高密度的住宅。在多方力量的推动下，我国城市高层住宅的数量和高度不断提高。目前我国很多城市的住宅建设主要是以高层为主，且高层住宅的数量、比重和高度具有不断上升的趋势。以上海为例，

2000年上海新建的3900万m^2住宅中，53%为高层住宅，最高达60层。近十年，上海高层住宅的总量、比重和高度仍在不断提高，在城市区位上呈梯度分布，越靠近中心城区，高层住宅越多，层数越高。北京在1978年以前，仅有少量高层住宅，1978～1982年，高层住宅占新建住宅的比重为10%左右，1983～1985年上升到26%左右，1986～1988年达到40%左右，1989年突破50%，1990年接近60%，这是北京高层住宅发展的第一个高潮。随后几年，由于政府采取了控制高层住宅建设的措施，自1991～1994年，新建高层住宅的比重从42.5%回落到了21%。可是自1995年土地批租开始，高层住宅的建设即不再受控制，于是北京出现了高层住宅大发展的第二个高潮：1995年高层住宅占新建住宅的比重上升至30%左右，1996年接近40%，1997年接近50%。2000～2003年，高层住宅在住宅中的比重提高到了50%～53%，并且层数以16～20层为多，少数达26～30层。1949～2003年，北京共建成10层以上的高层住宅约8600万m^2，占同期高层建筑总面积11000万m^2的78%，占同期住宅总面积的35%；近年来北京于近郊新建的住宅几乎都是高层住宅，且新建的高层住宅几乎全是高耸的塔楼[1]。高层住宅除了在北京、上海这样的一线城市遍地开花外，我国很多二三线城市的住宅高层化也已经成为一种趋势，比如重庆、贵阳等城市。目前，重庆的高层建筑数量位居全国第三，仅次于香港和上海，而高楼密度位居全国第一，超越北京、上海、广州和香港。

中国城市住宅层数由低层到高层的变化过程，客观上反映了土地资源、人口数量及生态环境等诸多矛盾的日益激化。随着我国经济的快速发展，一方面，城市化水平快速提高，越来越多的人口向城市聚集；另一方面，人们的生活水平也在不断提高，人们改善居住条件的愿望越来越强烈，因此，城市住宅需求不论从数量还是质量方面都在不断提高。然而，面对人口、土地资源、生态环境等背景的挑战，大多数城市都存在资源不足的生态危机。必须承认，高人口密度和高建筑密度的城市人居环境，是中国城市居民需要长期面对并接受的现实。

新增的住宅面积除了不断改善城镇居民的住房条件外，还可能存在一部分空置的情况。空置住宅面积有两类概念，一类是指新建但尚未销售的住宅面积，另一类是指已经售出的住房未投入使用的部分。相应的也有两类“空置率”概念。我国住房城乡建设部公布房地产增量市场的空置率，是指某一时刻新建还未售出住房的面积占近3年内新建房屋总面积的比率。我国1994～2005年商品房空置面积（即当年商品房可供应面积）及其空置率，如表2-1所示。可以看出，未售出商品房的比例是合理的。

1994～2005年商品房空置率[2]　　**表2-1**

年份	当前商品房竣工面积（万 m^2）	前3年商品房可供应面积（万 m^2）	当年商品房可供应面积（万 m^2）	空置率（%）
1994	13950	33658	3289	9.77
1995	15110	41624	5031	12.09
1996	15357	44417	6203	13.97
1997	15819	46286	7654	16.54
1998	17566	48742	8783	18.02
1999	21410	54795	10740	19.60
2000	25104	64080	10701	16.70
2001	29867	76381	11763	15.40
2002	34975	89946	12592	14.00
2003	26851	91693	12837	14.00
2004	42465	104291	12300	11.79
2005	48793	118109	14300	12.11

住房城乡建设部统计数据中"空置率"的调查对象，是指当年竣工而没有卖出去的房子，主要考虑的是金融风险，银行信贷资金是否能安全回收。

而对于另外一个"空置率"，即已经售出的住房中空置的部分，主要关注的是房屋存量的使用率，我国现在还没有官方的统计数据。2010年5月和8月央视财经频道接连进行了两期"空置房"的调查报道，调查结果显示，北京、天津等地的一些热点楼盘的空置率达40%[3]。其他一些媒体也进行了类似调查，得到了相近的结果。这类调查，主要采用数亮灯、抄电表和水表等方式，其结果真实性可能受多种因素影响，例如楼盘选择上的片面性、调查时长不足、被调查居民出差等问题。但这些调查至少反映我国已销售住房中的确有较多的售出但未投入使用的情况。

大量空置住房的存在，导致尽管住宅建筑总量增长很快，但能耗总量增长不大，单位建筑面积能耗甚至有所下降，也就是说我们目前计算得到的城镇住宅的单位建筑面积能耗可能低于实际水平。但当某个时期空置率大幅度降低时，势必会造成总能耗和单位面积能耗的阶跃式增长。

新建住房未售出和售出但未入住这两种情况都导致了我国城市目前的大量的空置住宅面积和较高的空置率。而且不同类型住宅空置率也有较大差别，例如高档住宅空置率较高，而普通住宅空置率较低。房屋的空置，既浪费了建材生产、房屋建造、装饰装修的能耗，又增加了无谓的房屋维护能耗（包括基本的水电和冬季采暖）。目前我国城镇住宅出现了大量空置住房面积，是城市发展和节能工作必须正视的问题。

2.2.3 生活方式

中国城镇居住状况的变化对社会产生了巨大的影响，居住不仅在一定程度上改变了人们的工作时间和方式，还改变了人们的消费方式和消费观念。将中国城市个人的居住能耗（除北方集中采暖）调研的样本分为十类人群，再将这十类人群平均能耗值与美、日、韩等三个发达国家的人均居住能耗（除采暖）水平进行比较，如图2-4所示，可以发现：在中国，能耗最低人群与最高人群的实际能耗，可以有十倍以上的差别；中国各城市的人均居住能耗水平接近韩国水平，约为日本的一半，远低于美国水平；中国各城市能耗最高的第10类人群已经达到日本水平。

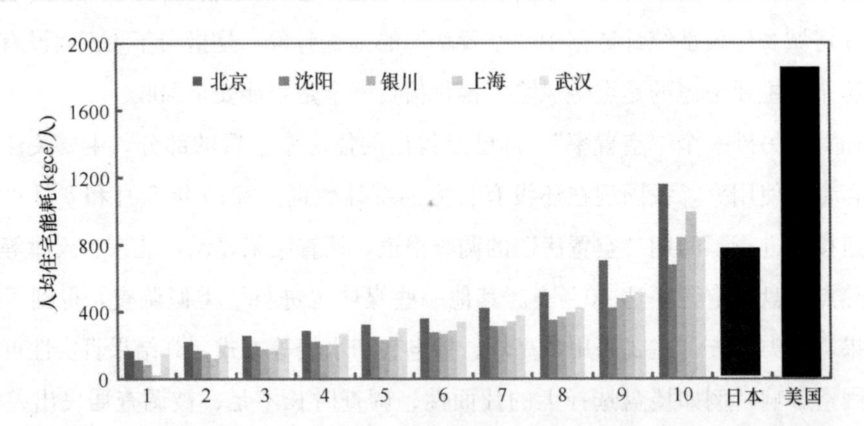

图2-4 调研城市居住能耗十类人群与发达国家比较（不包括北方城市集中采暖）

（注：图中所列的中国城市中，北方城市不包括集中采暖能耗，其他城市包括分散采暖设备的能耗。日本和美国的数值为全国平均值，不包括采暖。）

进一步的研究表明，这种能耗的差别与不同人群的生活模式息息相关。高、低能耗人群的生活模式有着显著的区别。近年来大量“别墅”、“town house”出现，大多为高档豪华住宅，引领着一种所谓"时尚"、"与国际接轨"的高能耗生活模式，大量使用中央空调、烘干机等机械手段满足室内服务需求，户均用电水平几倍甚至几十倍于普通住宅。实测数据表明，使用中央空调的住宅，其夏季空调能耗可以达到 19.8kWh/m²，而使用分体机的住宅平均能耗仅为 1.4～2.1kWh/m²。

随着经济发展、人民生活水平不断提高，高能耗住宅及其拥有人群在城市社会人口中的比例呈增长的趋势，成为导致我国城镇住宅能耗增长的一个重要因素。需要注意的是，无论是目前的美国、日本模式，还是中国城镇中的高能耗人群的生活模式，如果将来成为中国城镇居民生活模式的主流，将造成能耗的大幅度增长，对能源供应带来沉重压力。

2.3　城镇住宅能耗总量

2011 年城镇住宅除采暖外的能耗占建筑总能耗的 22%，该类总能耗从 1996 年 0.36 亿 tce 到 2011 年 1.53 亿 tce，增加了将近 4 倍，如图 2-5 所示。其中，总电耗从 1996 年的 364 亿 kWh 增长到 2011 年的 3566 亿 kWh，增加了 10 倍。

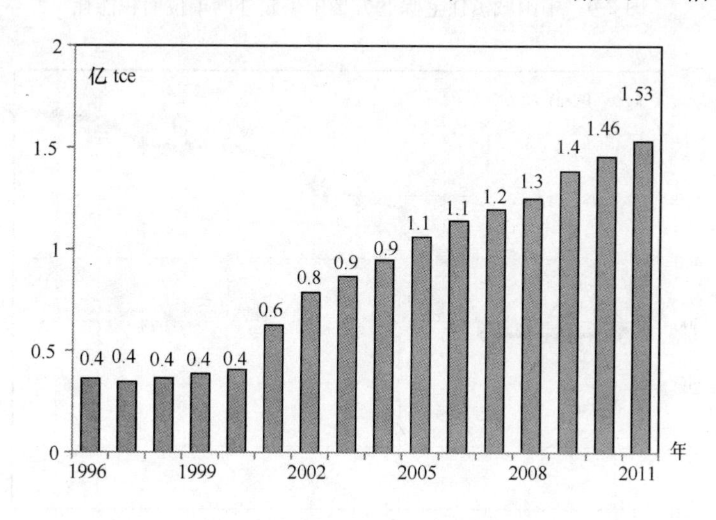

图 2-5　城镇住宅总能耗的逐年变化

在总能耗大幅上涨的同时，城镇住宅除北方集中采暖外的单位面积能耗和户均能耗却呈现出先降后增的趋势（图 2-6、图 2-7）。由于炊事能效的明显提高，户均及单位面积能耗在1996～2000年间呈下降趋势，2000年后随着我国经济的发展和居民收入的增加，城镇居民的生活水平也逐渐提高，各类家用电器的种类、拥有率与使用率大幅增长；而调研也显示，建筑设备形式、室内环境的营造方式和用能模式也正在悄然发生巨大变化，这都导致城镇住宅户均能耗持续的上升，但与此同时户均面积也在不断增长，所以导致单位面积的能耗并无明显增幅。

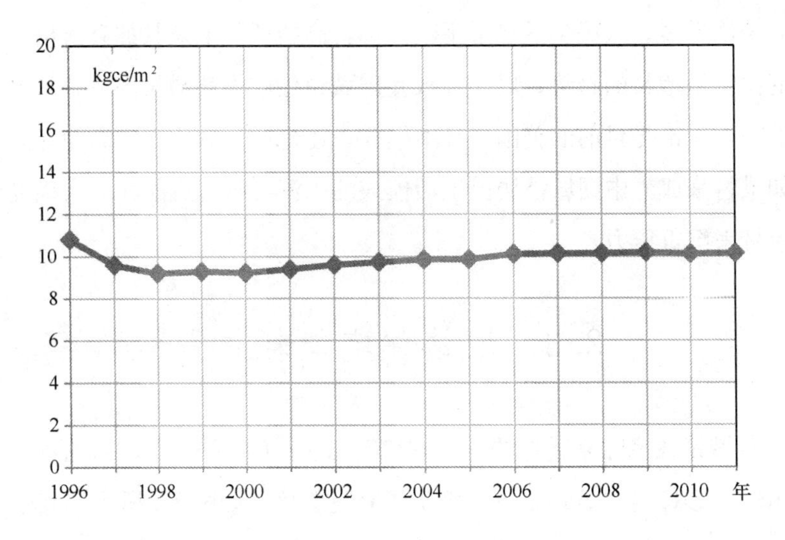

图 2-6 中国城镇住宅除北方集中采暖外的单位面积能耗

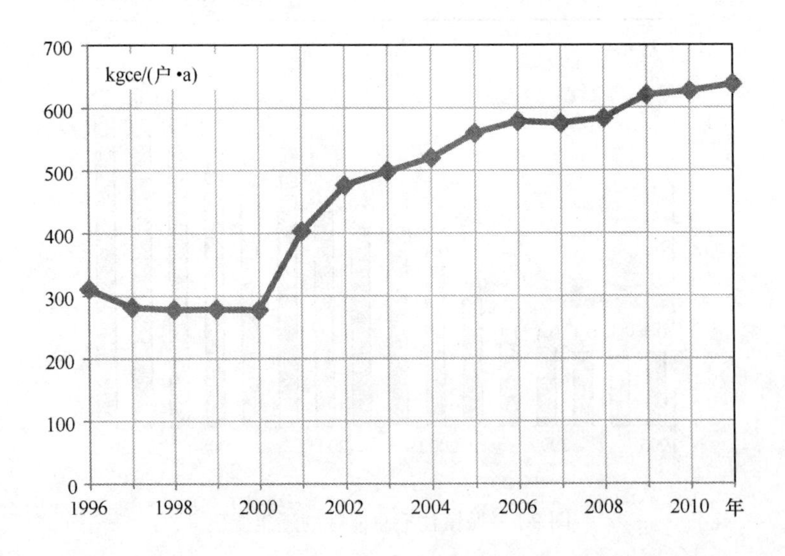

图 2-7 中国城镇住宅除北方集中采暖外的户均能耗

中国城镇住宅除北方集中采暖外的各分项能耗与比例如图 2-8、图 2-9 所示。炊事、家电和照明是中国城镇住宅除北方集中采暖外耗能比例最大的三个分项。炊事能耗维持着缓慢增长的速度，这是由于城镇燃气普及率的提高（从 1995 年的 34.3%提高到 2011 年的 92.4%[4]），城市燃煤炊事灶的大量减少使得炊事用能效率大幅提升，户均能耗下降，所以虽然城镇住宅的总量不断增长，但炊事总能耗上升的趋势并不明显，比例从最初的超过 60%下降到 31%，但总体来看，炊事能耗仍然是城镇住宅除集中采暖外所占比例最大的一项。家电与照明的能耗增幅也十分明显，但占总体的比例基本没有发生明显变化。生活热水能耗在 1996 年占的比例本来非常少，但近十几年来随着生活热水普及率的提高，增幅明显，到 2011 年已经占总能耗的 10%。而夏季空调与夏热冬冷地区采暖能耗呈现了从无到有、成倍增长的趋势，占总能耗的比例上涨也非常迅速，尽管目前这两类能耗占总能耗的比例还比较小，夏季空调为 10%，夏热冬冷地区采暖为 8%，但随着经济发展和人民生活水平的不断提高，这一地区普遍呼吁改善室内环境状况，尤其是长江中下游夏热冬冷地区的采暖问题到底如何解决，将直接影响此类能耗的发展趋势与能耗数值，若仍然维持目前成倍增长的趋势，或者推行类似北方的集中采暖，可能会使得中国城镇住宅除北方集中采暖外的总能耗出现成倍的增长，如何在有限的能源和资源总量下，改善长江流域住宅冬季室内热环境，提高冬季室内温度，改善舒适度与保证健康，是我国建筑节能领域亟待解决的一个重要问题。

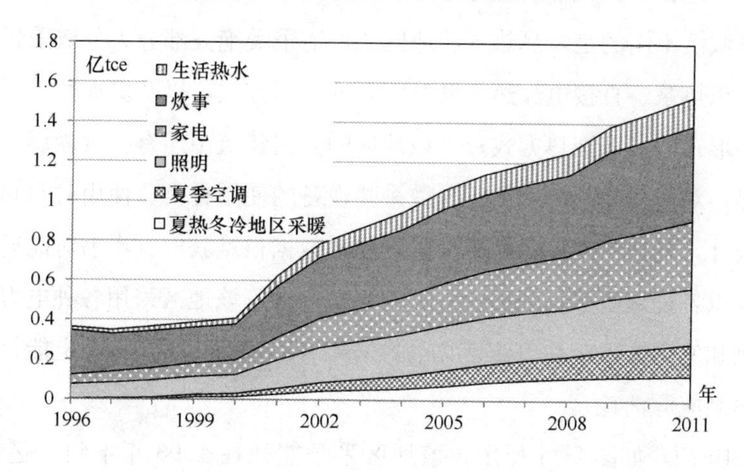

图 2-8　中国城镇住宅除北方集中采暖外的各分项能耗

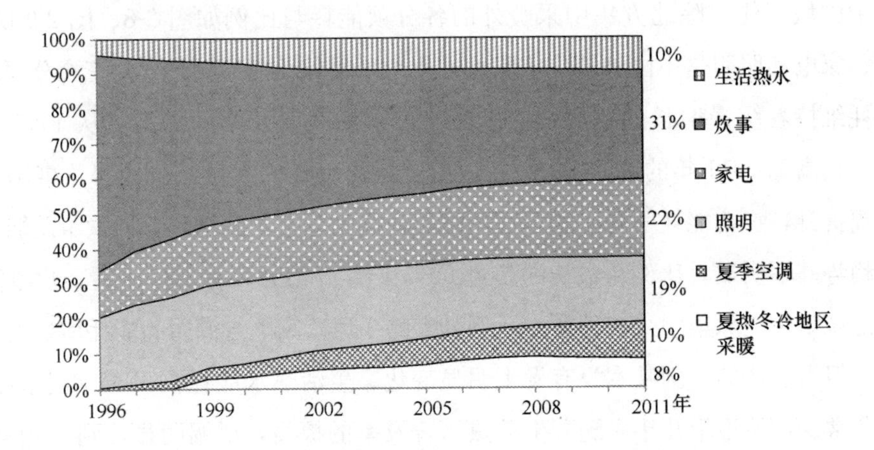

图 2-9 中国城镇住宅除北方集中采暖外的各用能分项的比例

2.4 城镇住宅各用能分项

2.4.1 夏热冬冷地区采暖

夏热冬冷地区指包括四川、河南、陕西部分不属于集中供热的地区和上海、安徽、江苏、浙江、江西、湖南、湖北、重庆，以及福建部分需要采暖的地区，图2-10标出这一地区的范围和各地冬季最冷月的月平均温度。

与北方城镇不同的是，夏热冬冷地区的住宅采暖绝大部分为分散采暖，热源方式包括空气源热泵、直接电加热等针对空间的采暖方式，以及炭火盆、电热毯、电手炉等各种形式的局部加热方式；而该地区的公共建筑中还有少量燃煤、燃油和燃气锅炉供热。对于住宅部分，由于分散采暖设备的使用种类、使用时间和使用方式很难全面统计，夏热冬冷地区城镇采暖的能耗数据很难获取。本书对能耗数据的研究方法是，以各种调研数据和模拟数据为基础，估算该地区采用各种电力采暖方式的家庭比例和使用方式，并以此计算电力消耗（不包括小煤炉等非电能耗，以及炭火盆等非商品能源消耗）。

根据CBEM，如图2-11所示，该地区采暖能耗在1996年不到1亿kWh，从2001～2011年，从77亿kWh增长为414亿kWh，十年间增长了4.4倍，该部分的能耗虽然基数小，但增量大、增长快。

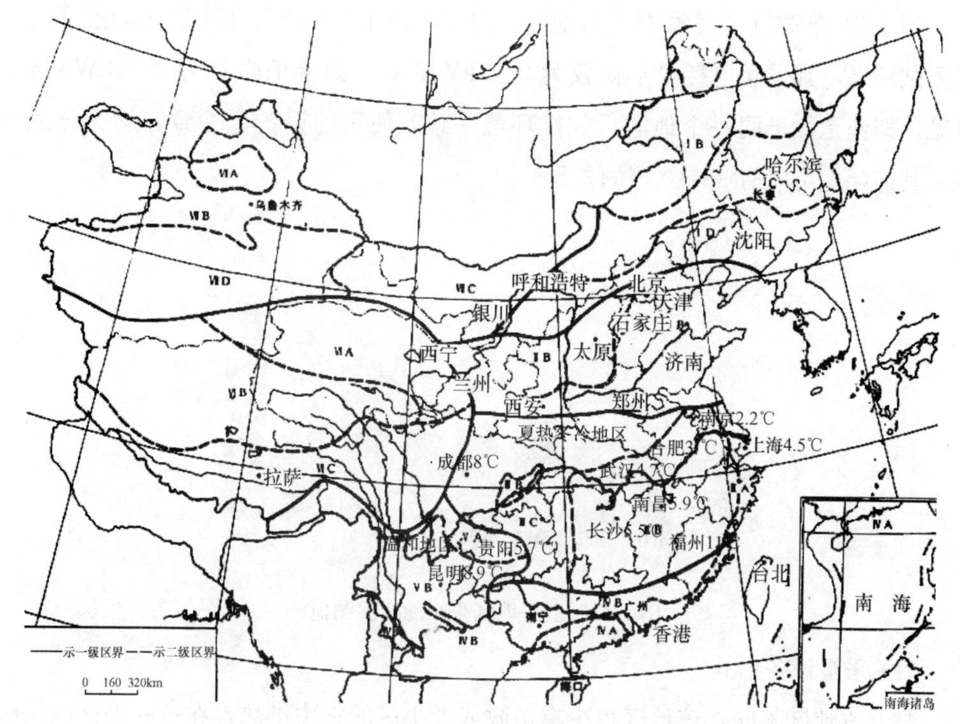

图 2-10 夏热冬冷地区各地主要城市最冷月室外平均温度

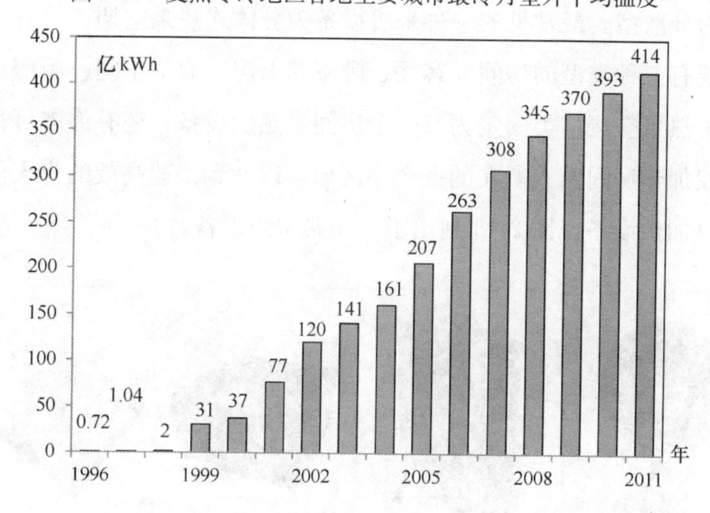

图 2-11 夏热冬冷地区城镇采暖电耗

调查测试结果表明，与采暖能耗相关的生活方式的主要因素包括采暖设备形式、设备运行形式和室温，由于不同家庭间生活方式差别很大，实际的采暖能耗的户间差异也很大。

图2-12是2011年冬季对上海地区8户使用分体空调进行冬季取暖的家庭的电耗测试结果，其采暖电耗最小值仅为0.77kWh/m²，最高值也只为7.34kWh/m²。可见，即使是位于同一个地区，气候环境一致，使用的设备也一致，均为分体空调，其能耗也可能有9～10倍的差异。

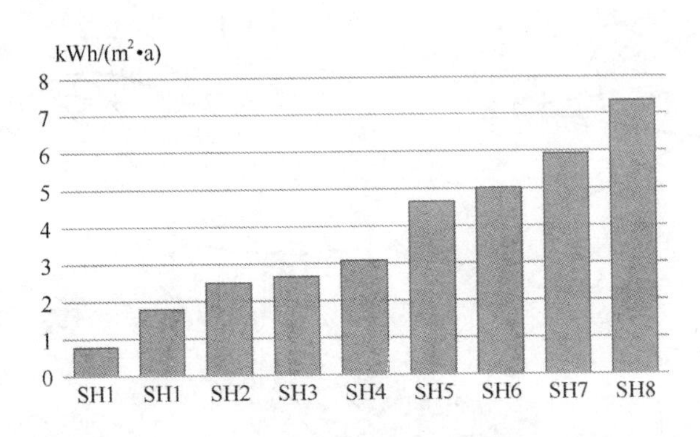

图2-12　上海地区采暖能耗实测值

(1) 采暖设备形式

与北方地区不同，该地区很少有市政或者小区的集中供热，在这一地区的采暖设备大多数为分散型。最常见的一种采暖设备为分体式热泵空调，只有主要房间会装空调，主要有三种类型的房间：客厅、卧室和书房，而卫生间、厨房一般不会安装空调。除了热泵空调这类固定为某一个房间供热的设备，还有许多可移动的局部采暖设备，仅加热房间内人所在的一个小区域，以达到快速高效的为人供暖。这类设备主要是电加热设备，图2-13列出了一些典型的设备。

图2-13　夏热冬冷地区常见局部电取暖设备

清华大学 2009 年对该地区的上海、苏州和武汉分别开展了针对生活方式和居住能耗的社会调查统计，三地的采暖方式如表 2-2 所示。

上海、苏州和武汉的采暖方式调查结果　　　表 2-2

	样本量（户）	纯空调（%）	纯电热（%）	空调＋电热（%）	集中采暖（%）	其他（%）
上海	775	30	7	19	2	41
武汉	700	6	16	30	3	45
苏州	386	32	28	31	0	9

注：“其他”包括其他采暖方式和无任何采暖方式的样本。

（2）设备运行方式

空调：考察这一地区人们的生活习惯，大部分家庭目前是部分时间部分空间采暖，也就是家中无人时关闭所有的采暖设施，家中有人时也只是开启有人的房间的采暖设施。由于电暖气和空气一空气热泵能很快加热有人活动的局部空间，而且由于这一地区冬季室外温度并不太低，因此这种间歇局部的方式并不需要提前运行几个小时对房间进行预热。实测数据表明，这一地区的人们开空调取暖的时间甚至远远短于在家的时间，如图 2-14 所示，可以看到上海地区的普通家庭，即使是使用时间最长的家庭，其空调设备的开启时间也不到一半（SH8），一般的开启时间有 10%～20%。

局部电取暖设备：对上海、南昌、武汉等地区居民的调研发现，该地区的居民

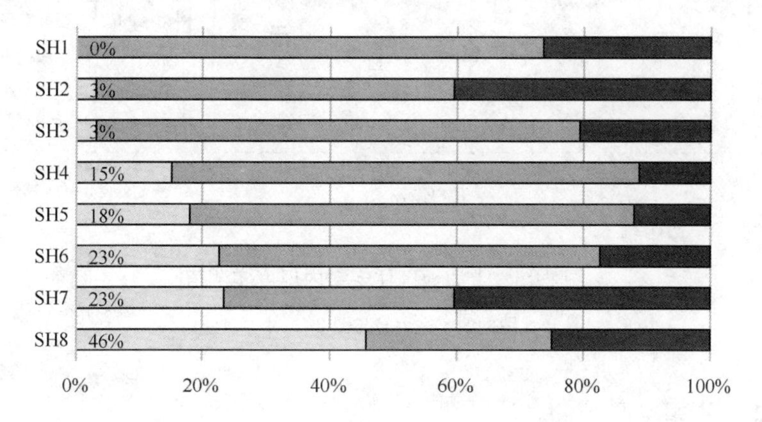

图 2-14　上海典型家庭开空调的时间比例

注：此图中的家庭编号与图 2-12 并不对应。

并不习惯于使用热泵空调加热整个房间，大多数家庭的习惯是当房间里人较多时，开启热泵空调，而其他大多数的时间是使用各类局部电取暖设备来取暖，这一方面是当地居民节俭的习惯与传统，另一方面也是由于热泵空调使用时会使得房间内空气相对湿度降低，造成不适感，升温也需要一段时间。而与此相比，即使维持开窗，局部电取暖设备也可以使人在的小范围区域迅速升温，因此被广泛应用于这一地区的冬季采暖。在卧室内应用最广的采暖设备是电热毯，它主要用于人们睡眠时提高被子里的温度来达到取暖的目的，一般在睡前开启，它耗电量少、温度可调节、使用方便、使用广泛。

(3) 室温

图 2-15 为对上海市几户住宅的室温调查结果。人员在房间时的总体平均温度仅为 13℃，室内外温差为 10℃左右，其中开空调时室内温度约为 15～18℃，不开空调时为 9～12℃。事实上，这几户居民的收入均属于上海地区平均水平，室温偏低并非由于考虑到经济因素而节省开启空调的时间，完全是由于生活习惯所致。由于室温偏低而外温又不太冷，因此这一地区的居民室内外着衣量相同，目前还没有北方地区居民冬季进门脱掉外衣，室内室外不同着衣方式的习惯。

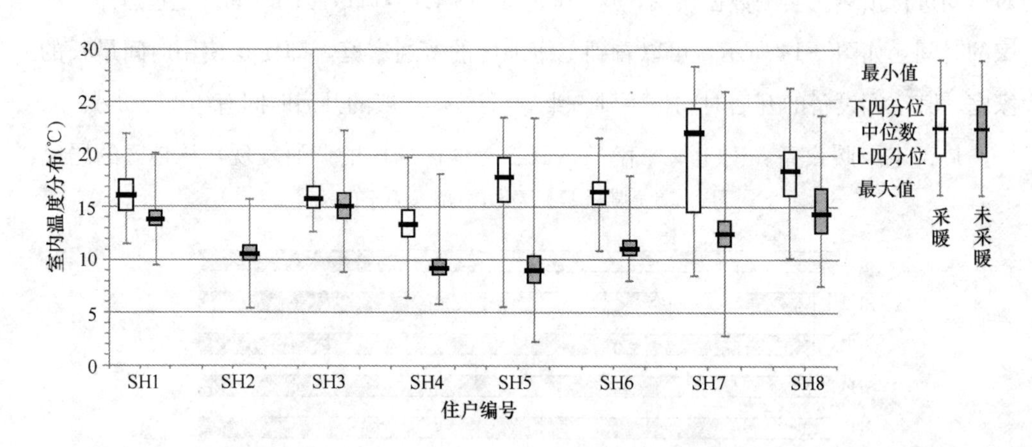

图 2-15 上海地区住宅室内温度实测值

注：此图中的家庭编号与图 2-12 并不对应。

2.4.2 夏季空调

夏季空调能耗指的是居民在夏季使用空调器来降低室温的这部分能耗，而不包括冬季使用空调器采暖的能耗。由于城镇居民生活水平的提高，空调拥有率迅速增长（图 2-16），目前城镇住宅空调器普及率很高，分体空调在住宅空调中占绝对主导地位，户式中央空调的实际普及率较低，即使是北京市的新建高档住宅楼，户式中央空调的住户比例也不超过 5%。从图 2-16 中可以看出，到 2011 年，城镇居民每百户空调拥有量已经达到 122 台/百户家庭，地区上随着气候不同呈现"南高北低"的分布，沿海部分地区空调器拥有率最高，上海、浙江等省市的每百户空调拥有量已超过 200 台，即平均每个家庭拥有 2 台以上空调器。

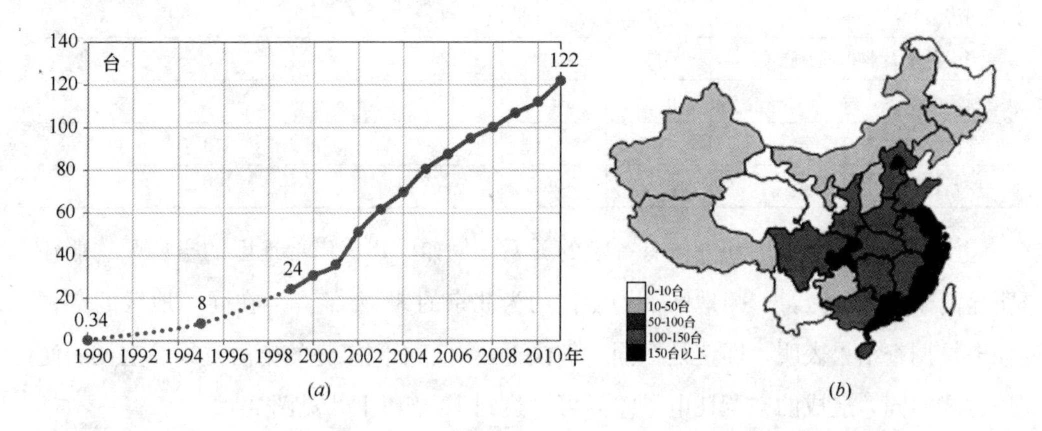

图 2-16　中国城镇居民家庭平均每百户年底空调器拥有量

(a) 逐年情况；(b) 2011 年各地区情况（南海诸岛未统计）

2011 年我国城镇住宅夏季空调总电耗为 520 亿 kWh，折合 1603 万 tce，占住宅总能耗的 10.4%，见图 2-17。从 2001～2011 年，住宅夏季空调电耗十年间增长了 5.4 倍，折合到全国城镇住宅总面积，单位建筑面积平均的空调能耗为

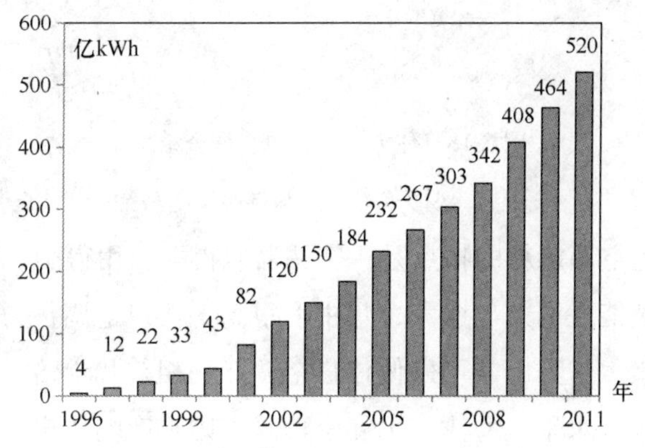

图 2-17　中国城镇住宅夏季空调能耗

3.4kWh/(m^2·a)，这实际上是由于中国西部和北部的低能耗才导致了全国的空调平均能耗水平如此低。

1998年至今，一些单位进行了住宅空调运行能耗状况的调查，其中有代表性的一些调查工作见表2-3。

一些城镇住宅空调运行能耗调查情况汇总表 表2-3

来　源	调研地区	调查时间	样本数	空调耗电量［kWh/(m^2·a)］
清华大学：李兆坚	北京	2006	210	2.2
同济大学：钟婷等	上海	2001	400	3.52
华中科技大学：胡平放等	武汉	1998	12	3.8
浙江大学：武茜	杭州	2003	300	7.14
湖南大学：陈淑琴等	湖南	2005	60	2.3
广州建科院：任俊等	广州	1999	—	7.9

空调的能耗与地理和气候有一定的关系，例如广州等南部地区的空调平均能耗明显高于北方地区，广州地区平均能耗约为北京的3～4倍。但在同一地区的空调耗电量调查结果表明，即使是在同一气候下，由于不同家庭的生活方式、空调的使用方式不同，造成的空调耗电量差异可以达到10倍以上，见图2-18。

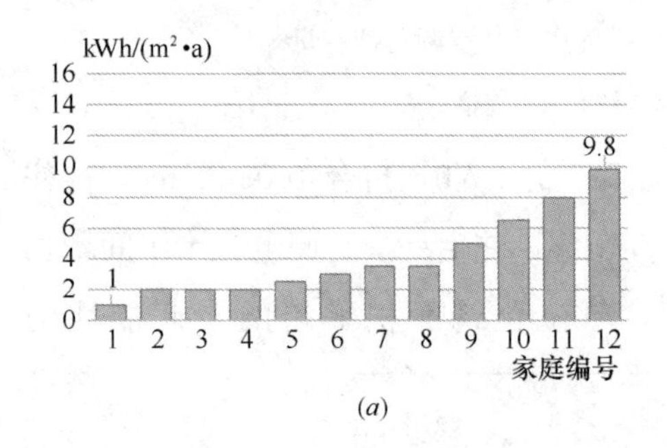

(a)

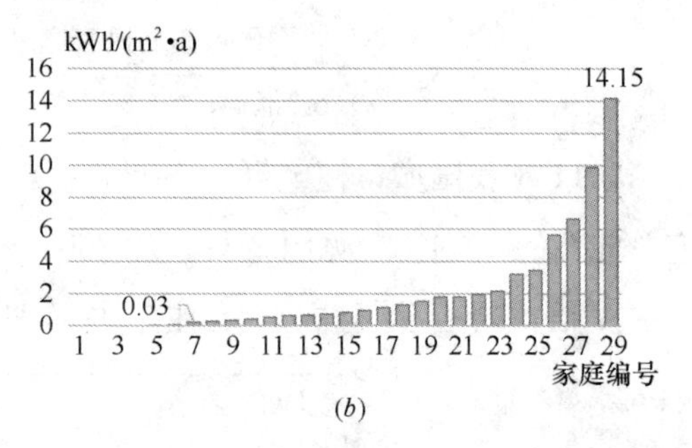

(b)

图2-18 住宅空调耗电量调查结果

(a) 武汉[5]；(b) 北京[6]

目前夏季住宅空调能耗的特点是：空调器装得多、用得少、平均能耗水平很低，但各住户空调能耗的差异巨大、集中度很高，住户空调行为方式是影响空调能耗的最重要因素，这一因素可以使住户空调能耗相差几十倍。气候条件以及住户的消费观念、收入水平、身体状况和电价政策则是影响住户空调行为方式的主要因素。空调运行方式的巨大差异实际上反映出住户空调消费需求的巨大差异，也反映出不同住户对相同室内热环境的舒适感和耐热能力存在较大差异。我国住宅空调的行为节能潜力和提高能效节能潜力均很大，不科学的空调使用方式以及对空调舒适度的过度追求，都将使住宅空调能耗大幅度增加。而加强行为节能和提升空调器能效，则可使住宅空调能耗大幅度减少，这是我国住宅空调节能的重要方向。

2.4.3 家用电器

随着我国经济的发展和居民收入的增加，我国城镇居民的生活水平也逐渐提高，各种家用电器数量正在逐年增长（图2-19）；而调研也显示，建筑设备形式和用能模式也正在悄然发生巨大变化，家用耗能设备的使用范围和使用时间正在不断地增长，这将不可避免地带来住宅能耗的增长。

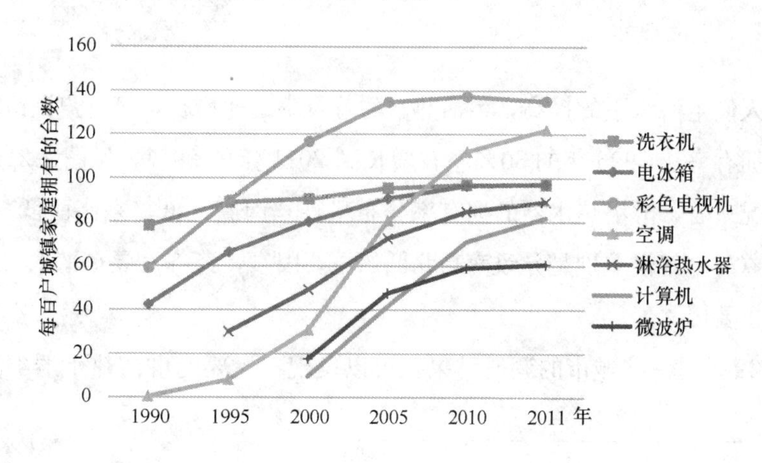

图2-19 中国城镇住宅每百户拥有电器的台数

另一方面，随着科学水平的发展与进步，用能设备能效的进一步提高，有利于减缓我国建筑能耗增长的步伐。2007年底，财政部、国家发展和改革委员会颁布了“节能产品惠民工程”，采取财政补贴方式，对10类高效家电节能产品以及已经实施的高效照明产品、节能与新能源汽车进行推广应用，形成有效的激励机制。该政策将对在我国城镇住宅中推广高效节能的家电产品具有较大的促进作用。

2011年我国城镇住宅家电总电耗为1106亿kWh，折合3407万tce，占住宅总能耗的22.2%，见图2-20，全国城镇住宅单位户的平均家电能耗为460kWh/(户·a)。

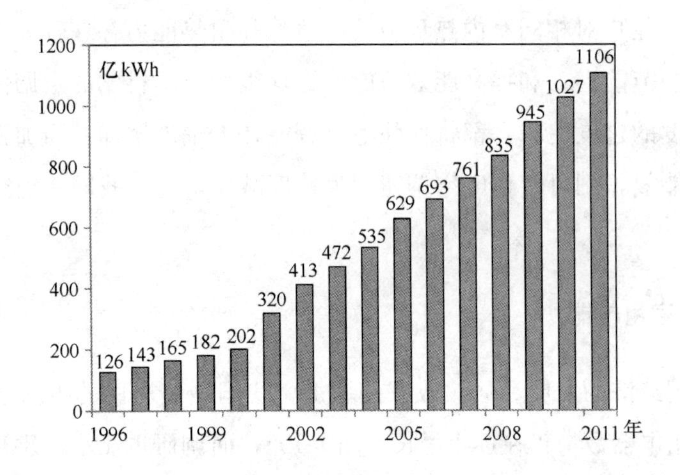

图 2-20 中国城镇住宅家用电器能耗

2.4.4 生活热水

随着人们生活水平的提高，生活热水的普及率迅速增长，每百户城镇家庭淋浴热水器的拥有率从1996年的30%左右增长到2011年的89%，见图2-21（*a*）。从全国的情况来看，淋浴热水器的拥有率分布呈现“南高北低，东高西低”的特点，见图2-21（*b*）。气候差别是导致南高北低的主要因素，经济发展水平不同是导致东高西低的主要因素。

图2-22是对一些城市的调研结果，可以发现：主要的淋浴热水器类型为电热

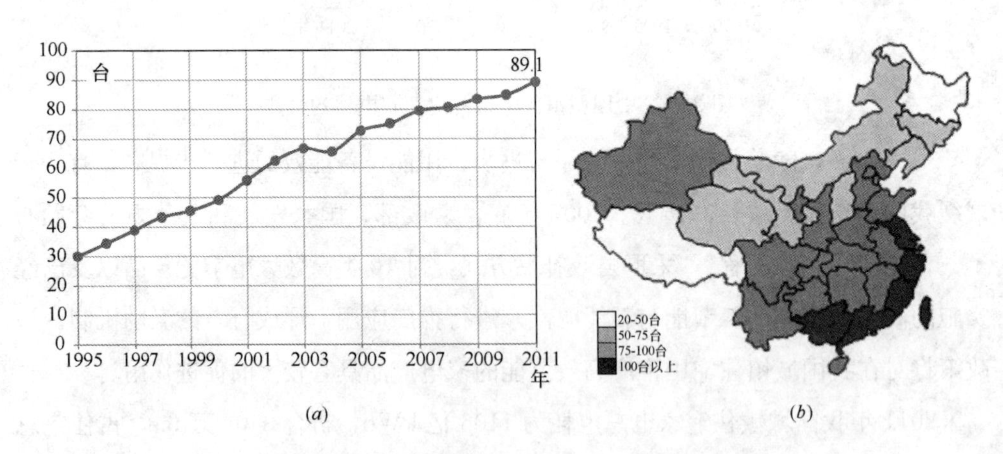

(*a*) (*b*)

图 2-21 中国城镇居民家庭平均每百户沐浴热水器拥有量

（*a*）逐年情况；（*b*）2011年各地区情况（南海诸岛未统计）

水器和燃气热水器，这两类热水器一共占 70%左右的比例，其中电热水器的比例略高于燃气热水器，除去这两类热水器，集中供热水也占一定的比例，同时太阳能热水器也在住宅里有一定的比例，且有逐年增长的趋势。

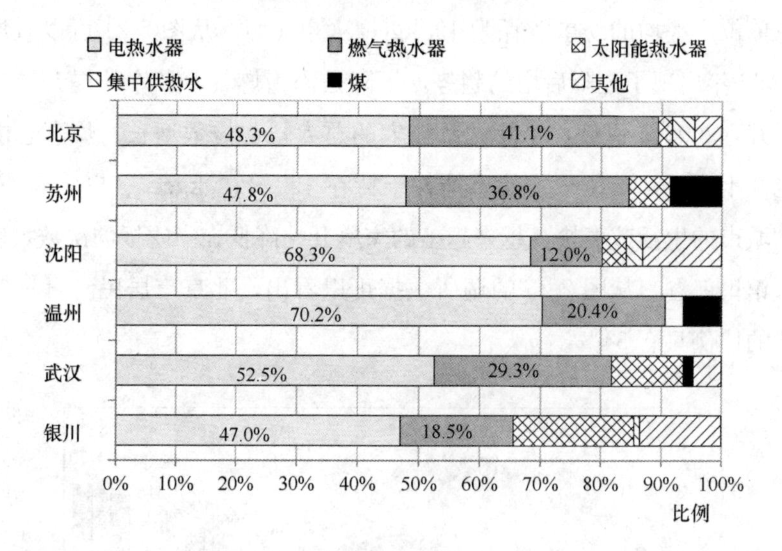

图 2-22　中国一些城市不同类型热水器比例

中国城镇住宅热水能耗如图 2-23 所示，2011 我国城镇住宅生活热水总能耗折合 1453 万 tce，占住宅总能耗的 9.5%，全国城镇住宅单位户的平均生活热水能耗为 60.3kgce/（户·a）。

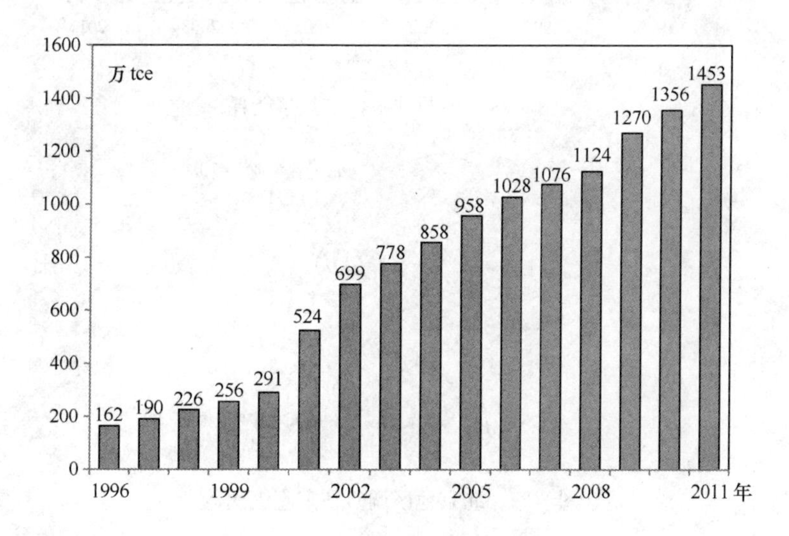

图 2-23　中国城镇住宅生活热水能耗

2.4.5 炊事

2011年我国城镇住宅炊事总能耗折合4770万tce，占住宅总能耗的31.1%，全国住宅单位户平均的炊事能耗为198kgce/（户·a）。从图2-24可以看出，炊事能耗从1996年出现了先降后增的趋势，下降是因为燃气普及率的提升导致炊事用能效率提升，2000年以后，尽管城镇住宅的总人口与户数增长，炊事总能耗的增长趋势也并不明显，单位户的炊事能耗维持在190～200kgce/（户·a）左右。这是由于大城市的生活节奏快，越来越多的家庭开始降低在家吃饭的次数，转而在食堂或者餐馆里就餐，从图2-25的调研数据可以看出，北京市居民一日三餐均在家做饭就餐的比例只有54%。

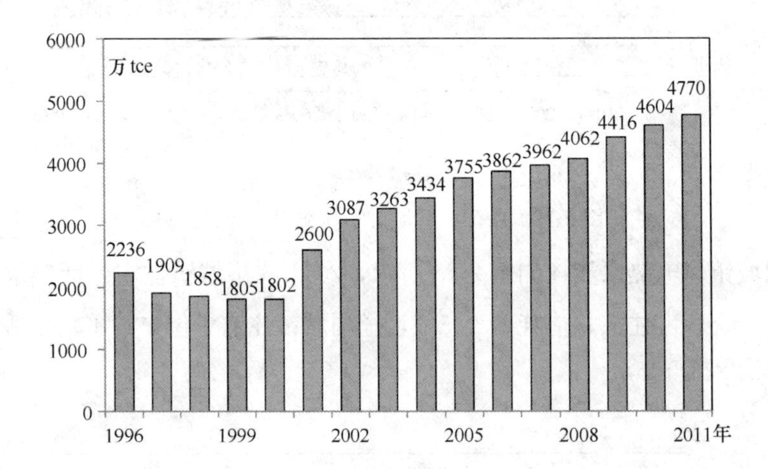

图2-24 中国城镇住宅炊事能耗

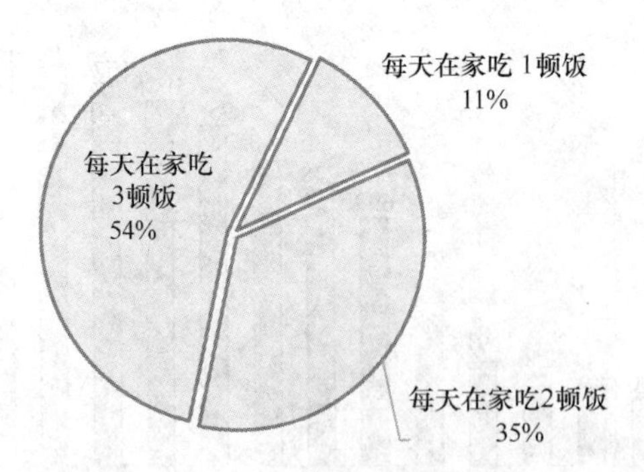

图2-25 北京地区调研在家吃饭次数

注：调研样本总量为1316人，调研时间为2008年。

2.4.6 照明

2011年我国城镇住宅照明总电耗为922亿kWh，折合2840万tce，占住宅总能耗的18.5%，折合到全国城镇住宅，见图2-26，单位建筑面积平均的照明能耗为6.1kWh/（m^2·a）。

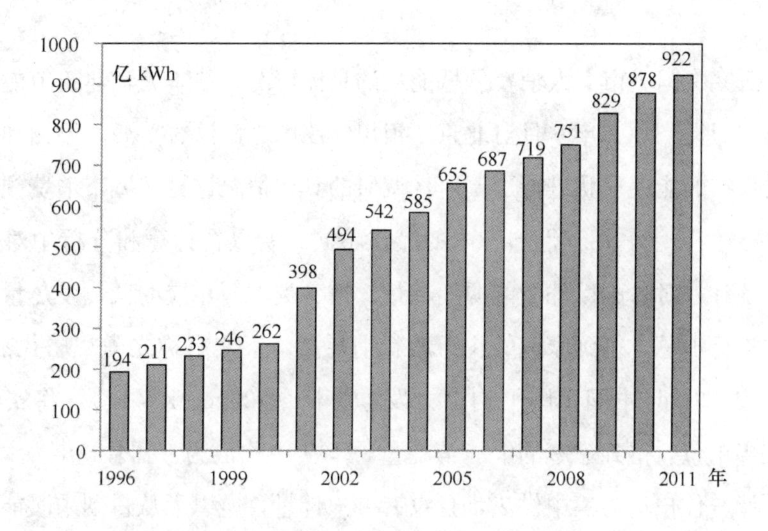

图2-26 中国城镇住宅照明能耗

2004年11月，经国务院批准，国家发展和改革委员会发布了《节能中长期专项规划》，规划将“照明器具”列入节能重点领域，将“绿色照明工程”列为十大节能重点工程之一。2005年在《国民经济和社会发展第十一个五年规划纲要》中，绿色照明工程仍然是十大重点节能工程之一。2006年7月国家发展和改革委员会等部门又下发了《“十一五”十大重点节能工程实施意见》，进一步明确了“绿色照明工程”的重点实施内容、配套保障措施、实施主体。2011年11月1日，国家发改委、商务部、海关总署、国家工商总局、国家质检总局联合发布《中国逐步淘汰白炽灯路线图》，明确从2012年10月1日起，按功率大小分阶段逐步禁止进口和销售普通照明白炽灯。从2014年10月1日起，我国将禁止进口和销售60W及以上普通照明白炽灯；2015年10月1日～2016年9月30日为中期评估期；2016年10月1日起禁止进口和销售15W及以上普通照明白炽灯。

“中国绿色照明工程”实施以来，已产生了显著的社会、经济、环境效益。自2002

年开始，中国政府相继出台了一系列推广高效照明产品和技术、淘汰低能效照明产品的政策、措施。在上述政策的支持下，中国节能灯推广进展顺利：2008～2009年，全国通过财政补贴方式累计推广节能灯1.8亿只，仅2009年就完成节能灯推广1.2亿只。

2.5 典型城市的住宅能耗

为了研究中国城市个人消费领域能耗的具体情况，清华大学建筑节能研究中心于2008年7月至2009年6月对北京、银川、沈阳、武汉、上海、温州和苏州等七个城市的住户的能耗现状进行了调研，调研的具体情况详见《城市消费领域的用能特征与节能途径》[7]。由于燃料和电的品位不同，所以在计算和分析中对电和燃料分别进行统计：对除电以外的能源消耗量，按各类能源相应的低位发热量折合为标准煤单位进行加总，得到家庭的化石燃料消耗量，下文中称之为“居住热耗”；对于电耗，按2008年中国全国平均火力发电煤耗（$326gce/kWh_{电}$），将实际电耗转化为标准煤单位，得到家庭的电能消耗量，下文中称之为“居住电耗”。沈阳、银川三市所调查住户均为集中供热，且没有分户计量，所以无从得到采暖能耗，以下数据均不包括冬季采暖用能。

图2-27（*a*）~（*g*）是通过计算得到的七个城市的实际居住能耗情况，图（*h*）是这几个城市平均的单位面积能耗情况，图（*i*）与图（*j*）是七个城市实际居住电耗与热耗的分布情况图。

由图可见：调研城市的平均单位面积总能耗已经超过10 kgce/（m^2·a）；但能耗水平最高的北京与上海也不到20 kgce/（m^2·a）（分别为19 kgce/（m^2·a）

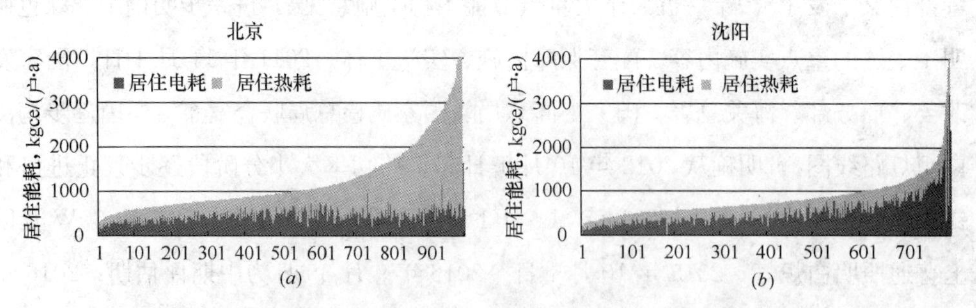

图2-27 调研城市的居住能耗（除北方城市集中采暖）情况（一）

（*a*）北京样本户居住能耗（除采暖）情况；（*b*）沈阳样本户居住能耗（除采暖）情况

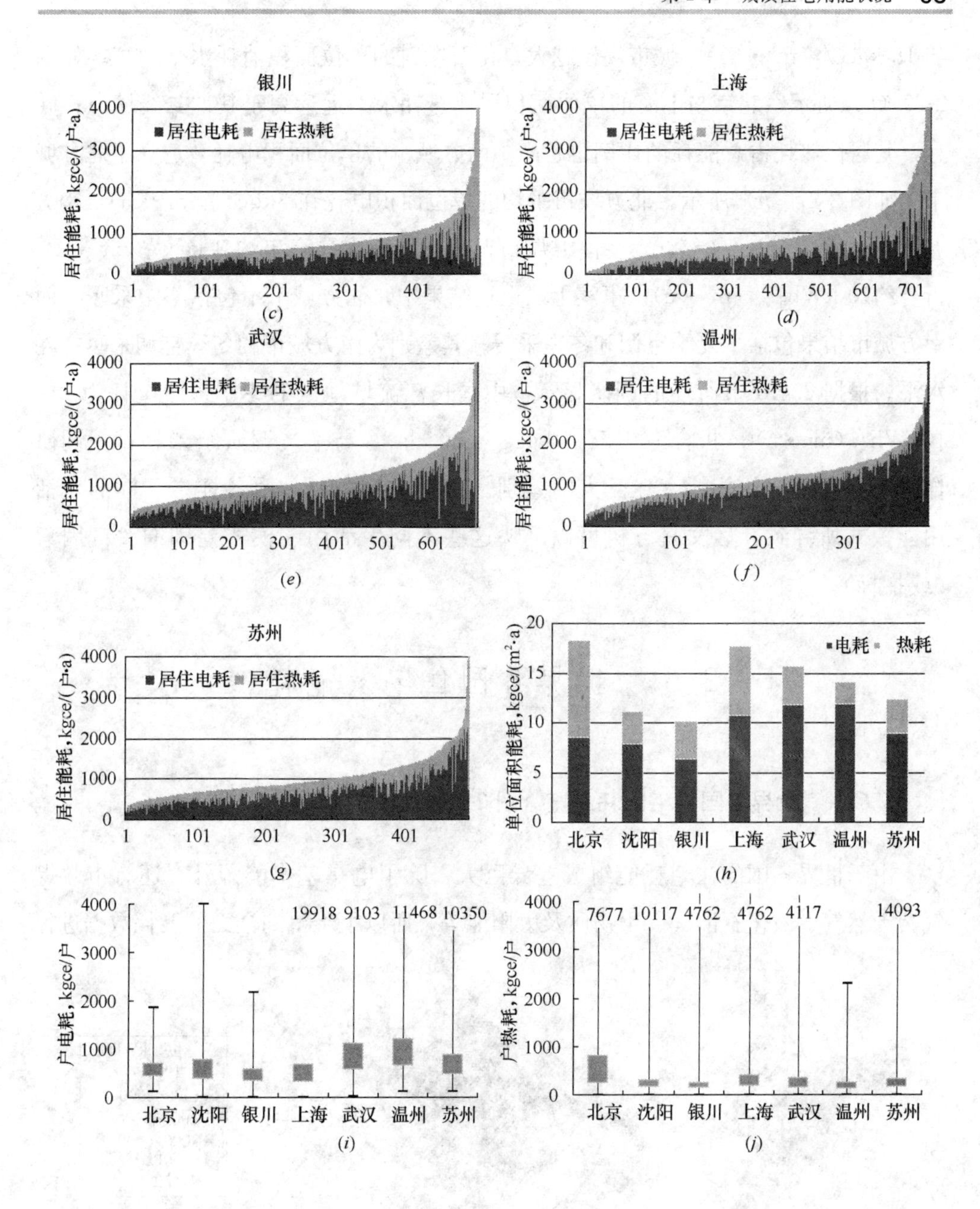

图 2-27 调研城市的居住能耗（除北方城市集中采暖）情况（二）

(*c*) 银川样本户居住能耗（除采暖）情况；(*d*) 上海样本户居住能耗情况；(*e*) 武汉样本户居住能耗情况；(*f*) 温州样本户居住能耗情况；(*g*) 苏州样本户居住能耗情况；(*h*) 各城市平均单位面积居住能耗；(*i*) 各城市户均电耗调研情况；(*j*) 各城市户均热耗调研情况

与18 kgce/（m^2·a））。城市规模越大，化石燃料的单位面积消耗水平越高。如图2-27（*h*）所示，北京与上海的单位面积居住热耗水平远远高于其他二线城市；并且，其居住热耗占总能耗的比例也越高。南方城市的单位面积电耗普遍高于北方城市。如图2-27（*h*）所示，北方城市平均的单位面积电耗在8kgce/（m^2·a），南方城市平均为11 kgce/（m^2·a）；南方城市比北方城市平均高出约3 kgce/（m^2·a），折合约10 $kWh_{电}$/（m^2·a）。事实上，上述结果中，北方城市不包括集中采暖，而南方城市结果包括了夏季空调和冬季采暖；其差别为南方城市的冬季空调采暖能耗水平。根据2.4.1节所述的调研显示，中国长江流域地区的冬季采暖电耗为2～10kWh/（m^2·a）[12]折合为0.5～3 kgce/（m^2·a），与本文调研结果相符。调研样本个体间的居住能耗存在巨大的差别。这种差别主要是由各样本不同的生活用能模式所导致，后文将分析可以反映这些不同生活用能模式差别的关键因素（或指标）。

2.6 世界各国住宅及能耗

2.6.1 世界各国住宅能耗总览（图2-28）

由于世界各国的住宅耗能组成差异巨大，除了电是基本能源外，还有市政燃气、天然气、液化石油气、生物质及太阳能等，所以很难得到全面的能耗数据进行

图2-28 世界各国住宅能耗总览

数据来源：Enerdata，http：//www.endedata.net/

比较。但户均耗电量比较容易得到，并且作为住宅内的基本能源，它可以作为衡量住宅能耗水平的一个重要指标，所以列出了图 2-29 中的世界各国及地区的住宅户均能耗值。从地区分布来看，住宅户均耗电量最高的国家是北美洲的加拿大和美国，户均耗电量分别为 11879kWh/(户・a)和 11698kWh/(户・a)；其次是太平洋地区以及北欧的部分国家，户均能耗值也超过 6000kWh/(户・a)。中东地区的户均耗电量平均值也非常高，达到了 11527kWh/(户・a)，反映了沙特阿拉伯等石油输出国的高耗电量。非洲和拉丁美洲的平均耗电量量在 2000kWh/(户・a)左右，亚洲最低，平均值仅为 1625 kWh/(户・a)，但也存在耗电量较高的国家，例如中国台湾地区的户均耗电量高达 8475 kWh/(户・a)，日本也达到了 5513 kWh/(户

世界平均	3471				
欧洲	4464	北美洲	11718	非洲	2083
欧盟	4155	加拿大	11879	加蓬	6273
瑞典	9697	美国	11698	南非	4389
芬兰	9385	中东	11527	埃及	2421
冰岛	7756	以色列	7495	阿尔及利亚	1987
马其顿	7332	叙利亚	4943	刚果	1834
法国	6343	约旦	4541	塞内加尔	1473
塞浦路斯	5689	伊朗	3580	坦桑尼亚	1381
爱尔兰	5287	太平洋	5518	突尼斯	1371
瑞士	5278	新西兰	7918	摩洛哥	1305
奥地利	4896	澳大利亚	7227	肯尼亚	1156
比利时	4688	亚洲	1625	尼日尔	1093
英国	4648	中国台湾	8475	乍得	917
卢森堡	4599	日本	5513	加纳	691
斯洛文尼亚	4562	中国香港	4745	科特迪瓦	672
希腊	4490	韩国	4215	尼日利亚	570
西班牙	4131	泰国	2112	埃塞俄比亚	502
克罗地亚	4059	巴基斯坦	1949	喀麦隆	470
丹麦	4043	印度尼西亚	1475	独立国家联合体	2375
保加利亚	4002	中国	1349	俄罗斯	2419
阿尔巴尼亚	3676	菲律宾	973	哈萨克斯坦	2104
葡萄牙	3650	印度	900	拉丁美洲	2046
爱沙尼亚	3512	尼泊尔	443	巴拉圭	3235
德国	3512			阿根廷	3160
捷克	3257			哥伦比亚	2250
荷兰	3172			巴西	1834
匈牙利	2967			墨西哥	1809
土耳其	2777			秘鲁	1414
意大利	2777			玻利维亚	1079
斯洛伐克	2641				
波兰	2134				
拉脱维亚	2123				
立陶宛	1959				
罗马尼西	1618				

图 2-29　世界各国、地区住宅户均电耗（单位：kWh/（户・a））

·a)。在全球范围内，中国的户均耗电量处于较低的水平，为1349 kWh/(户·a)。

2.6.2 统计数据处理方法及案例测试来源

户均的耗电量仅能反映住宅耗能水平的一部分，为了细致地研究世界其他国家的住宅能耗水平与各分项能耗，本书选择了美国、日本和意大利这三个国家的住宅进行了详细的研究与分析。

美国的住宅统计数据主要来自美国能源局（U. S. Department of Energy）提供的建筑能耗数据（Building Energy Data Book[8]），该组织提供了美国住宅领域的全面数据，包括各种能源类型和终端用途的能源消耗及家庭、住宅建筑面积等数据。美国案例的案例数据来自清华大学的硕士研究生在美国开展的测试与研究。

意大利的住宅统计数据主要来自意大利国家新技术、能源和可持续发展局（ENEA－Italian National Agency for New Technologies，Energy and Sustainable Economic Development[9]），该组织提供了意大利住宅领域的各种能源类型和终端用途的能耗及一些相关的基本数据。调研及案例的数据则来自于清华大学与意大利卡布利亚大学对于卡布利亚州开展的住宅领域的联合研究。

日本的住宅统计数据主要来自于日本国家统计局[10]和日本节能中心（Energy Conservation Center，Japan），调研及案例的数据来自于日本东北大学（Tokohu University）的吉野博教授团队的研究。

为了使得统计数据具有可比性，本书将各国的住宅领域各种能源（包括电、天然气、煤油等）能耗均按照发电煤耗法进行折算成一次能耗，使用标准煤作为统一的单位来反映住宅内的各项用能途径的能源消耗量。对于各国的一次能源发电效率：日本使用EDMC提供的数值40.88％，意大利使用Enerdata[11]提供的欧洲发电平均值40.93％，美国使用Building Energy Data Book中直接提供的一次能耗数值。

2.6.3 美国住宅

(1) 美国住宅概况

根据美国国家统计局的数据，截至2012年，美国人口约3.13亿，住宅自有率为66％，居世界榜首，人均居住面积约59m^2。

在美国一共有五种住宅形式：独立住宅（又称别墅），有连排的（attached）或者是独栋的（detached），以独栋居多；多层住宅，一般住有2～4户家庭；中高层住宅，住有5户或者更多的家庭；另外一种就是移动式的家庭（mobile homes）。连排住宅与独栋住宅的区别在于，独栋住宅有四面都是与外界接触，而连排住宅至少有一面是与其他建筑相连。移动式家庭是美国特有的一种住宅形式，建立在可移动的底座上，可以四处移动，但这种住宅只占很小的比例。从图2-30可以看出，美国主要的住宅形式是独栋住宅建筑，占住宅总量的65%；其次是集合式中高层住宅，每幢公寓里有5户以上的家庭，占住宅总量的15%，一般分布于城市中心区。

美国目前现存有的独栋住宅的平均面积为211m²，包括3个卧室和1.5个功能齐全的洗浴间，其中有181m²是采暖的空调，其他空间（包括车库和地下室）是非采暖的空间。85%的单体住宅都装有空调系统，其中80%是中央空调，其他的装有分体空调（窗式或者墙式）。97%的独栋住宅家庭有洗衣机，95%的独栋住宅家庭拥有衣物烘干机。

多户住宅的平均面积为90m²，包括1.6个卧室和1.1个功能齐全的洗浴间。对于多户住宅，90m²的空间约有85m²是空调空间。77%的公寓住宅安装有空调，59%为中央空调，41%为分体空调（窗式或墙式）。与单户住宅相比，洗衣机和烘干机的拥有率明显较低，分别为41%和38%。

根据美国RECS（Residential Energy Consumption Survey）的数据显示（图2-31），目前美国存有的住宅，92%的住宅是建于2000年以前，其中20%建于1950年以前。20世纪70～80年代是美国住宅建造的高峰期，目前存有的住宅中，大约有34%是建于这个时期。

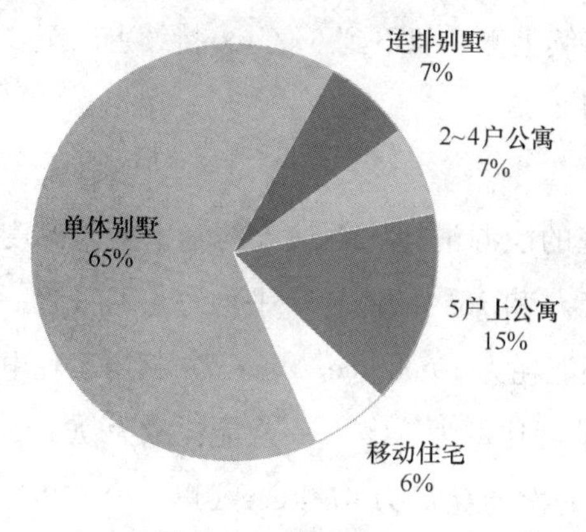

图2-30 美国住宅类型分布[1]

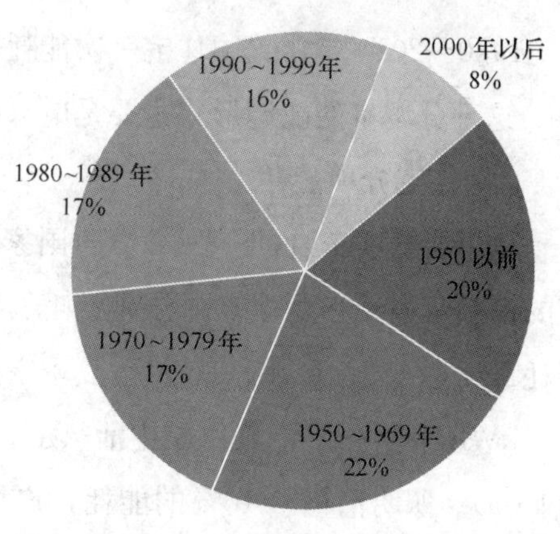

图2-31 美国住宅建造年代（2009年）

[1] 来源：美国Building Energy Data Book2010，图中显示为2005年数据。

(2) 住宅建筑规模及能耗

2010年，美国约有1.14亿户家庭，住宅建筑总面积为286亿m^2，见图2-32，户均建筑面积高达251m^2/户，住宅总一次能耗为7.95亿tce，比中国建筑总能耗还要高。1980～2010年的20年间，美国家庭户数从0.8亿户增长为1.14亿户，增长为原来的1.4倍，住宅总一次能耗从5.66亿tce增长为7.95亿tce，增长为原来的1.4倍，户均能耗略有下降。

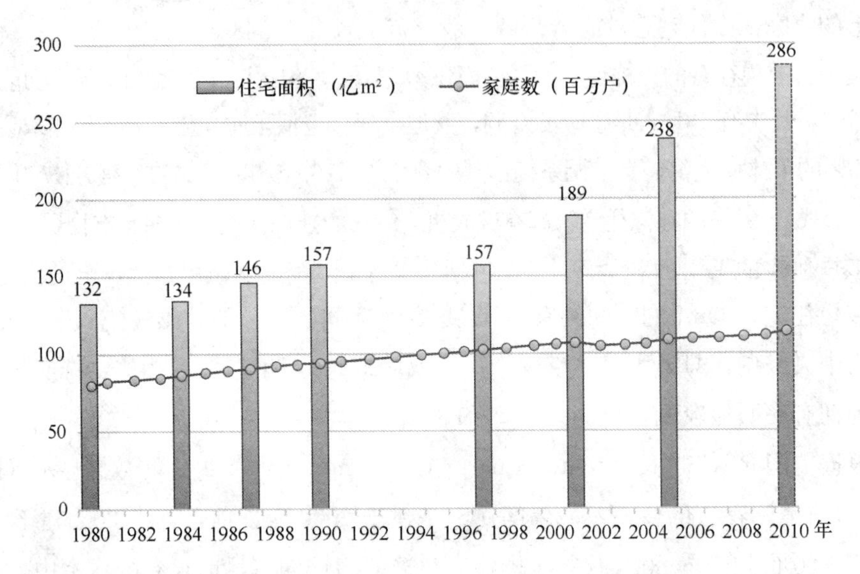

图2-32 美国逐年家庭数和住宅面积

1980～2010年，美国住宅一次能耗持续上涨，从不到6亿tce持续上涨至8亿tce，这部分增量的能源形式主要是电（图2-33）。

(3) 住宅分项能耗

从用能分项来看(图2-34)，美国家庭的能源消耗比例最大的是室内温湿度环境的控制，采暖和夏季空调分别消耗了28%和15%的能耗，平均每户的采暖一次能耗量高达1937kgce/(户·a)，夏季空调能耗为1053kgce/(户·a)(相当于耗电量2791kWh/(户·a))。其次是生活热水，能耗比例为13%，一次能耗量为901kgce/(户·a)。照明消耗了10%的能耗，户均一次能耗量为673kgce/(户·a)，相当于耗电量为2084kWh/(户·a)，在其他分项中，冰箱和盥洗是耗能量较多的项，年耗电量分别为1375kWh/(户·a)和1040kWh/(户·a)，剩余的分项占总一次能耗的比例均在5%以下。

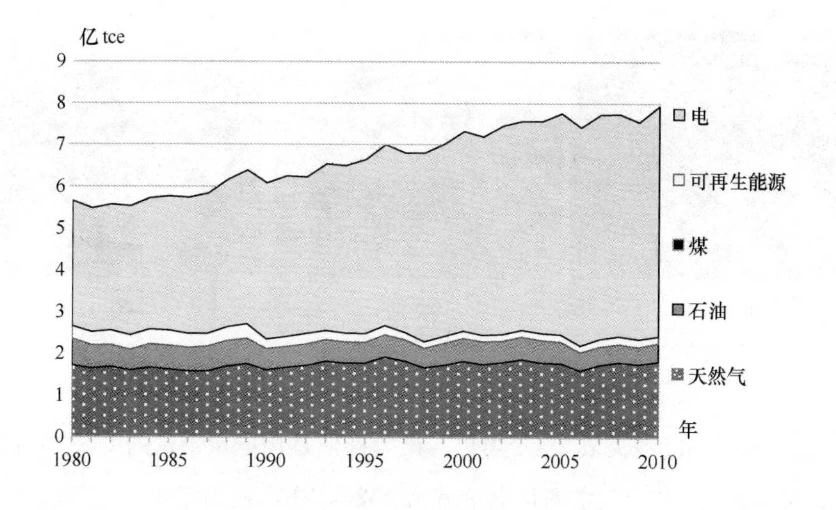

图2-33　美国逐年住宅一次能耗

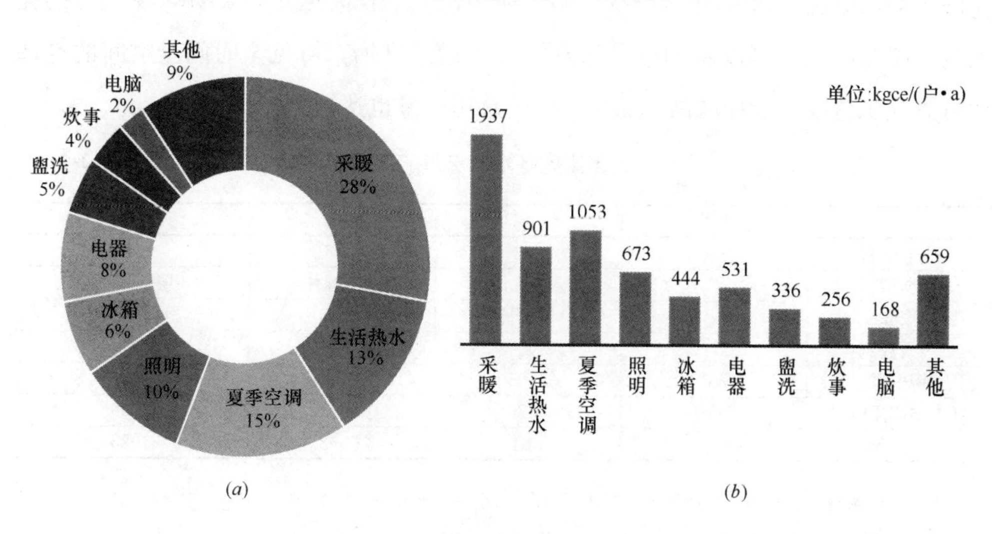

图2-34　美国住宅各分项用能（2010年）

（a）比例；（b）数值

（4）住宅能耗实测

清华大学建筑节能研究中心于2011年选取了美国北卡罗来纳州首府罗利（Raleigh）的三户独栋式住宅（图2-35），对这三户家庭的夏季用电量及室内环境进行了测试与案例研究。北卡罗来纳州是美国东南部大西洋沿岸的一个州，西部山区属大陆性气候，东南地区属亚热带气候。年均气温东部19℃，中部16℃，山区13℃。7、8月多雨，10、11月最干燥。

图 2-35 美国案例测试家庭

这三个家庭的能耗见表 2-4，可以看出，即使是用电量最低的 US1 的年耗电量也为 7595kWh/a，其中仅空调耗电量就为 1526kWh，相当于中国中等收入家庭一年的全部耗电量。而 US2 家庭仅空调一项年耗电量就高达 8534kWh，从逐月的耗电量（图 2-36）也可以看到夏季家庭的耗电量的剧增，可见全时间全空间的空调运行方式所造成的能耗之高，而这一家的总用电量也达到了 22380kWh/a。

美国家庭基本信息与能耗 **表 2-4**

	单位	US1	US2	US3
住宅面积	m^2	223	228	164
类型		2 层独栋住宅	2 层独栋住宅	3 层连排别墅
家庭		中年(退休)	中年	年轻夫妇
人数	人	2	2～4	2
用电量	kWh/a	7595	22380	10240
夏季空调用电量	kWh/a	1526	8534	4069
用气量	m^3/a	664	3052	1025

注：US2 家庭夏季 7 月—8 月为 4 人居住，其余时间 2 人居住。

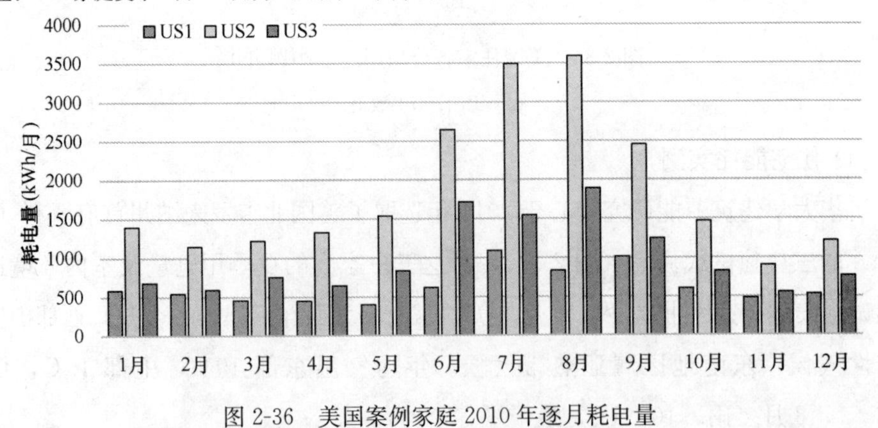

图 2-36 美国案例家庭 2010 年逐月耗电量

2.6.4　意大利住宅

（1）意大利住宅概况

意大利是个多山地的国家，城市多分布在沿海狭长地带，内陆城市更是难找到大片平坦地区。截至 2011 年，意大利人口为 6081 万，有限的土地使意大利不可能像美国那样大量兴建单层和低层单栋住宅；集合住宅是它的住宅主体。特别是大城市，大量兴建的是多层单元住宅，平均家庭的大小为 2.4～2.5 个人[1]。意大利境内高层建筑很少，高层住宅只在个别大城市建造，一般高层住宅为 8～11 层。

（2）住宅建筑规模及能耗

2011 年意大利的住宅总套数为 1886 万套，其中空置住宅套数为 486 万套，约占 17%。这与意大利家庭的拥有度假房的习惯有一定的关系。在 1990～2007 年之间，意大利的住宅领域能耗一直维持在稳定的水平，没有大幅的增长或者下降。从 2005 开始，欧盟和意大利政府展开了一系列针对建筑领域，尤其是住宅内的节能政策与措施，使得住宅总能耗从 5478 万 tce 下降至 2007 年的 4919 万 tce，见图 2-37。

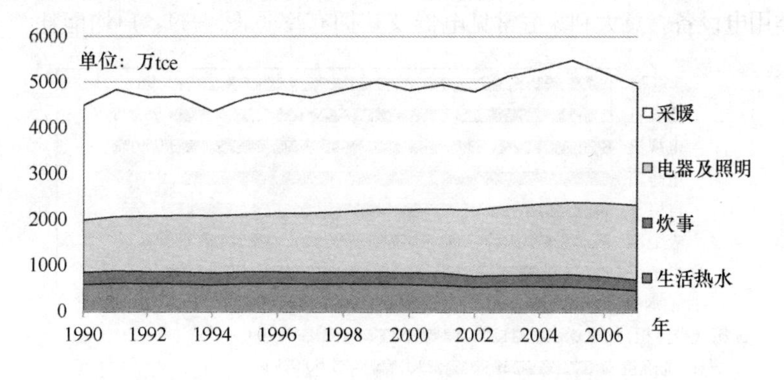

图 2-37　意大利住宅总一次能耗

（3）住宅分项能耗

从用能分项上来看（图 2-38），采暖是耗能量最大的部分，占到了一半以上的比例，为 52%。其次是电器及照明能耗，比例为 34%，生活热水和炊事的能耗分别占总能耗的 9%和 5%。由于意大利气候适宜，且全年最热的季节 8 月份有一个月左右的公共假期，所以住宅内的夏季空调能耗非常少，此处并入电器及照明分项，采暖成为主要的室

[1] 数据来源：Eurostat.

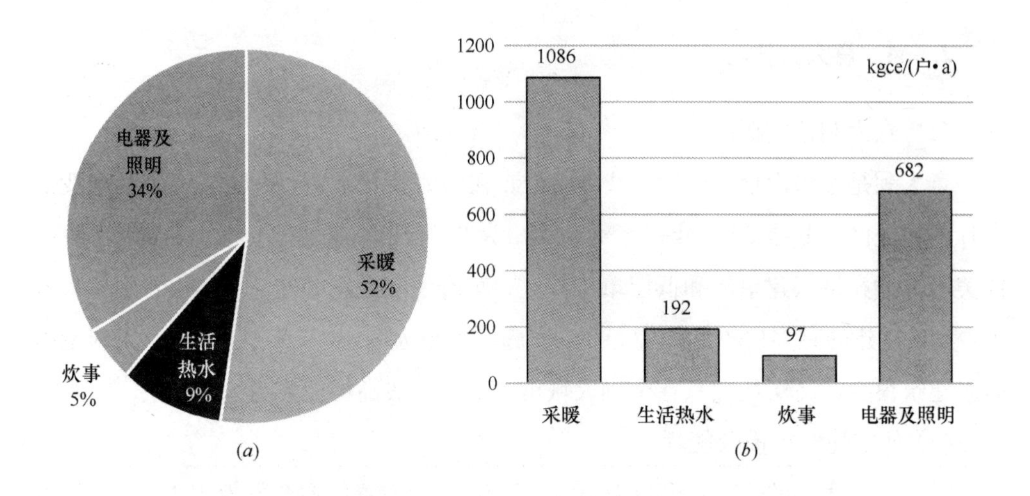

图 2-38 意大利住宅分项能耗比例

(a) 比例；(b) 数值

注：夏季空调能耗并入电器及照明分项。

内环境控制需求，户均能耗达到 1086kgce/（户・a），除采暖以外的能源消耗主要为照明及各类用电设备，意大利家庭常见电器及其拥有率见图 2-39，户均能耗为 682kgce/

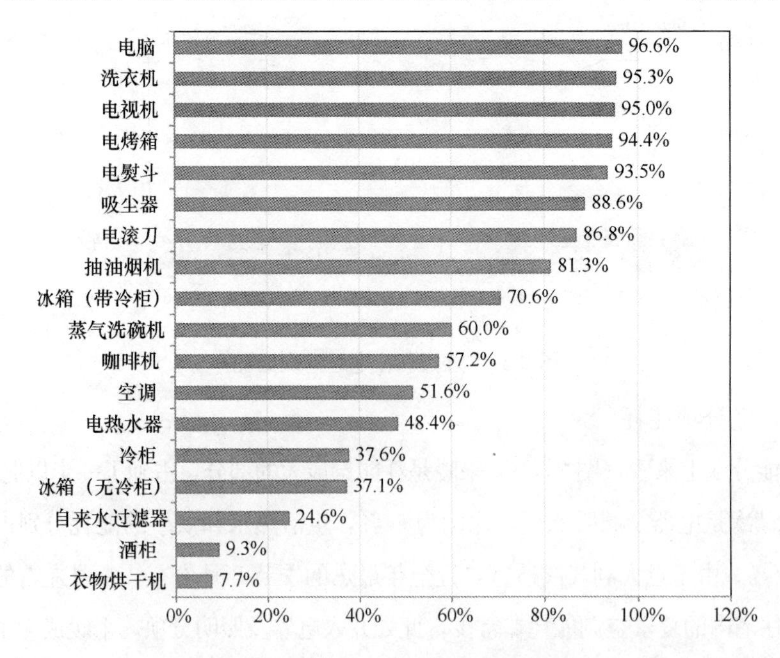

图 2-39 意大利常见家用电器的拥有率

数据来源：ENEA-Italian National Agency for New Technologies，Energy and Sustainable Economic Development。

（户·a）（相当于耗电量 2331kWh/（户·a））。生活热水及炊事所占的比例较少，生活热水的户均能耗为 192kgce/（户·a），炊事户均能耗为 97kgce/（户·a）。

（4）住宅能耗调研及案例

对意大利卡布利亚区近 200 户家庭展开的调研（图 2-40）显示，该地区住宅的年平均耗电量约为 2845kWh/a，与意大利全国平均的家庭年耗电量接近，基本处于意大利的平均水平。

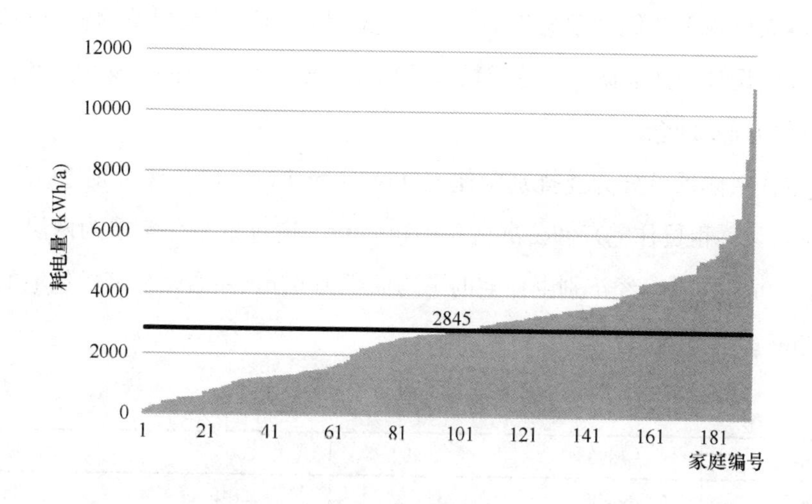

图 2-40　意大利卡布利亚区住宅年耗电量调查结果

对卡布利亚州的两户家庭进行案例分析见图 2-41，可以明显看出，与其他国家差别很大的是意大利家庭全年逐月耗电量没有明显季节性，8、9 月这两个夏季月份的用电量没有上升反而降低，这是因为意大利家庭在 8 月的公共假期会选择去

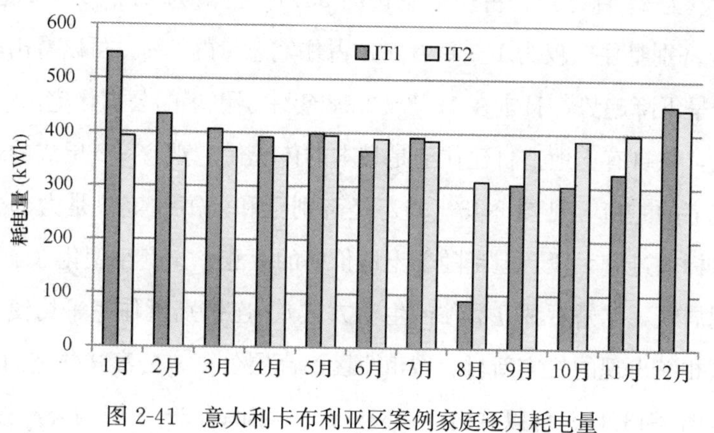

图 2-41　意大利卡布利亚区案例家庭逐月耗电量

度假房内度假，因此第一套住房（即案例研究的住宅）在这段时间会空置或居住者减少，所以能耗降低；而由于冬季多使用燃气采暖，所以冬季电耗也不会明显上升（第一户1月份电耗上涨有特殊原因）。

2.6.5 日本住宅

(1) 日本住宅概况

日本人口约1.3亿（截至2011年），由于特殊的区位和建筑物资短缺等原因，日本在住宅设计和产品研发上追求精益求精，形成了长期坚持开发小户型、注重细节且舒适的开发理念。

日本住宅体系可分为连排别墅住宅（Detached house）、经济别墅（Tenement—house，又称租赁住宅）和公寓（Apartment）。连排别墅住宅多为两层，其平均面积为120m² 左右，经济别墅住宅的平均面积为60m² 左右，公寓式住宅的平均面积为45m² 左右，见表2-5。

日本住宅平均面积（单位：m²） **表2-5**

年代	1993	1998	2003	2008
平均	88.38	89.59	92.49	92.41
连排别墅	118.74	122.20	126.37	127.21
经济别墅	52.38	54.60	60.97	64.71
公寓	44.17	44.96	47.59	47.88

连排别墅是日本住宅最主要的形式，如图2-42所示，2008年日本所有住宅中，连排别墅为27百万户，占住宅总量的55%；公寓为21百万户，占住宅总量的42%；经济别墅住宅仅为1.3百万户，占住宅总量的3%。可以看出，连排别墅的百分比较呈下降趋势，日本在1983～2008年建了更多的公寓住宅。

实际上，在自有土地上自建住宅是日本的传统住宅观念，2层式的连排别墅仍然是日本住宅的主流，见图2-43 (*a*)。经济别墅和公寓住宅只是大部分居民实现自建住宅目标的过渡手段。但是随着土地价格的上涨、家庭小型化（子女在未婚前同父母共同居住，结婚后独立居住的生活方式）、连排别墅住宅平均使用面积的减少以及郊区相继出现的住宅新村、城市小区、高层公寓，公寓式住宅的占有比例逐渐增加。从图2-43 (*b*) 可以看出，1983～2008年间，3～5层的公寓楼迅速发展，

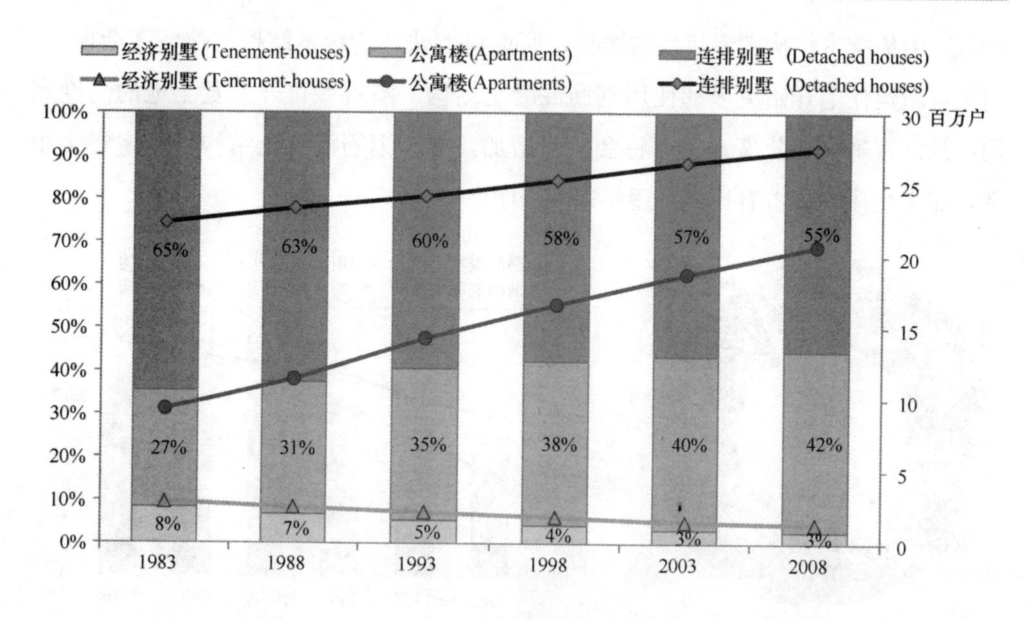

图 2-42　日本住宅类型

数量达到 8 百万户，而 6 层以上公寓楼虽然绝对数量不多，在 2008 年时只占到总公寓住宅楼数量的 33%，但其增长趋势却非常明显，随着城市开发及土地的高度利用，预计将来高层公寓式住宅将会显著增加。

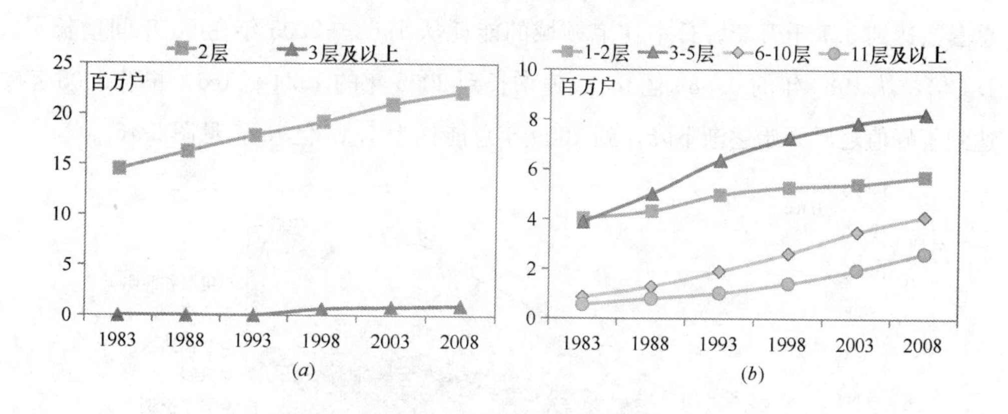

图 2-43　日本住宅发展

（*a*）连排别墅；（*b*）公寓楼

日本住宅的建造年代也比较晚，在 2001 年后建成的比例占到 35%（图 2-44）。木质结构是日本传统的建筑形式，日本工业化住宅的历史较短，日本人的住居观念仍然倾向于传统的木质结构。在 1983 年间，木结构的住宅约占到住宅总量的

80%。但传统木结构随着年代的增长，腐蚀得较快，传统木结构的住宅逐渐损坏、消失，新建住宅开始更多的使用钢筋混凝土结构。随着城市开发及土地的高度利用，预计将来高层公寓式住宅将会显著增加，更多钢筋混凝土结构的住宅将会出现，而木质住宅的占有比例将逐年递减（图 2-45）。

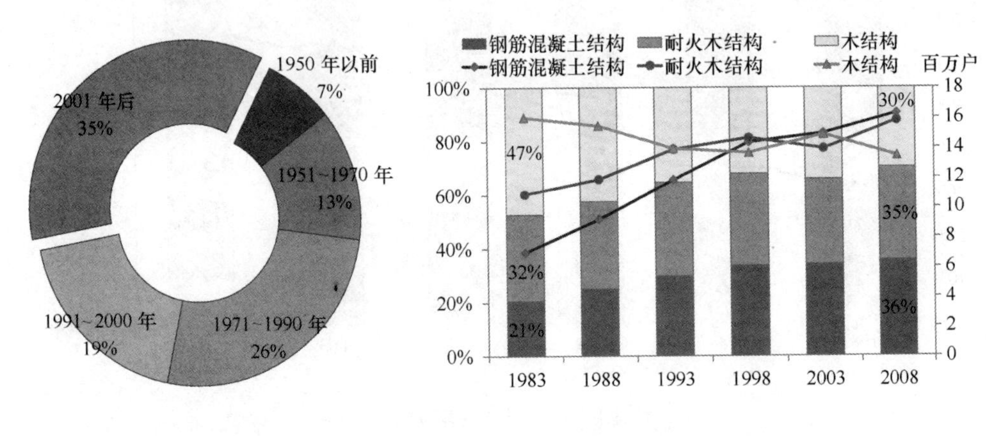

图 2-44　日本住宅建造年代　　　　图 2-45　日本住宅构造类型

（2）住宅建筑规模及能耗

根据日本统计局的统计调查，截至 2008 年，日本共有 5.0 千万户居民，住宅总套数达到 5.7 千万套。日本住宅领域的能耗从 1965～2005 年在 50 年间增长了 4.1 倍，从 1980 年的 0.589 亿 tce 飞速增长到 2005 年的 1.24 亿 tce，并于 2005 年达到了峰值之后开始逐渐下降，到 2009 年总能耗为 1.19 亿 tce，见图 2-46。

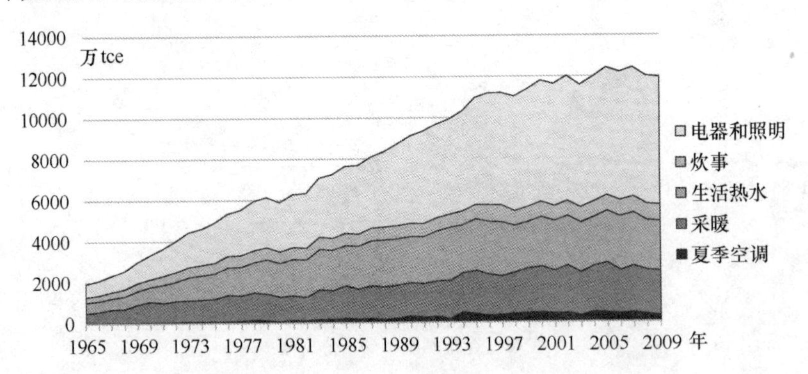

图 2-46　日本住宅建筑一次能耗

数据来源：EDMC HANDBOOK of ENERGY&ECONOMIC STATISTICS in JAPAN 2011，其中煤、油等一次能源发电的效率按照此书提供的值折算，为 0.4088。

（3）住宅分项能耗

日本住宅户均能耗见图 2-47。从用能分项上来看（图 2-48），电器和照明是占住宅能耗比例最大的一部分，比例达到 52%，日本全国平均每户的电器和照明能耗为 1239.7kgce/（户·a），即平均每户耗电量为 3033kWh/（户·a），这部分的能耗从 1965 年开始就保持持续增长的趋势，直到 2006 年左右到达峰值并基本维持稳定中略有下降的趋势。除了电器、照明以外，采暖和生活热水是组成日本住宅能耗的另外两个很重要的部分，平均每户的耗能分别为采暖 431.5kgce/（户·a）[折合到面积为 4.4kgce/（m^2·a）] 和 484.4kgce/（户·a）。炊事和夏季空调的能耗只占很小的比例，二者合起来占住宅总能耗的 10%，炊事能耗为 159.0kgce/（户·a），从 1980 年起就没有太大变化，而夏季空调一直维持较缓慢且小幅的增长，但总量仍然不大，为 60.6kgce/（户·a）[折合到电为 148.1kWh/（户·a）]，这与日本全国夏季的气候并不炎热直接相关，实际上，在日本安装夏季空调设备的家庭比例也不高。

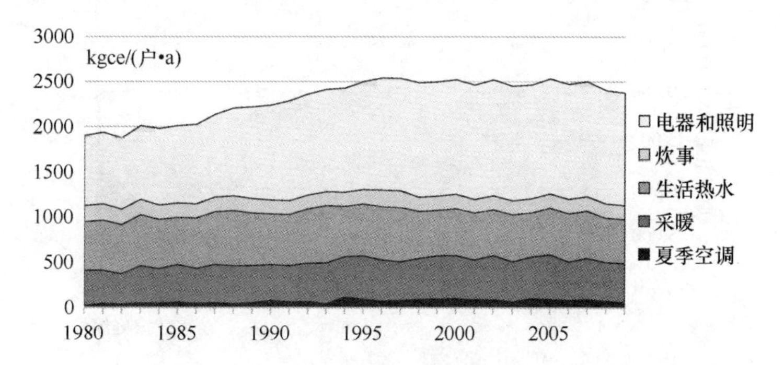

图 2-47　日本住宅户均能耗

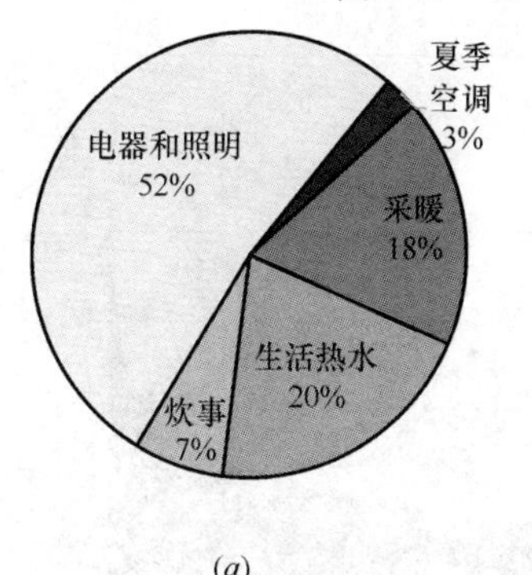

(*a*)

夏季空调	60.6
采暖	431.5
生活热水	484.4
炊事	159.0
电器和照明	1239.7
合计	2375.1

(*b*)

图 2-48　日本住宅分项能耗

(*a*) 比例；(*b*) 数值（单位：kgce/（户·a））

(4) 住宅能耗调研及案例

日本东北大学（Tohoku University）在2007～2009年间对仙台地区约700户左右的住宅进行了详细的跟踪能耗研究，得到了大批居民住宅实际的用能数据，包括2007～2009年逐月的电、市政燃气、煤油、天然气等能耗的消耗量以及家庭对应的各项基本信息。

图2-49和图2-50是2007～2009年对仙台677户家庭进行的住宅实际能耗调查结果，可以看出，日本仙台的住宅平均每年的耗电量为4131kWh/（户·a），耗气量为419m³/（户·a）（耗气量的有效样本数为461个），在能耗方面各用户的差异也十分巨大，甚至比中国的用户更分散，各种能耗水平的家庭都存在，耗电量最大的家庭与耗电量最小的家庭也有十倍的差异。

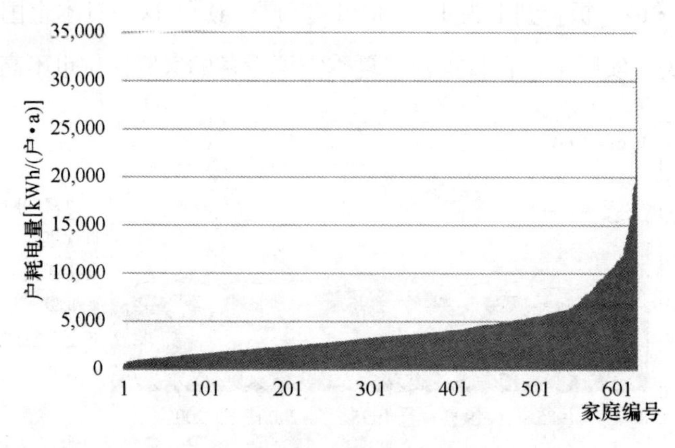

图2-49　仙台市住宅每户全年耗电量

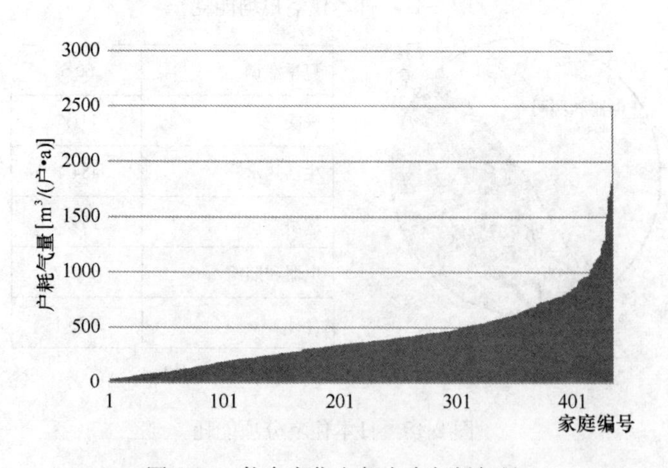

图2-50　仙台市住宅每户全年耗气量

本章参考文献

[1] 金海燕，任宏．中外城市住宅高度形态比较研究．城市问题，2012年第1期．

[2] 中国房地产协会，国家统计局固定资产投资司．中国房地产统计年鉴，2005.

[3] 中国一线城市房屋空置率达40%，网易新闻2010-08-20，http：//news.163.com/10/0820/11/6EHC9SF800014AED.html，引文日期：2010-2-15.

[4] 中华人民共和国国家统计局．中国统计年鉴2012．北京：中国统计出版社，2012.

[5] 华中科技大学胡平放等．湖北地区住宅热环境与能耗调查．暖通空调，2004年第34卷第6期．

[6] 清华大学李兆坚．我国城镇住宅空调生命周期能耗与资源消耗研究．博士论文，2007年10月．

[7] 中国城市能耗状况与节能政策研究课题组．城市消费领域的用能特征与节能途径．北京：中国建筑工业出版社，2010.

[8] 网站：http：//buildingsdatabook.eren.doe.gov/

[9] 网站：http：//www.enea.it/it

[10] 网站：http：//www.stat.go.jp/english/data/index.htm

[11] 网站：http：//www.enerdata.net/

[12] 清华大学建筑节能研究中心．中国建筑节能年度发展研究报告2009．北京：中国建筑工业出版社，2009.

第3章　城镇住宅用能可持续理念和发展模式探究

本章在上一章对我国与几个主要发达国家住宅能耗数据对比的基础上，进一步分析中外住宅能耗出现这样巨大差异的主要原因，从历史、经济与社会发展、环境容量等诸因素探究我国未来住宅建筑能耗的上限。然后从住宅环境营造理念上讨论实现我国住宅建筑未来的节能目标、营造未来的小康住宅环境所要的途径。

3.1　中外住宅能耗对比

综合第2章各国的住宅能耗数据至表3-1，数据表明，尽管我国近年来城镇建设突飞猛进的发展，人民居住水平得到明显改善，但城镇住宅的实际能耗状况是：人均约为美国的1/8，经合组织OECD国家的1/2，户均约为美国的1/8，OECD国家的1/2，单位建筑面积能耗为美国的1/2。为什么我国城镇住宅能耗与发达国家还存在这样大的差别？下面是对这一现象原因的初步分析。

中美日意四国住宅除采暖外能耗对比　　表3-1

时间	国家	人均能耗 kgce/（人·a）	户均能耗 kgce/（户·a）	面均能耗 kgce/（m^2·a）
2011	中国城镇	222	585	10.2
2010	美国	1849	5024	20
2009	日本	936	2375	24.0
2007	意大利	390	972	—

注：表中的能耗为住宅建筑内除采暖分项外的其他能耗，包括炊事、生活热水、照明、电器及其他用电设备。中国的数据为城镇住宅除去北方采暖和长江中下游地区分散采暖的能耗后的能耗。

（1）住宅面积

户均住宅面积对住宅能耗有很大影响，尤其是照明、空调和采暖这几项能耗，与户均面积直接相关。图3-1为我国与几个主要国家户均住宅面积现状，我国城镇住宅户均面积仅为美国的1/4、欧洲和日本的一半。住宅面积较小，采暖、空调、照明的能耗就相对较低，这可以作为我国目前城镇住宅能耗低于OECD国家的原因之一。然而，与发达国家不同，我国城镇目前的住宅呈极不均衡的状态，部分家庭目前的住宅面积已高达200～400m²，超过美国和欧洲目前的平均水平。现在相当比例的商品房也还在按照这样的标准设计和建造。这就将逐步丧失导致我们目前住宅低能耗的一个重要因素。

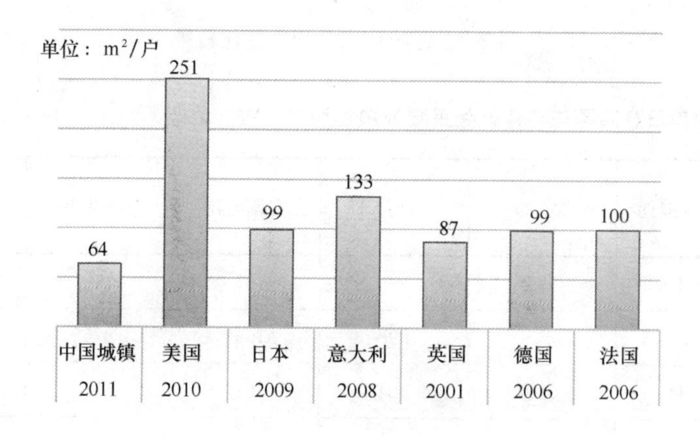

图3-1 世界一些国家的户均住宅面积[1]

注：中国城镇住宅的户均面积是由中国城镇住宅总面积除以中国城镇家庭总户数得到。

（2）住宅能耗强度

住宅内除采暖外的能耗的特点是以户为单位，与面积并无直接关系，因此适宜以户均能耗来对比和分析。图3-2、表3-2为我国城镇住宅除采暖外户均各类能耗与几个主要的发达国家之比较。可以看出，中国的炊事能耗比日本和意大利都要高，但仍比美国要低很多；由于夏季空调使用方式相似，中国与日本的空调电耗差异不大，但远低于美国；除这两项以外，中国的各分项能耗均远低于美国、日本和意大利。

[1] 数据来源：美国：EIA-Building Energy Data Book 2011。日本-EDMC-Handbook of Energy & Economic Statistics in Japan。意大利数据为卡布利亚州当地调研结果。其他数据来源：住房和城乡建设部住房改革与发展司，《国外住房数据报告 No. 1》2010。

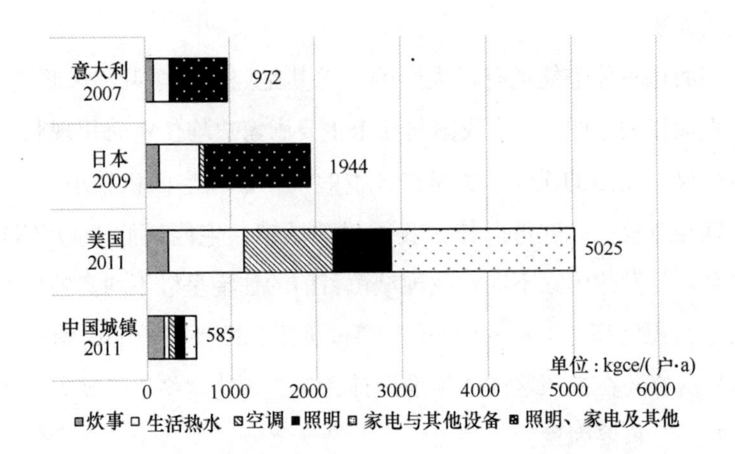

图 3-2 各国住宅户均能耗比较❶

中美日意四国住宅建筑除采暖外户均能耗比较（单位：kgce/（户·a）） **表 3-2**

<table>
<tr><th>项目</th><th>总一次能耗</th><th>炊 事</th><th>生活热水</th><th>空调电耗</th><th>照明电耗</th><th>家电与其他设备电耗</th></tr>
<tr><td>中国</td><td>585</td><td>198</td><td>60</td><td>67</td><td>118</td><td>142</td></tr>
<tr><td>美国</td><td>5025</td><td>258</td><td>898</td><td>1051</td><td>675</td><td>2137</td></tr>
<tr><td>日本</td><td>1944</td><td>159</td><td>484</td><td>61</td><td colspan="2">1240</td></tr>
<tr><td>意大利</td><td>972</td><td>97</td><td>192</td><td colspan="3">682</td></tr>
</table>

注：图 3-2 和表 3-2 所示数据与表 3-1 相同，能耗为住宅建筑内除采暖分项外的其他能耗，包括炊事、生活热水、照明、电器及其他用电设备。中国的数据为城镇住宅除去北方采暖和长江中下游地区分散采暖的能耗后的能耗。

住宅的采暖能耗，尤其采用集中采暖的地区，其能耗与住宅的建筑面积直接相关，适宜以单位面积耗能量来对比分析。图 3-3 是欧洲一些国家住宅建筑耗热量与我国北京地区的对比。可以看出，我国北方地区住宅采暖单位面积能耗与欧洲几个主要发达国家处于同一水平，甚至比丹麦等北欧国家还高。这是由于都采用集中供

❶ 数据来源：美国：The United State Department of Energy. 2007 Buildings Energy Data Book. USA：D&R International，Ltd.，2011。日本：The Energy Data and ModelingCenter. Handbook of Energy & Economic Statistics in Japan，2009。意大利：ENEA-Italian National Agency for New Technologies，Energy and Sustainable Economic Development，2004。

热方式，室内温度水平也相当，而我们的围护结构保温水平（外窗、外墙）不如这

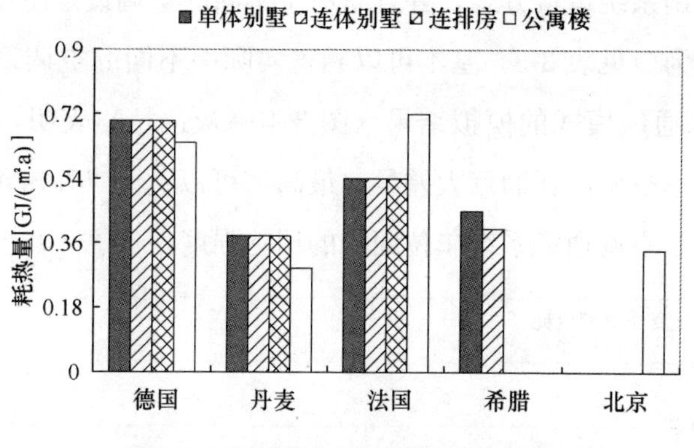

图 3-3　各国住宅建筑耗热量比较[1]

些国家，大型公寓式住宅楼的体形系数[2]又小于西方国家单体别墅，这就使得在同样气候条件下单位建筑面积的采暖能耗与这些发达国家接近。然而除北方地区采暖之外的其他能耗，包括南方地区的采暖能耗，我国住宅单位面积数值则远低于各主要发达国家。这主要是由于建筑的使用方式、居住者的用能方式不同所致，此外，售出而没有被真正居住的空置房已占到我国城镇住宅总量的 15%以上（详见第 2 章 2.2 节），这些房屋的“零能耗”也拉低了我国住宅单位面积能耗指标。

（3）室内空调通风模式

夏季的空调通风能耗与使用模式有着直接的关系。图 3-4 列出了北京市一栋普通住宅夏季空调电耗的模拟与实测结果。该楼建于 20 世纪 80 年代，是北京地区的 1 栋 5 层非节能的普通住宅楼，砖混结构，南北朝向，层高 2.9m，外墙为 370mm 砖墙，总建筑面积为 2230m²。该楼共 30 户，全楼平均每户的建筑面积为 75m²，标准层平面图见图 3-5。该楼的住户中，9 户的户主是 55 岁以上的退休人员，其余户主基本是 35～45 岁的中青年在职人员。该楼住户的平均收入水平较高。实测得

[1] 数据为单位建筑面积采暖能耗，但这里的建筑面积，均指从外墙内表面量起的计算结果。与我国的建筑面积从外墙外表面测算方法有区别。这样，欧洲国家建筑面积折算为外墙外表面计算的面积，需乘一个 1.01～1.1 的系数，系数大小由建筑物的体形系数决定，体形系数越大，需乘的系数越大。数据来源：Intelligent Energy of EPBD. Applying the EPBD to Improve the Energy Performance Requirements to Existing Buildings－ ENPER－EXIST. Europe：Fraunhofer Institute for Building Physics，2007。

[2] 居住建筑体形系数，在《民用建筑节能设计标准》（JGJ 26—95）中已有明确的定义，即“建筑物与室外大气接触的外表面积与其所包围的体积的比值”。其公式为：$S=F_0/V_0$，式中：S—建筑体形系，F_0—建筑的外表面积，V_0—建筑体积。

到的住宅夏季空调能耗见图3-4中黑色柱，平均值为164kWh/（户·a）。模拟采用了六类不同的空调系统运行方式，并且考虑了不同的空调设定温度，有无容忍温度和不同的开窗行为，见表3-3，基本可以涵盖实际中不同的空调系统使用方式。对54种不同的空调通风模式的模拟结果（图3-4中灰色柱）表明，不同的空调使用模式可以造成夏季空调能耗的巨大差异，最高值可以达到2519kWh/（户·a），基本等同于美国夏季空调通风系统单位面积的用能强度。

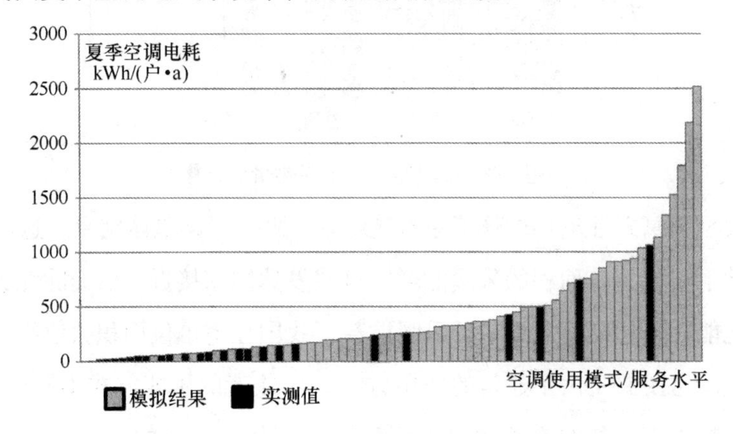

图3-4 北京市住宅夏季空调电耗模拟与实测结果

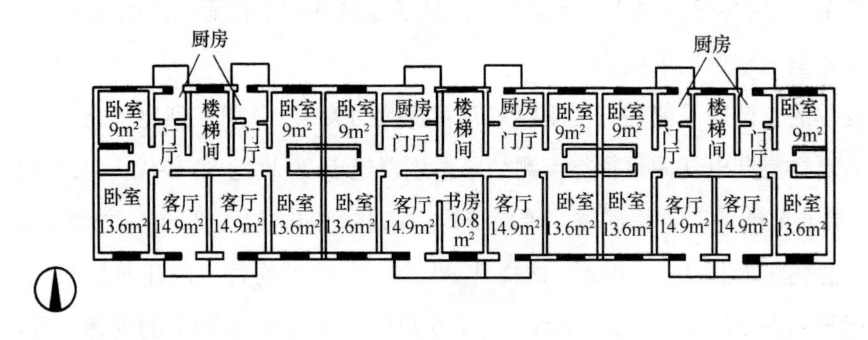

图3-5 案例住宅楼平面图

北京市住宅夏季空调电耗模拟的不同模式 **表3-3**

<table>
<tr><th>空调系统运行方式</th><th>设定温度</th><th>容忍温度</th><th>开窗行为</th></tr>
<tr><td>全空间全时间</td><td rowspan="3">24℃</td><td rowspan="4">无容忍温度，即与设定温度相同</td><td rowspan="2">全天开，通风次数10次/h</td></tr>
<tr><td>主要房间全时间</td></tr>
<tr><td>主要房间有人就开</td><td rowspan="2">全天关，通风次数0.5次/h</td></tr>
<tr><td>主要房间有人，感觉热才开，定时关</td><td rowspan="3">27℃</td></tr>
<tr><td>仅卧室有人，感觉热才开，定时关</td><td>28℃</td><td rowspan="2">开空调时关窗（0.5次/h），其他时间均开窗（10次/h）</td></tr>
<tr><td>仅起居室有人，感觉热才开，定时关</td><td>30℃</td></tr>
</table>

表 3-4 为我国几个典型城市住宅的空调通风用电量调研值及美国几个典型家庭的测试值。可以看到我国现状值显著低于美国，这主要就是由于空调通风模式的不同所致。典型的美国住宅为别墅式，通过全空气系统对建筑内每个房间进行空调和通风换气，系统全年连续运行，并维持全年恒定的室外新风量，而外窗则全年关闭，基本上与图 3-4 中最右端的使用模式相同。

一些城镇住宅空调通风运行能耗调查情况汇总表　　表 3-4

来源	调研地区	调查/测试时间	样本数	空调耗电量［kWh/（户·a)］
清华大学：李兆坚	北京	2006	210	164
同济大学：钟婷等	上海	2001	400	224
华中科技大学：胡平放等	武汉	1998	12	292
浙江大学：武茜	杭州	2003	300	517
广州建科院：任俊等	广州	1999	—	628
美国家庭 1	美国北卡罗来纳州	2011	1	1526
美国家庭 2		2011	1	8534
美国家庭 3		2011	1	4069

从表 3-4 可以看出：我国住宅空调通风能耗平均为美国住宅的 1/10～1/4，能耗巨大差异的主要原因是：1）系统模式的差别，我国基本上是每个房间单独空调和通风换气；而美国大多数是整个单体住宅单元通过一个系统全面空调与通风换气；2）不同的新风的获取方式，我国是通过开窗通风和卫生间、厨房的排风机间歇排风来实现室内通风换气，全年排风机电耗不超过 100kWh/户；而美国住宅通过全面通风换气风机电耗的典型值为 2768kWh/户；3）不同的排热降温方式，我国住宅在室外温度适当的季节是通过开窗通风排除室内热量，不需要运行任何空调与通风设备，在炎热的夏季也只是间歇式地使用分体空调，对人员所在房间进行降温，而美国典型住宅因为是全年固定通风换气量、固定室外新风、不开外窗，所以室外温度适当的季节仍需要依靠空调排热；4）不同的运行时间：我国大多数住宅的空调、通风为部分时间运行模式，也就是家中有人时开机，无人时全部关闭，某个房间有人时开启这个房间的设备，离开时关闭；而美国典型的单体住宅建筑的通风空调采用全自动控制模式，全年连续运行，即使全家外出度假，通风空调系统也不关闭。这样，就使得典型的上海家庭每年通风空调电耗为 500kWh 以下，而典型

的美国北卡罗来纳州住宅每年通风空调电耗在4000kWh左右，差别为8倍。

(4) 家电设备的种类和拥有量

尽管我国城市家庭的大多数家电设备的拥有量与美国家庭差别不大，但很少拥有带热水洗衣功能或电热烘干功能的洗衣机和大容积的对开门冰箱❶或者单独的冷柜。图3-6为典型美国住宅的电器拥有量、装机容量和年耗电量。该图表明，电热型衣物烘干机和冰箱、冷柜这三件家电全年用电量超过2130kWh，而我国居民基本上还是通过晾晒干衣，一般使用双开门冰箱❷，这就导致每户每年1500kWh以上的用电差别。

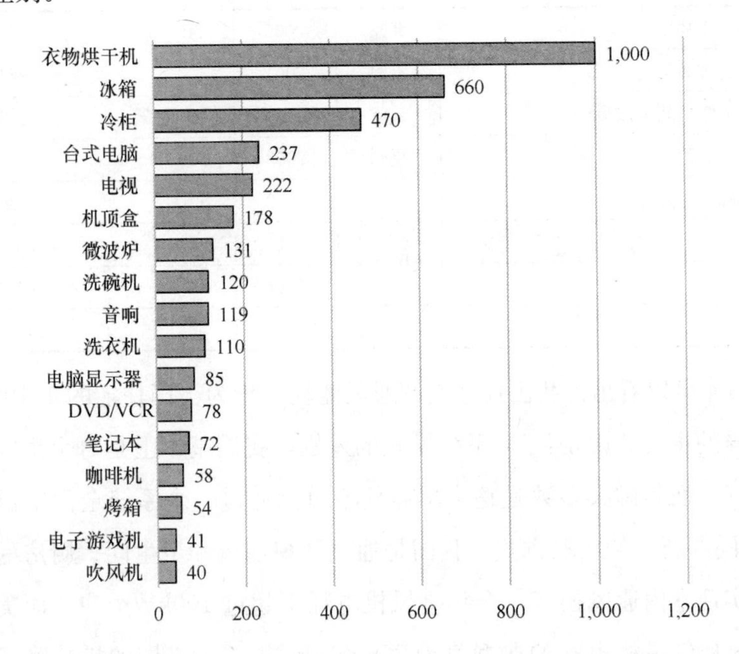

图3-6 美国家庭典型电器年耗电量（单位：kWh/a）

(5) 生活热水使用量

我国在20世纪90年代以前城市住宅还很少有生活热水设施。近年来逐渐普及，但还仅仅用于淋浴，而不是其他用途。并且大多数洗浴也是淋浴，而非盆浴方式。这样就导致户均生活热水用量远比西方国家低。本书第4.7节给出一些调查得到的户均生活热水用量及与发达国家典型值的比较，我国城镇居民每户日均用水量

❶ 对开门冰箱通常指左右两扇门，开启方向相对的冰箱，容积尺寸通常为281L以上。

❷ 双开门冰箱通常指上下两扇门，开启方向相同，容积尺寸通常为281L以下。

平均值为 50L/（户·天），约为西班牙平均水平的 25%，美国的 18%，日本的 22%。这也是我国居住建筑能耗相对较低的重要原因。

尽管目前户均、人均居住建筑能耗远低于发达国家水平，但我国的又一特点是人均、户均用能状况不均衡。目前已经出现高能耗人群，其人均、户均水平已经达到或超过发达国家的平均水平，只是大多数居民还处在较低的用能水平，从而掩盖了小部分群体的高能耗状况。

图 3-7 为笔者 2009 年在上海等五个城市调查得到的居住建筑用电分布情况。每个城市取 500～1000 户作为被调查对象，按照户均能耗高低分为十组，图中的数据为各城市各组的平均用电数据及作为参照值的美国和日本均值。由图可见，各城市高能耗人群的平均能耗水平已经超过了日本的平均值。这一高能耗人群住宅能耗高的主要原因为：

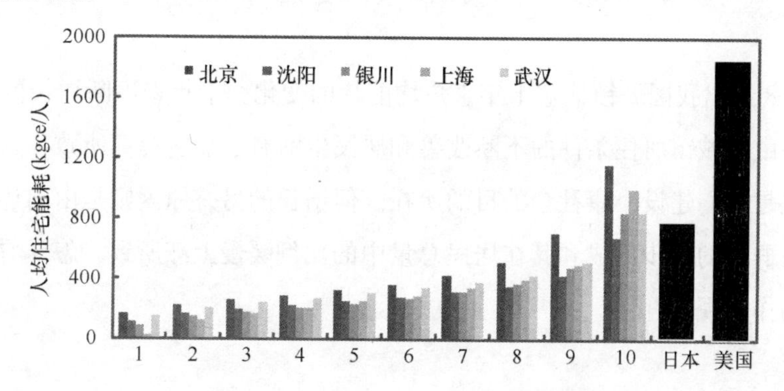

图 3-7　调研城市居住能耗十类人群与发达国家比较（不包括北方城市集中采暖）

注：图中所列的中国城市中，北方城市不包括集中采暖能耗，其他城市包括分散采暖设备的能耗。日本和美国的数值为全国平均值，不包括采暖。

1）过大的居住面积

调查表明，我国住宅能耗与居住面积紧密相关。而目前部分住宅单元面积高达 200～400m^2，其户均能耗就很容易为 70～80m^2 住户的 3～5 倍。

2）集中的环境控制与服务方式

很大一部分高能耗住户是所谓的“高档住宅”。这些住宅采用中央空调，由于实施“全时间、全空间”的运行模式，根据实测，其单位面积能耗是目前广泛采用的“部分时间、部分空间”的分散空调的 7～12 倍（详见附录 2）。此外，这类住宅有些还安装了“中央真空吸尘系统”、“餐饮垃圾粉碎系统”，以及由于禁止凉台晒衣，为每户统一安装洗衣烘干设备等，这样就使得原来的节约型生活模式转为依靠这些统一控制的集中式服务系统的新模式，从而在能耗上也实现了与发达国家“接轨”甚至超出发达国家的平均水平。

3）改变了的生活方式

近年来出现了一些人群（以海归、外企高管，以及部分青年白领家庭为主），已经按照接近于西方的模式使用自己的住宅：采用“户式中央空调”，全天运行；外出旅游或出差仍维持系统运行；外窗封闭而依赖于通风换气系统；生活热水使用方式由淋浴改为盆浴。在一些郊区高档单体别墅的住户已有单户年耗电量达3～5万度电高能耗住户出现。

3.2 发达国家住宅能耗增长的原因

图3-8给出我国城镇住宅十年来户均能耗的变化。十年来不断增长的变化趋势一方面是由于城镇居住条件的不断改善和居民生活有了显著提高所致，这属于正常现象，也是我们建设小康社会的目的所在。但增长的另一原因则是由前述部分“高能耗住户群”的逐步形成和其在居民总量中的比例缓慢上涨所致。怎样看待这一变化趋势的作用呢？

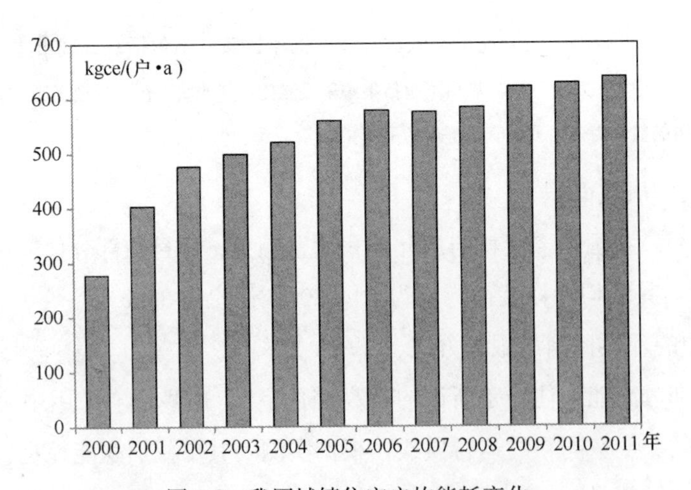

图3-8 我国城镇住宅户均能耗变化

注：图中的户均能耗不包括北方集中采暖城市的集中采暖能耗。

图3-9和图3-10分别给出美国和日本近50～60年来居住建筑户均能耗的变化。可以看到，20世纪60年代中期的日本，住宅能耗与我国目前城镇住宅能耗水平相当，而美国在20世纪50年代初的能耗也比现在要低很多。与目前中国的经济发展

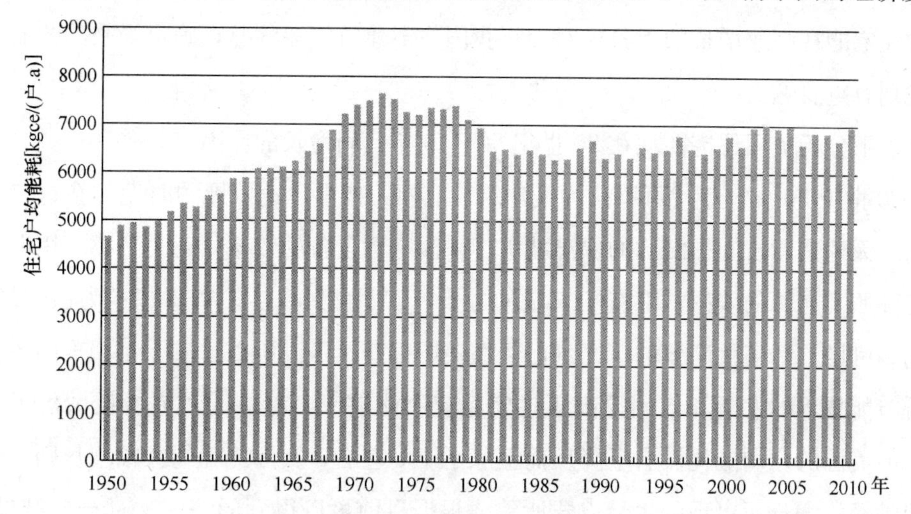

图3-9　美国住宅建筑户均能耗发展

数据来源：The United State Department of Energy. 2007 Buildings Energy Data Book. USA：D&R International，Ltd.，2011。

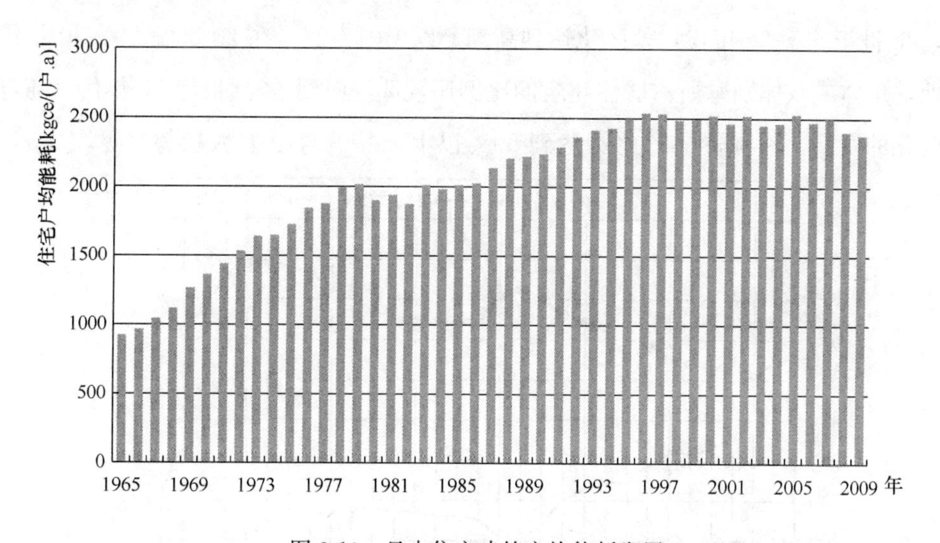

图3-10　日本住宅建筑户均能耗发展

数据来源：The Energy Data and Modeling Center. Handbook of Energy & Economic Statistics in Japan，2009。

状况类似，这两个国家当时也正处在经济飞速发展、城市化建设飞速增长的阶段。从那时起，分别经过20年和12年的时间，这两个国家的住宅能耗增长到当时的1.5～2倍，接近于目前的水平。仔细研究这两个国家在其经济高速发展期同时出现的住宅能耗高速增长的现象，对理解我国住宅建筑能耗状况，确定未来的节能减排规划有重要意义。

以下分析美国住宅能耗在20世纪50～70年代间增长的原因。

20世纪50～70年代可以认为是建筑节能相关技术飞速发展的时期。在这二十年间，无论是建筑围护结构的保温技术、采暖空调设备的效率，还是各类家用电器设备和照明光源的效率，都有了长足的进步：20世纪50年代初还基本为白炽灯，而到20世纪70年代高效的荧光灯已经在美国很普及了。所以这二十年间美国各类建筑节能技术的发展和应用提高了住宅系统用能效率，为降低住宅能耗做出了贡献，但美国的户均能耗没有下降反而上涨了1/2左右，实际能耗的大幅增长则完全是伴随经济增长而出现的生活方式所致。根据目前可以得到的一些文献分析结果，这种生活方式的改变主要反映在如下几方面：

(1) 住区的郊区化和住宅单元面积的增长

20世纪20年代，西方发达国家的大城市开始出现郊区化，大量兴建独栋式住宅，20世纪50～60年代，郊区化达到高潮。以美国为例，在20世纪20～30年代初期，单体或双体别墅所占居住建筑的比例还较低，而到了20世纪70年代，随着郊区化的发展，独栋住宅的比例达到50%以上，并一直呈上涨趋势，见图3-11。

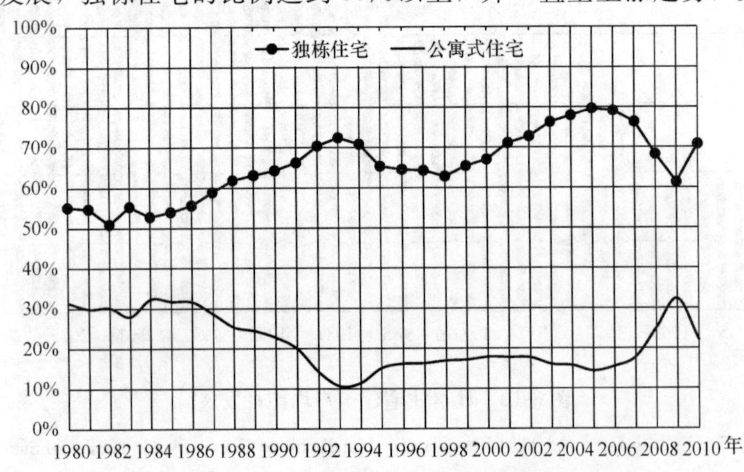

图3-11 美国独栋住宅和公寓式住宅的比例

由于别墅型住宅的体形系数约为公寓型体形系数的两倍以上，所以导致采暖、空调能耗的增长。住宅户均面积在 1980～2010 这三十年中，也从 166m²/户增长到 251m²/户，这也成为导致住宅能耗增长的原因之一。

(2) 生活方式的改变

20 世纪 50 年代初期美国住宅开始安装空调，但主要是分室的窗式空调器，其运行模式大多如同目前国内住宅的分体机，处于“部分时间、部分空间”的运行模式。当时大多数住宅的外窗可开，所以自然通风还是保证住宅室内环境质量和排除热量的主要方式。而进入 20 世纪 70 年代后，窗式空调机逐步被一家一套的全空气式中央空调所替代，运行模式也逐渐由“部分时间、部分空间”与开窗通风转变为“全时间、全空间”、“一切依靠控制器恒温调节”替代，窗户也很少考虑用来通风。伴随这一转变而来的就是住宅通风空调的能耗大幅度的增长。

(3) 家电数量的增长和家电使用方式的变化

信息类家电在这二十年内变化不大，电冰箱是从 20 世 50 年代开始在美国普及，带有烘干功能的洗衣机正是在这二十年内从无到有，全面进入美国家庭，使洗衣从以往的公共洗衣房模式转变为各户自用的带烘干功能的洗衣机模式。这些因素也在很大程度上加速了美国住宅能耗的增长。

日本在其住宅能耗飞速增长期出现的现象也同美国一样，主要是生活方式的改变，对住宅使用的方式出现巨大变化，住宅室内环境出现显著变化所致。图 3-12 给出日本各州住宅冬季室内平均温度三十年来的变化，就清晰地反映了这段历史时期出现的情况。

美国、日本的发展都反映出随经济发展而相应出现的生活方式与住宅使用方式的变化，以及随这种变化随之而来的住宅能耗的巨大增长。我国十多年来持续的经济增长和人民收入的提高超过了美日发展期的增长速度，目前的住宅能耗状况和增长现象与美日当年的情况也很接近。那么我们现在需要回答的问题就是：中国住宅用能会怎样发展？是否一定会如同美日那样随经济增长而迅速增长，还是有可能逐渐稳定在较低水平，不出现类似的巨大增长，从而实现我们的住宅节能目标？怎样实现这样的目标？

目前增长的原因来自于两方面：一是人民居住条件的改善，更多的居民有了房屋，满足了基本需求，室内热舒适条件、卫生条件、信息服务手段等也有了显著改

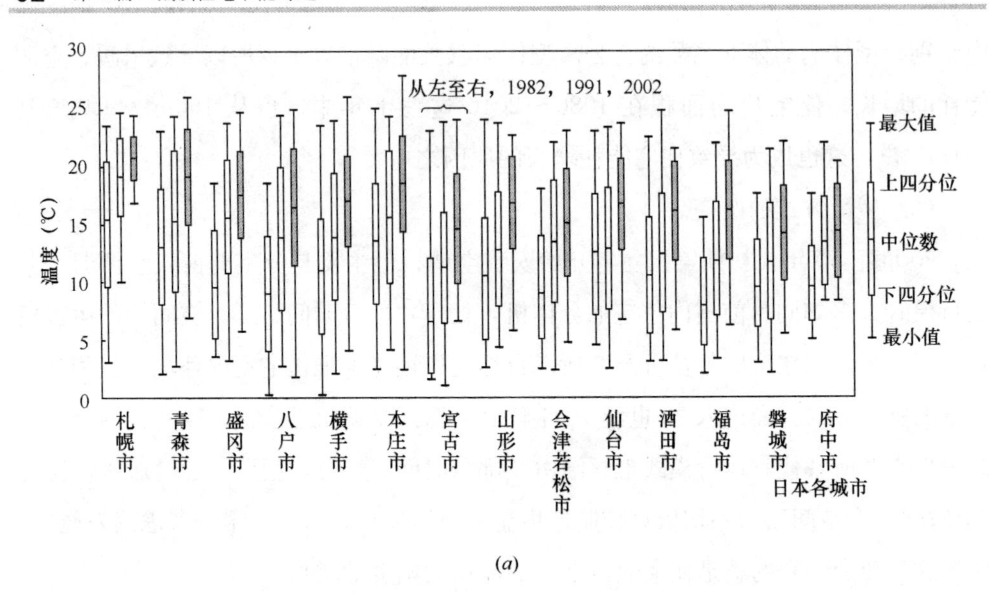

(*a*)

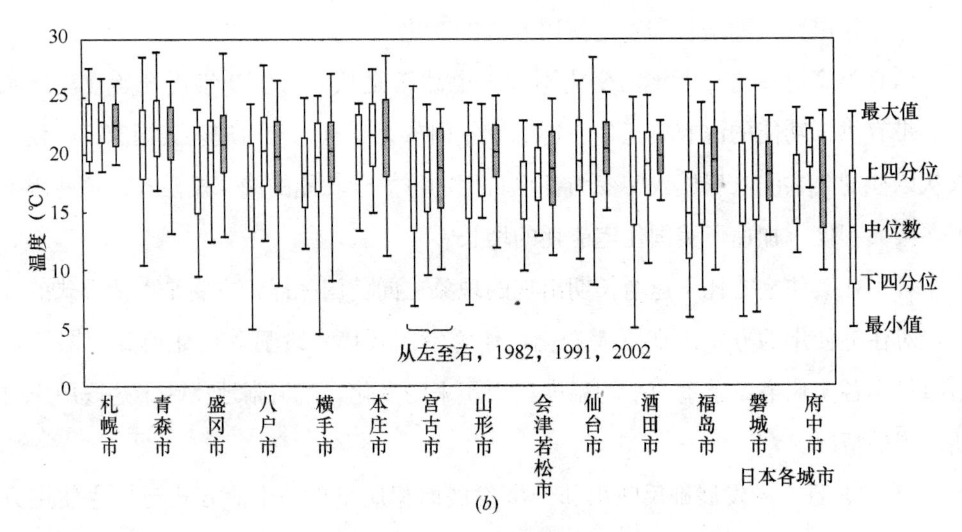

(*b*)

图 3-12　日本各地区住宅冬季平均室温的变化

(*a*) 早晨；(*b*) 夜间

数据来源为日本东北大学（Tohoku University）的教授 Hiroshi Yoshino 的 PPT《Strategies for carbon neutralization of buildings and communities in Japan》。

善。这些导致的住宅能耗增加都属于社会发展和社会进步所必需的。而增长的另一方面则来自于豪华奢侈性消费。那么这种生活方式的改变和能耗的巨大增长是否是正常的呢？我们又怎样区别社会发展与进步所要求的必需的增长与“豪华奢侈消费呢”？这是问题的关键。

3.3　我国住宅建筑能耗的上限

我国目前经济和社会发展所面临的主要瓶颈之一是能源的短缺和二氧化碳减排的压力。根据国家能源规划（见发改委发布的十二五能源规划），2020 年我国可以获得的能源量（包括海外进口的油气）很难超过 40 亿 tce。我国是工业制造业大国和化肥大国，2012 年这两项用能约为 25 亿 tce，为了保证经济稳定发展和食品的可靠供应，到 2020 年这两项用能很难低于 27～28 亿 tce，这样，建筑运行与交通用能就只有 15 亿 tce 的空间。我国目前交通用能不到 3 亿 tce，人均用能约为 200kgce，仅为美国的 1/10。经济和社会发展必然需要各类交通的继续发展，如果人均交通能耗增加到 500kgce（约为世界平均水平），则用于建筑运行的能源将只能是 8.5 亿～10 亿 tce。我国 2011 年城镇 6.9 亿人口，建筑运行用能 4.9 亿 tce，人均 0.71tce。到 2020 年，城镇人口发展到 10 亿，城镇建筑总能耗也只能在 7 亿～8 亿 tce，人均建筑能耗应该基本维持不变，而不能再有增长。住宅能耗也就应该维持在目前的人均水平。而我们如果城镇建筑运行能耗的人均平均值达到目前 OECD 国家的人均水平，则在城镇人口达到 10 亿时，建筑运行能耗就需要 35～40 亿 tce，几乎要用掉我们可以获得的全部能源！

图 3-13 为目前世界一些主要国家的人均建筑运行能耗状况。从图中可以计算出，尽管我国目前建筑运行能耗远低于美国及 OECD 各国，但是全球目前建筑运行能耗约为 50 亿 tce，全球 70 亿人，人均 700kgce，与我国城镇人口目前的人均建筑运行能耗基本相同。也就是说我国目前的人均状态恰为全球的平均值，如果全球建筑运行用能总量不再增长的话，从全球公平性考虑，我们今后的人均建筑用能水平也不宜再有增长。

在平衡社会发展、经济发展、全球用能和碳排放的公平性原则，以及我国本身的能源可获得状况，可以认为我国很难在建筑用能上重现美、日模式，我们必须找到一条新的途径，在满足社会与经济发展及人民生活水平不断提高而对居住环境不断提出更高的需求的前提下，不使我国的建筑运行能耗，尤其是住宅能耗出现大幅度增长，力争把城镇人均住宅能耗控制在目前的水平，不包括北方地区冬季采暖（这部分在另文中讨论，见《中国建筑节能发展研究年度报告 2011》），不包括安装

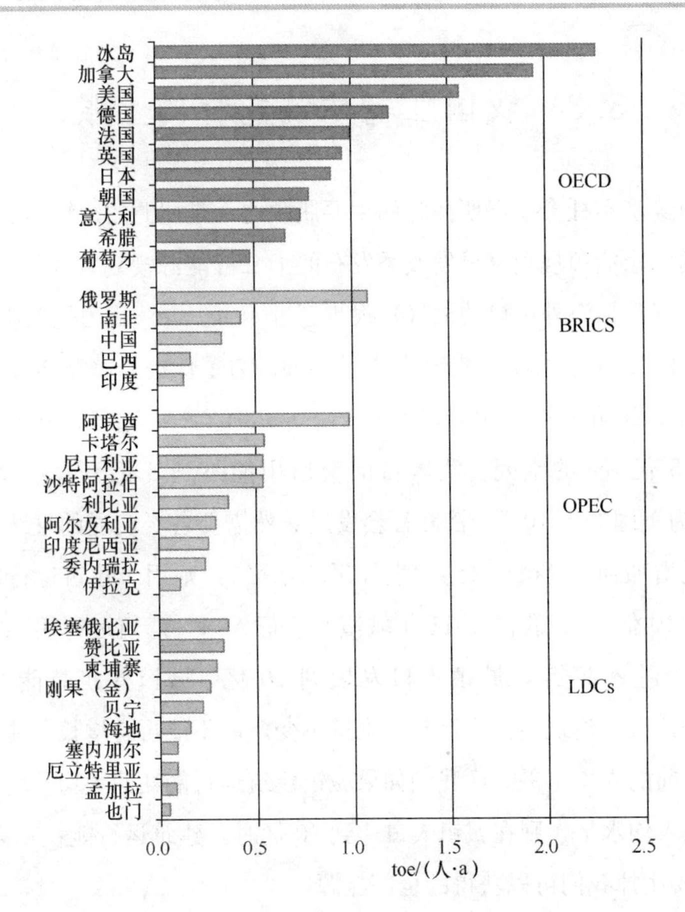

图3-13　一些国家的人均建筑运行能耗（单位：吨标准油）

数据来源：IEA-各国2008年能源平衡表。

在建筑本体的可再生能源（如太阳能、风能等），人均住宅能耗（不包括采暖）不应超过350kgce。这个数字仅为目前美国住宅用能（不包括采暖）的五分之一、OECD国家住宅用能（不包括采暖）的二分之一。我们能实现这一目标吗？怎样才能实现这一目标？这是对中国建筑节能事业的一个巨大挑战。

3.4　能源消耗与服务水平之间的关系

怎样才能使未来的住宅能耗不超过前述的能耗上限，从前述对我国与发达国家住宅能耗巨大差异的原因分析可知，生活方式、建筑物使用模式以及住宅提供的服务标准是导致巨大用能差别的根本原因。那么我国未来在实现“小康”水平时，我们的生活方式、住宅使用模式以及住宅的服务水平应该是什么样呢？我们现在营造的住宅建筑，必然要使用到进入小康之后以及 2049 年中国成为世界上经济强国之后。要使得现在建造的住宅适合于未来的使用要求，就必须回答那时候我们的生活方式、住宅使用模式以及住宅提供的服务水平这些基本问题。

图 3-14 为联合国 UNDP 统计出来的世界各国住宅人均用电量与该国的“人类发展指数（Human Development Index)”之间的关系。图中表明，人均用电量与人类发展指数呈很强的非线性关系：当人均住宅用电量在 800kWh 以下时，如图中处于区域 1 和区域 2 的国家，提高人均用电量对应于人类发展指数的显著提高；而当这一指数在 0.8～0.9 之间时，人均用电量在 800～2000kWh 之间，并不再与人类发展指数有明显关系，此时人类发展指数更多的与该国的其他因素相关；而后即使微小的人类发展指数的增加都对应于巨大的人均用电量的增长，人均发展指数从 0.9 增加到 0.95 几乎要使人均用电量从 4000kWh 增加到 8000kWh。那么是否应该依靠一倍甚至于几倍的能源消耗增长来换取“人类发展指数”的微小变化吗？我国城镇住宅的人均用电量目前不超过 800kWh，按照前面的规划，到小康社会乃至进

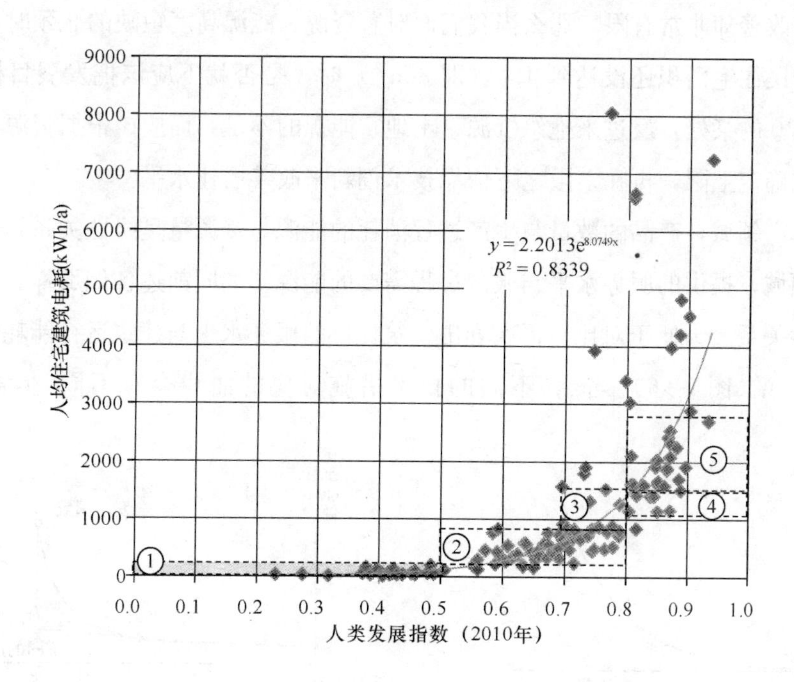

图 3-14　人类发展指数与人均住宅电耗的关系

数据来源：人类发展指数（HDI）-UNDP，2010。住宅人均耗电量-IEA，2010。

入经济强国，住宅人均耗电量也只能维持在1000kWh以内(350kgce约折合为1000kWh电力和30m³天然气)。我们是应该首先确定未来的发展目标(例如人类发展指数数值)，然后寻找实现这一目标下最省能的模式，还是先确定未来的用能上限，然后通过追求社会和谐和通过技术创新，寻找在这一用能上限下获得最高的人类发展指数的途径？这显然是两个大不相同的思路。在人类发展指数处于0.8以下时，社会发展和人民生活尚未达到基本的文明要求，此时应以发展水平为目标，能源与资源的消耗应服从于这一基本目标。这是目前发展中国家面临的基本问题。而当人类发展指数达到0.8这一基本文明要求之后，发展思路就应该反过来以能耗上限为条件！

在能源与资源消耗和提供的服务水平之间，上述关系具有普适性。例如图3-15为住宅单元的面积与居住水平之间的关系（可导出居住水平＝ln（住宅面积/基本需求面积）＋常数）。居住面积基本上与建房资源、土地资源和建筑运行能耗成正比，但居住水平却与资源、能耗呈非线性关系。当住宅单元面积小于基本需求面积（例如80m²）时，住宅几平方米、十几平方米的增量都使居住水平得到明显改善，而当面积足够大后（例如150m²），再增加50m²，造成很大的资源、能源需求但居住水平的改善却非常有限。那么当我们面对着资源、能源高度短缺的瓶颈时，当相当多的居民住宅面积还没达到1.0（即80m²）时，是否就不应该把发展目标定在远高于1.0的某处，反过来抱怨资源、土地、能源的不足，而应该根据资源与能源状况，先确定上限，再在上限之下依靠技术创新来改善居住水平？

在生产领域，产品的数量与生产过程消耗的能源与资源量呈线性关系，而在消费服务领域，提供的服务水平与服务过程需要的能源却如同前述各例那样，呈强烈的非线性关系。为便于对比，再次列出建筑提供的服务水平与建筑运行能耗间的某种定性关系(图3-16)。当然，不同的技术措施对应的曲线会有不同，但需要澄

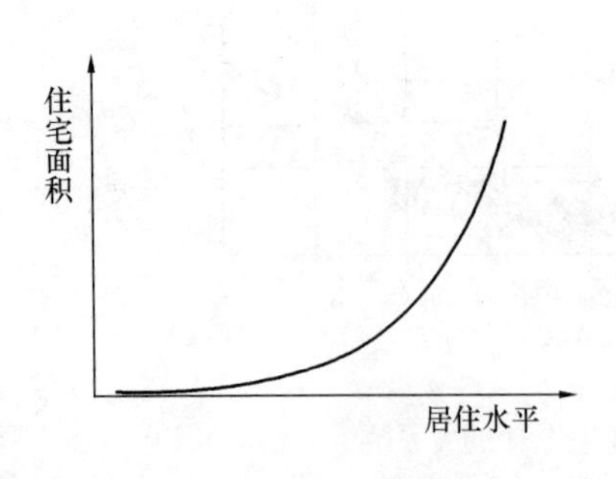

图3-15 住宅面积与居住水平的关系

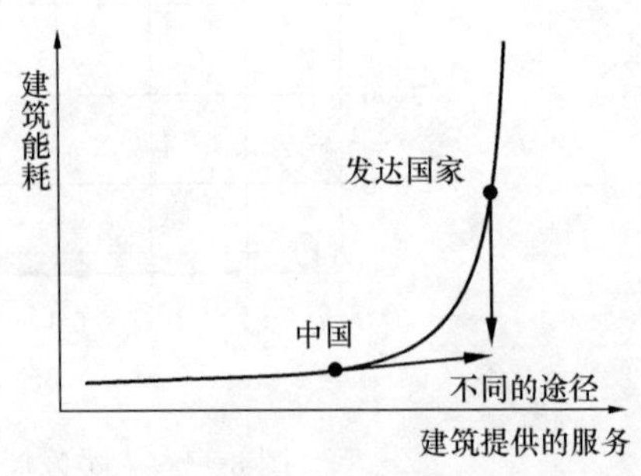

图3-16 建筑服务水平与建筑能耗的关系

清的问题是：我们应该首先确定未来的服务水平，以此作为住宅建筑发展的要求，然后考虑如何通过技术创新，在实现这一标准的条件下尽可能降低能源消耗？还是首先确定未来的能源消耗上限，再发展各种创新技术，使得在不超过用能上限的前提下，尽可能获得更高的服务水平？这两种不同的思路对应于两种实施建筑节能工作的途径。更深层次地思考，这实际上对应着不同的人类对待自然的态度。

工业革命以来，人类文明的发展是以“人定胜天”为基础的，为了满足人类文明发展的需要，开发利用各种自然资源，为人类文明所服务。当人类社会尚未充分发展，而各类自然资源远没有被充分利用时，提出某个人类文明发展标准，以其为目标推动社会发展和人类文明建设，是当时条件下正确的选择。然而，当人类的发展开始与有限的自然资源发生矛盾，受到环境容量的严重制约时，如何规划我们未来的发展模式，仍然是定发展目标，定服务水平标准，“标准与水平不可动摇”，“人类的发展目标不可撼动”；还是先定能源资源消耗的上限，再通过技术创新寻找在不突破这一上限的前提下的最好的服务水平？党的十八大报告提出的“生态文明”就是对这个问题的最好回答。十八大报告指出“必须树立尊重自然、顺应自然、保护自然的生态文明理念，把生态文明建设放在突出地位，融入经济建设、政治建设、文化建设、社会建设各方面和全过程”。这里就不是再把人类的需求摆在至高无上的地位，而是要“尊重自然、顺应自然”。把生态文明建设融入经济建设、政治建设、文化建设、文化建设中，就是要根据生态容量确定我们所受约束的上限，在这一上限下谋发展。这是完全不同的人类发展理念。从工业文明到生态文明标志着人类更清楚地认识了自身发展与自然的关系，从而确定了与自然相和谐的可持续发展之路。工业文明是把人类自身的发展放在绝对位置，“开发自然、改造自然”，使各类自然资源服务于人类文明，而不顾及其对自然环境造成的破坏。而生态文明就要把自然生态环境摆在重要地位，要求人类文明的发展必须与自然生态环境相和谐，以生态环境能够提供的资源与环境容量作为约束上限，一切发展都应以不越过这一上限为条件。在我们的经济建设、社会建设、文化建设、政治建设中都要遵循这一原则。从这一原则出发，十八大报告中进一步具体明确节能工作要“控制能源消费总量”。

上述对十八大报告的学习体会明确地说明，从生态文明建设出发，我们的建筑节能工作应该首先确定未来建筑运行所允许的能源消耗总量，在不超过这一用能总量的前提下，通过技术创新，努力改善建筑物的服务水平，为使用者提供健康的、尽可能舒适的室内环境。这样的提法就与以往的“使室内环境标准达到国际先进水平，在满足这一标准的前提下，通过技术创新，尽可能降低运行能耗，实现节能”的提法完全不同。在以前“在满足服务标准下追求节能”的提法下，就会出现关于服务标准的无尽争论，就会出现“尽管我的能耗高，但我达到更高的服务水平，因此用能效率高，节能显著”的论点和案例，就会按照很高的服务水平标准，计算出很高的能耗量，从而得到巨大的但根本不存在的“节能量”。而按照“在能耗上限下追求高服务水平”的提法，既可以避免关于服务标准的争论，又可以清楚地考核是否高能耗；参照用能上限，还可以清楚地得到真实的节能量。因此，我们的住宅建筑节能工作尽快从“在满足服务标准下追求节能”转变为“在能耗上限下追求高服务标准”，应该是贯彻落实十八大生态文明建设的重要举措，应作为今后建筑节能工作的基本出发点。

3.5 实现住宅节能的两个途径

如何实现住宅节能目标，目前有两条不同的途径：一是完全寄希望于各类可再生能源和各种节能的技术，依靠技术创新实现高服务标准下的低能耗。而另一条途径则是认为住宅能耗主要由生活方式决定，鼓励传统的绿色生活方式，发展适合这种生活方式的适应技术，从而维持我们目前的相对低的住宅能耗，应该是我们推动住宅节能的主要任务。那么哪一个途径更符合现实，能够真正实现我们建筑运行用能总量的控制目标呢？

目前欧美国家先后提出要在2020～2030年实现新建住宅建筑全部“零能耗”或“近零能耗”。这里的零能耗有若干不同版本的定义。

在北欧，“零能耗”主要指被动式采暖实现零能耗或“近零能耗”。那么当住宅建筑的外墙外窗实现非常好的保温，再加上高效的排风热回收装置，同时考虑室内使用其他设备用能发热（如照明、电器设备等），可以实现采暖零能耗或者采暖仅需要送排风机电耗（约20kWh/（m^2·a）电力）。瑞典目前推广的被动式采暖每年采暖能耗不超过15kWh/m^2，总能耗（包括采暖、空调、生活热水、照明、家电等）不超过 120kWh/m^2，即使认为这都已经折合为一次能源，则 100～150m^2 的单元住宅每年仍耗能 1.2～1.8 万 kWh/户（一次能源），或 5000～7000kWh 电力/户，远高于我国目前居民除采暖外其他用能总量的平均值［4700kWh/（户・a）（一次能源）］，或 1800kWh/（户・a）电力］。

在德国，所提出的“近零能耗”指采暖每平方米每年不超过 3L 油，而不对其他方面的用能进行约束。这样其结果与北欧状况相近。

在法国，“零能耗”是指除太阳能等可再生能源外，全年住宅总能耗不超过 50kWh/m^2（一次能源）的住宅建筑。如果按照大多数法国住宅建筑为二层单体建筑分析，屋顶 70％的面积安装太阳能发电装置时，全年可发电折合为建筑面积 20kWh/m^2，这样全年实际消耗的电能 37kWh/m^2（包括太阳能发电）也是远高于我国目前的城镇住宅户均能耗值。

近年来，我国也学习、引进了欧洲最先进的节能技术和措施，在不少住宅项目中按照这些技术和理念试图建造“低能耗、高品位”的高档节能住宅。结果怎样呢？附录 2 为典型项目的技术介绍和能耗实测，可以看出，这些引进发达国家先进的节能技术的典型项目无一例外，其实测能耗都远高出当地一般住宅建筑，也高出我们规划的中国城镇建筑未来的用能上限。如果这些住宅都为两层建筑，在屋顶 70％的面积全部安装太阳能集热器和光伏电池，对于有很好的日照条件的地区，有可能通过太阳能抵消高出的用能，从而使全年需要从外界输入的能源净值接近我国未来住宅用能上限。但是从我国土地资源状况和未来城镇化发展态势看，我国绝大多数城镇不可能采用这种低层住宅模式，我国未来的住宅只能是中高层公寓式。这样有限的屋顶面积也就无法满足这种用能模式对可再生能源的需求。

对于不包括北方采暖能耗的城镇住宅能耗，为什么我国目前的平均值远低于这些采用先进的节能技术的“低能耗建筑”呢？其原因同前面 3.1 节分析的中外住宅能耗差异之原因。这里再重复叙述如下：

1）通风的用能差异；

2）“全时间、全空间”还是“部分时间、部分空间”；

3）“恒温、恒湿、恒氧”；

4）外窗能开否；

5）生活热水的用量和提供方式；

6）衣服烘干机/太阳晒。

正是这些与生活方式、服务水平、使用方式相关的因素，导致我国城镇住宅除采暖外能耗的户均值仅为发达国家的1/8到1/2，这是两种使用模式和生活方式（以下简称为绿色模式与欧美模式）的差别。而通过大量的建筑节能技术，提高能源利用效率，也仅能使这种欧美模式的能耗降低到1/2到1/3，仍然远高于绿色模式的平均值。因此除非改为底层住宅，全面利用屋顶的太阳能，在目前的技术条件下，如果坚持这种欧美模式，恐怕无法把实际能耗控制在我们既定的住宅用能上限以下。

这样，在我国目前的这种居住模式和城市发展模式下，坚持绿色模式可能是我们实现住宅节能目标的唯一选择。这主要表现在：

1）可开启外窗、实现自然通风；

2）提供部分时间、部分空间方式的室内热湿环境控制；

3）分散的生活热水供应方式，节约生活热水使用量；

4）对电热型衣物烘干机、洗碗烘干机等高耗能家电说不；

5）及时关闭各种不使用的家电，避免待机造成的浪费。

这些绿色模式实施起来困难吗？这些绿色模式降低了生活质量吗？这些绿色模式不满足“小康”要求吗？能不能把这里定义的绿色模式作为我们未来住宅的标准，在此标准之下，发展系列的高效节能技术，在为居民提供更好的服务的同时进一步降低运行能耗？以一户住宅建筑面积为100m^2的三口之家为例，计算结果表明，即使是按照相对高的生活水平和使用模式来估算，且不考虑使用太阳能等可再生，使用燃气热水器的家庭的年耗能量也仅为913kgce/(户·a)，使用电热水器的年耗能量也为1044kgce/(户·a)，低于1050kgce/(户·a)的目标值。详细计算见表3-5。也就是说人均350kgce/(户·a)的能耗量是可以满足中上等的生活水平，而实际上，表3-5最后一列中列出的实测参考值来自于北京某教授家庭的实测值，其收入与生活水平都属于中上阶层，但其各项能耗实际都低于设定案例的计算结果与目标值，家庭的人均能耗也低于350kgce/(户·a)这个限值。

人均耗能量 350kgce 的典型住宅能耗计算结果 **表 3-5**

用能项目	全年用能量	单位	用能	设备容量	生活方式及使用方式	实测参考
夏季空调	300	kWh/(户·a)	电	2 台空调	间歇部分时间使用	110
生活热水	710	kWh/(户·a)	电	电热水器(效率 90%)	全年平均每人日均用水量 20L	
	66	m^3/(户·a)	燃气	燃气热水器(效率 90%)		
炊事用气	114	m^3/(户·a)	燃气	我国目前炊事用气的平均值，考虑不增长		
照明	427	kWh/(户·a)	电	总装机容量 195W，相当于 13 个节能灯	平均每个灯每天使用 6h	
各种用电设备	1462	kWh/(户·a)	电			
电冰箱	175	kWh/(户·a)	电	200L 一级能效冰箱，耗电量为 0.48kWh/d	全年开启	130
电饭锅	220	kWh/(户·a)	电	一级能效电饭锅，耗电量 0.43kWh/d	全年 70%时间每天在家做两顿饭	70
厨房抽油烟机	20	kWh/(户·a)	电	20W	每次做饭开 3h	
排风扇	22	kWh/(户·a)	电	20W	每天开 3h	10
微波炉及其他电炊具	100	kWh/(户·a)	电			73
客厅电视机	150	kWh/(户·a)	电	46 英寸 LED 电视，80W，机顶盒 20W	平均每天看 4h	
主卧室电视机	113	kWh/(户·a)	电		平均每天看 3h	
电脑及娱乐设备	347	kWh/(户·a)	电	1 台式机(150W)+1 笔记本(40W)	平均每天使用 5h	300
洗衣机	178	kWh/(户·a)	电	一级能效滚筒洗衣机，耗电量 1.14kWh/工作周期	平均每周洗 3 次衣服	80
饮水机或电热水壶	57	kWh/(户·a)	电	效率 50%	每人每天饮用 2L 热水	
床头设备及其他	80	kWh/(户·a)	电	充电器等		60
合计(使用电热水器的家庭)	2899	kWh/(户·a)	电	1044	kgce/(户·a)	
	114	m^3/(户·a)	燃气			
合计(使用燃气热水器的家庭)	2189	kWh/(户·a)	电	913	kgce/(户·a)	
	180	m^3/(户·a)	燃气			

3.6 几个基本问题的讨论

3.6.1 住宅规模问题

未来住宅的规模应该是多大，这是住宅节能的最基本问题。住宅规模越大，其运行的基本能耗（采暖、空调、照明）也就越高，同时住宅建筑材料生产过程中消耗的资源能源量也越高。当住宅面积很小，不能满足居住者的基本需求时，增加居住面积、改善居住条件，对提高人民的生活质量有重要作用。但是，当居住面积达到一定规模后，再一味地扩大住房面积，资源、能源的消耗随面积增大而增大，但对生活质量的改善就非常有限。而当再拥有第二套、第三套或更多的住房，并囤积空置，而不是作为满足生活需求条件时，这种房屋实际上就是对社会资源的一种严重浪费，其造成的一次性的对 GDP 的贡献远小于其持续的对社会资源的占有和对能源的浪费。因此对于中国这样的土地、能源、各类资源都严重匮乏的国家，必须严格控制住房规模，这要比各种节能节材节水措施更为重要。

除了房屋建造过程中消耗的大量能源和资源外，建筑运行能耗总是和建筑规模成正比，房屋总量越大，建筑运行能耗也就越高。因此从未来控制建筑运行能耗总量的角度看，也必须对建筑总体规模，包括住宅建筑总体规模进行控制。

此外，住宅目前的高空置率现象，还给北方城镇集中供热带来严重问题。一些新的住宅楼盘，尽管售出率已经很高，但实际入住率却不足30%甚至更低。这就导致冬季集中供热系统很难运行。如果集中供热系统停运，少数已经入住的住户因没有供暖而无法正常生活。关闭没有实际入住的单元，则仅占少数的入住单元由于周边都是不采暖单元，按照全部入住全部采暖而设计的集中供热系统就很难满足入住单元的采暖需求。此时往往需要开启全部系统，无论入住与否都同样供热，采暖满足已入住单元的需要。这样，就导致大量控制房屋无人还需要采暖，造城巨大的浪费。

因此，为了在有限的能源总量下实现我们未来的小康，首先就需要冷静地看待居住规模问题，必须严格控制超大规模的住宅的建设和使用。在这一关键问题上如果失守，就会突破我们的住宅建筑用能上限，恶化全社会用能紧张状况，加大能源的过量使用造成对环境的压力。因此，实现未来住宅节能的第一个措施，就是严格控制住宅建筑总量。在未来城镇人口达到10亿时，城镇住宅总面积不应超过240亿m^2，人均住宅面积不超过$24m^2$。这应该作为实现住宅节能的基本条件。

3.6.2　营造怎样的住宅环境

与办公室要求统一的室内环境条件不同，住宅室内的状况各不相同，需求完全个性化并时刻变化。这包括室内有人还是室内无人，一两个人还是多人聚会，睡眠、休息还是娱乐、喧哗等等。处在不同的状态，对温度、湿度、照明状况、通风状况、直至是否需要开窗等都有很不一样的要求，甚至于希望的室内状况还与居住者心情有关。这样，真正舒适的、人性化的居室很难通过在高度自动化系统的控制调节下的空调、通风和照明来实现，因为这样的系统很难了解居住者真实的需求。而居住者真正需要的是根据自己的意愿对室内环境进行全面掌控的能力。例如，当他/她需要打开外窗时，可以自己去打开外窗，而不是很奇怪地发现外窗被莫名其妙地突然自动打开或关闭；当他/她需要更亮或暗一些时，可以自行调整室内照度，而不是照明系统恒定地调节，维持室内的某种照度水平；同样对于室内温度、湿度、通风状况等，居住者都希望能够按照自己的意愿改变相应状态或进行某种调节，而不是被动地“被”维持在某个舒适水平。某些轻微的体力活动（如开/闭外窗，开/闭窗帘，开关空调等）是必需的生活内容，而不应该被认为是负担，更非“繁重的家务劳动”。人类所追求的绝不是摆脱一切劳动，对居室环境调节的一些必要工作是家庭日常生活中必要的内容，是生活乐趣的一部分。近十多年来，随着信息技术的飞速发展，国内外信息业一波又一波的开发推广各类形式的“智能家居”，自动控制灯具、窗户、窗帘、温湿度等，包括微软在2000年就曾大力推动过智能家居系统。然而这类试图替代“家务劳动”的尝试无一例外都得不到社会的真正接受。然而与此同时出现的那些家庭娱乐、信息传播、多媒体表达等信息服务业的创新服务内容却不断火爆，几乎每推出一项新服务就得到广泛的接受和认同。这两类对家庭提供新的服务的尝试所得到的完全不同的结果，也充分说明了哪些是家居真正的需求，哪些则违背了居住者的真实意愿。

然而，“把办公室的高科技的环境控制系统搬到住宅去”，通过全套的机械系统提供“健康舒适”的住宅室内环境的想法一直不断地成为国内外不少住宅开发商的期盼和追求目标。在这一目标追求下，一些“恒温、恒湿、恒氧”的住宅项目在国内相继出台。这些项目就放弃了居住者能否自主对居室环境进行调节这一最重要的需求，试图依靠统一的高科技手段提供最佳服务。为了使众多不同需求用户能得到共同的认同以避免不同需求者的抱怨，必然在夏季使室内温度偏低、在冬季使室内环境偏高，无论人是否在家都全天24小时连续运行，并通过统一的机械新风系统供给恒定的室外新风，而采用不能开启的外窗或不允许外窗开启以保证统一的环境调控。如果再统一调节灯具照明，维持室内恒定照度，那就更剥夺了居住者掌控自己室内环境的一切权力，这就不是“舒适健康”，而是丢失了对室内环境状况调节的一切乐趣，在初期，使用者从好奇、有趣的心理出发，还可以接受和欣赏。但持久下去就发现其缺少了家的感觉，逐渐成为不可容忍的环境了。而作为代价，这种全面自动调控型住宅由于其追求所谓的“高舒适”而无视居住者本身对变化的室内环境的适应能力，使得居住者由室内调节设备的主人变成了被动接受机器的调节，并且由于其主要依靠机械的方式来营造室内环境，其实际的运行能耗往往比通常的住宅方式高出许多倍。这难道就是我们应该追求的“幸福家园”吗?

3.6.3 怎样营造居室环境?

在工业革命之前，人类驾驭自然的能力还很有限，为了营造一个尽可能舒适的居住环境，就要尽可能根据所处地区的自然环境条件相应地建造与之相适应的房屋，尽可能利用自然环境条件来营造舒适的室内环境。这就发展出我国北方地区民居“坐北朝南”、北京的四合院布局、徽居的天井、岭南西墙上有遮阳功能的蚝壳。几千年来传承下来的传统建筑中可以找到丰富的经验、案例，这都是先人怎样利用自然条件来营造舒适的室内环境所积累、传承下来的珍宝。当时也有一些通过能源驱动的一些主动措施。但这些措施只有当外界出现极端的环境状况依靠自然条件无法满足室内需求时，才采取的主动调节手段。例如太阳落山后点亮灯具照明，冬季严寒开启各种取暖措施等。

工业革命以后，随着科学技术的进步，人类驾驭自然改造自然的能力有了空前的提高。驾驭自然、开发挖掘一切自然资源为人类服务，通过主动的机械方式营造人类所需要的一切，这成为工业文明的基本出发点。从这一哲学理念出发，人类营造自己居住环境的思路也出现了变化：与自然相和谐、利用自然条件营造室内环境的思路转变为利用机械系统全面营造适宜的室内环境。这时，气候条件决定建筑形式就不再成为基本原则，尽可能把室内环境与外界隔绝，尽可能切断室内外环境的联系，尽可能对室内环境实现全面的掌控成为现代建筑室内环境控制的要素。把室外采光全部隔绝才能有效地通过人工照明方式实现任何所需要的室内照明效果；把围护结构做到完全密闭，实现充分的气密性，才能完全控制室内外通风换气量和热回收状况；把围护结构做成热隔绝，才能避免室外环境对室内环境的热干扰，从而才可以通过采暖空调系统对室内的温湿度实现有效的调控；既然是全面的掌控系统运行模式也就必然是"全时间、全空间"的集中和连续模式，以及"恒温、恒湿、恒氧"的效果。从这样的理念出发陆续发展出系统的技术手段，确实可以营造出任何所要求的室内环境状态，当居住者逐渐习惯于这种环境后，也可能会逐渐满足和欣赏这种服务效果。但是，这是以巨大的能源消耗作为代价的。前面图 3-9 和图 3-10给出的美、日两国在其社会与经济发展过程中出现的住宅建筑的能耗上涨情况就在某种程度上反映了这一变化。目前世界上发达国家与发展中国家住宅能耗的巨大差别也在一定程度上反映出这两种营造室内环境模式的理念在能源消耗上的巨大差异。

然而工业文明下营造理想的人居环境的这一模式现在受到人类所面临的资源与环境的挑战。有限的自然资源和环境容量现在看来很难为每个地球人提供这样的人居环境。近二十年提出的生态文明的理念告诉我们，必须协调人与自然环境的关系，必须在有限的自然资源消耗和环境容量下营造我们的人居环境。这就要求我们重新反思工业文明发展出来的营造人居环境的模式。人类是上万年间在自然环境条件下进化繁衍发展的，人所需要的环境状态一定是最接近人类生存发展过程中的自然环境的平均状态的。因此自然环境的多数状态一定是当地人群感觉舒适的状态，无论何地，全年都有一半以上时间室外气候条件处在人体舒适范围内。这样，就至少要在这些时间内使室内与室外良好地相通，把室外环境导入室内，这时自然通风可能是营造室内热湿环境最好的途径。只有当室外环境大幅度偏离舒适带时，才真正需要采用一些机械方式来改善室内热湿环境。也只有这时才需要尽可能切断室外热湿环境对室内的影响，从而降低机械方式所需要承担的负荷。进一步，营造室内环境是为了满足居住者的需求，而不是为了满足房间的需求，当室内无人时，即使外界处于极端气候状态，是不是也就不需要维持其温湿度？人类可以短期地处于室外极端环境下，是否也就允许室内短期偏离舒适的温湿度环境从而使机械系统能够在居住者进入后启动系统，把室内热湿状况逐渐调整到所要求的状态？

这样，平衡有限的资源与环境容量，充分考虑人类的发展历史和人体自身的调节能力，未来的居室环境营造原则和调控策略应该是：

1）实现“部分时间、部分空间”的环境调控，满足居住者的各种不同需求；而不是任何试图实现“全时间、全空间”的室内环境调控；

2）具有可以改变性能的围护结构：在室外环境处在舒适范围时，可以实现有效的自然通风，实现室内与外界的充分融合；而在室外环境大幅度偏离舒适范围时，能够通过居住者的调节有效割断室内外的联通，实现围护结构较好的气密性、绝热性，从而使机械系统在很低的能耗水平下实现有效调控；

3）采用高效的环境控制系统，包括照明、采暖、空调、通风，可以实现分散的、高效的、快速的环境调控。

通过创新的技术实现上述三点，完全有可能在我国目前的建筑能耗水平下全面满足住宅室内环境调控的需要，解决好日益增长的对居住环境的需求和日益严峻的能源与环境的压力间的矛盾，实现满足生态文明建设要求的住宅建设。

3.7 有效推动住宅节能的政策标准与机制

目前世界各国的建筑节能主要存在两种主要的思路。一种是以降低能耗和碳排放为主要目标，一种是以推广普及节能技术、扩大市场为目标，意在使建筑节能成为新的经济增长点。这两种思路并不对立，两者在具体的实施措施上有很多相同点，例如对既有建筑围护结构改造的支持，但是到底是以哪一种目标作为基本出发点，其整体的政策体系以及最终产生的效果会有很大的不同。

德国建筑节能法规与标准的发展轨迹揭示了其建筑节能思想的变迁，从1952年《高层建筑保温》，在起步阶段关注围护结构构件的热阻和传热系数，到关注围护结构系统的平均传热系数，再到规定采暖终端能耗（新建建筑每平方米居住建筑的年采暖终端能耗小于10L油），直到目前规定建筑的一次能源消耗量限值，反映了从关注做法到关注终端能耗的思想转变。对应着降低终端能耗的这个出发点，德国的建筑节能政策都是围绕着终端能耗来设计。例如对于采暖的计量方式，1973

年以前，德国的收费方式是“分栋计量，按户面积分摊”，1981 年以后，逐步实现“分栋计量，按户面积和用热量分摊”，将建筑物的实际耗热量与用户的能源费用直接相关，让用户实实在在体会到行为节能的效果，促进了行为节能。能源证书对于科学定量地反映建筑物的能耗也起到了很大的作用，德国政府对于新建建筑和既有建筑改造以及建筑物买卖都进行了出具能源证书的强制规定，既降低了用户在交易时获取建筑物能效性能的信息费用，同时也让用户成为实际能耗的监管者，以市场手段促进了建筑节能标准的执行。

法国的建筑节能思想的变迁与德国类似，从 1974 年正式改造节能设计规范，对围护结构综合传热系数进行规定，到 1989 年开始对生活热水的能耗、单位面积采暖能耗进行限定，直到现在对各分项的能耗进行了详细的规定，同时以围护结构热工性能和可再生能源的利用作为次要指标，其变化过程也是经历了从关注围护结构做法到关注实际能耗的变化。

美国建筑节能也是以提高效率为核心，美国传统上没有建筑管理所对应的联邦机构，其政府在建筑节能中的角色并不显著，主要手段是制订行业和产品标准，开发和推荐新技术，其建筑节能的推动力量更多的来源于民间的各种行业、协会、电力公司和企业，因此其建筑节能所依靠的市场力量强大，政府出台的能源政策多在于市场转型，以使得高能效技术在市场上取得成功的推广，因此其节能的基本出发点在于推广节能技术与产品，以建筑节能作为新的经济增长点。从这个基本出发点，美国建筑节能的政策主要分为两类：一类是提高性能指标和建立新兴技术应用的统一标准，另一类是通过经济、非经济的措施，激励新技术的使用和推广。

综上所述，可以发现目前德国、法国等欧洲国家的建筑节能基本出发点是关注实际的终端能耗，从这个方面出发，就需要关注影响能耗的各种因素，包括：生活方式，建筑物使用模式与追求标准；建筑与系统形式；运行管理模式。而美国的建筑节能是为了推广普及节能技术，扩大市场，从这种角度出发就需要考虑应该推广及普及哪些节能技术措施，通过何种政策手段来支持和推广。这两种出发点并不对立，反映的是对应于不同国情的不同解决之路。

通过对中外各项政策的约束目标和实施方式进行分析，可以发现，针对单项技术、产品的政策居多，是政策较偏向的方向，这类政策一般都大见成效，推广范围广；而针对降低能耗为导向的政策和措施较少，且推动起来一般都十分困难，收效甚微。出现这种情况的原因，是因为前者有着巨大的商业利益和市场力量的推动，有着庞大的利益群体在起着推动作用和影响，而后者的受益者多为使用者，而他们目前对于建筑的能耗及相关的政策的信息获取渠道少，信息量少，节能的经济利益小，同时也缺少有效的监管平台，从而导致这部分政策实施起来困难重重。所以，从倡导建筑节能健康发展的角度出发，国家政策的设计以及财政补贴的方向应该尽可能地向降低实际能耗方面倾斜，以形成降低能耗导向的建筑节能的市场环境和条件，引导市场和企业向着降低实际建筑能耗的方向发展，而非一味地炒作、推销“节能技术”、“节能产品”。

我国目前建筑节能工作亟需理清楚的问题是：建筑节能的基本出发点究竟是什么？如果是从效率出发，那么我国建筑节能的基本工作就在于研究需要推广哪些节能技术和措施，通过何种政策手段支持，使得这些措施得以最大程度的推广；如果是从降低能耗出发，就应该从实际能耗出发，研究影响实际能耗的三个环节：建筑节能与系统形式、运行管理模式、生活方式和建筑物的服务标准与使用模式，围绕着这三个环节制定相关的政策，从而最终实现节能降耗低碳的目标。上文已经分析得出结论：中国只能在保持人均建筑用能强度基本不增长的前提下，通过技术创新来改善室内环境，进一步满足居住者的需要；不能借“提高居民生活水平”之名而放任人均建筑能耗大幅度上涨，这是中国建筑节能工作必须面对的问题。

在这样的能源限制下，中国的建筑节能工作不能是盲目地以发达国家既定的建筑舒适性和服务质量标准为目标，然后通过最好的技术条件去实现这样的需求；而应该先明确建筑能耗上限，然后量入为出，通过创新的技术力争在这样的能耗上限之内营造最好的室内环境和提供最好的服务。

我国目前的建筑节能政策是以具体做法导向的，我国和发达国家实现建筑节能的不同路线表明我国和发达国家建筑节能工作的不同的侧重点。发达国家建筑节能工作的中心是如何提高设备系统和建筑本体的能效水平，从而实现在维持其目前的生活方式下的逐步节能降耗，而我国目前建筑节能的基本出发点应该是降低建筑领域的实际能耗，其关键则是确定建筑用能上限，在这个上限下，通过研究创新的技术来提高建筑物的服务水平，而不是在追求最好的建筑服务质量的前提下再谈建筑节能。因此，我国应尽快建立以实际能耗为导向的建筑节能政策体系，如图3-17所示，以建筑物的实际能耗作为政策的核心，建立其定义方式、各类建筑的定额和规范，以及配套的管理与实施体系。

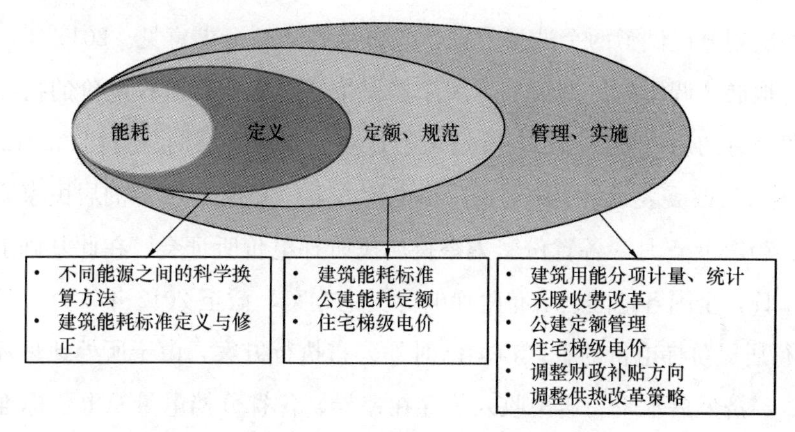

图 3-17　以降低实际能耗为目标的建筑节能政策体系

居民梯级电价就是以降低实际能耗为导向的一项住宅建筑节能政策，自推行以来，取得了良好的节能效果。居民阶梯电价是指将现行单一形式的居民电价，改为按照用户消费的电量分段定价，用电价格随用电量增加呈阶梯状逐级递增的一种电价定价机制，示意图参见图 3-18。

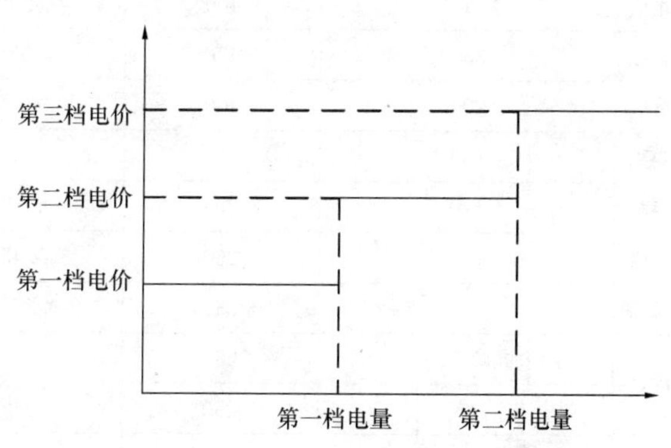

图 3-18　渐增式阶梯电价示意图

我国推行居民梯级电价的工作从 2006 就已经在四川、浙江、福建等地开始试点居民门路式电价。2008 年全国开始研究酝酿阶梯式电价。2010 年 10 月 9 日，国家发展和改革委员会公布《关于居民生活用电实行阶梯电价的指导意见（征求意见稿）》指出："近年来我国能源供应紧缺、环境压力加大等矛盾逐步凸显，煤炭等一次能源价格持续攀升，电力价格也随之上涨，但居民电价的调整幅度和频率均低于其他行业用电，居民生活用电价格一直处于较低水平。从而造成用电量越多的用户，享受的补贴越多；用电量越少的用户，享受的补贴越少，既没有体现公平负担的原则，也不能合理体现电能资源价值，不利于资源节约和环境保护。为了促进资源节约和环境友好型社会建设，引导居民合理用电、节约用电，有必要对居民生活用电实行阶梯电价。”《征求意见稿》就电量档次划分提供了两个选择方案，并向社会公开征求意见。2011年，国家发改委在各地展开调研，11月发布《关于居民生活用电实行阶梯电价的指导意见》，把居民每个月的用电分成三档，并增加了针对低收入家庭的免费档。2012年3月28日，国家发改委表示将实施居民阶梯电价方案，并提出80%的居民家庭电价保持稳定。2012年5月，各省份密集举行居民阶梯电价听证会。在此基础上，2012年7月1日，全国各地陆续公布阶梯电价实施方案，截至2012年8月7日，全国29个试行居民阶梯电价的省区市均已对外公布执行方案，由于所处地理环境、气候环境、经济发展水平、居民收入等存在差异，各省分档电量及电价标准有所不同，一些地区也制定了以年为单位或区分用电高峰、低谷的方案，见表3-6。

全国部分省市梯级电价实施方案 **表3-6**

电量单位：kWh/（户·月），电价单位：元/kWh

<table>
<tr><th></th><th colspan="2">第一档电量</th><th>第二档电量</th><th>第一档电价</th><th>第二档电价</th><th>第三档电价</th></tr>
<tr><td>上海</td><td colspan="2">260</td><td>400</td><td>0.617</td><td>0.677</td><td>0.977</td></tr>
<tr><td>北京</td><td colspan="2">240</td><td>400</td><td>0.4883</td><td>0.5383</td><td>0.7881</td></tr>
<tr><td>浙江</td><td colspan="2">230</td><td>400</td><td>0.538</td><td>0.588</td><td>0.838</td></tr>
<tr><td>重庆</td><td colspan="2">200</td><td>400</td><td>0.52</td><td>0.57</td><td>0.82</td></tr>
<tr><td>四川</td><td colspan="2">180</td><td>280</td><td>0.5224</td><td>0.6224</td><td>0.8224</td></tr>
<tr><td>吉林</td><td colspan="2">170</td><td>260</td><td>0.525</td><td>0.575</td><td>0.825</td></tr>
<tr><td>云南</td><td colspan="2">170</td><td>260</td><td>0.45</td><td>0.5</td><td>0.8</td></tr>
<tr><td>青海</td><td colspan="2">150</td><td>230</td><td>0.3771</td><td>0.4271</td><td>0.6771</td></tr>
<tr><td rowspan="2">广西</td><td>用电高峰</td><td>190</td><td>290</td><td rowspan="2">0.5283</td><td rowspan="2">0.5783</td><td rowspan="2">0.8283</td></tr>
<tr><td>非用电高峰</td><td>150</td><td>250</td></tr>
<tr><td rowspan="2">广东</td><td>夏季</td><td>260</td><td>600</td><td rowspan="2">0.61</td><td rowspan="2">0.66</td><td rowspan="2">0.91</td></tr>
<tr><td>非夏季</td><td>200</td><td>400</td></tr>
</table>

注：1. 广西规定1～2月、6～9月为用电高峰期，其他月为非用电高峰；广东5～10月执行夏季标准，11月至次年4月执行非夏季标准；云南规定每年5～11月为丰水期，执行现行0.45元每度的现行电价，每年12月至次年4月为枯水期，按上表所示执行阶梯电价标准。

2. 数据来源：北极星电力网。

由于各地之间发展不平衡，用电需求存在差异，不同地区的第一档电量存在着差距，甚至达到百度以上。例如，上海的第一档电量达到260kWh，而青海第一档电量是150kWh。总体而言，东部沿海省份的首档电量基本在200kWh以上，而中西部地区则在150～200kWh之间。就各档电量阶梯加价的幅度而言，除青海省在现有基础上降0.05元，即从0.4271元降到0.3771元外，各省第一档电价基本保持现行电价不变；除四川第二档较第一档提价0.1元以外，大部分省份第二档与第三档分别提价0.05元、0.3元，充分体现了“多用电者多付费”的核心理念。

自2006年部分省市试行，到2012年全国范围推行，居民梯级电价制度对于引导居民合理用电、节能用电，起到了积极推动作用。同时，梯级电价制度作为以实际能耗为控制目标的政策，也能有效地促进和推动住宅领域其他节能政策的推行，例如高效照明灯具的推广以及节能家电产品的应用。例如，四川、浙江、福建在实施居民用电阶梯电价后，促进了家庭节能产品的应用，居民用电量增速明显减缓。据统计，三省居民用电量增速2007年比2006年分别下降了12%、5%和1.4%。重庆市自2012年7月1日起正式执行居民阶梯电价制度，到目前已实行半年多，重庆市电力公司的统计数据表明：城乡居民一户一表在执行阶梯电价后，2012年户均月用电量为199kWh（度），比2011年下降了21kWh。

3.8　实现住宅节能目标的住宅建设要点

从上述理念出发，要满足日益增长的对住宅环境质量的需求，同时又能真正降低住宅运行能耗，就需要从住宅的规划、设计、建造和使用模式全方位下工夫。其核心的要点为：

（1）建立以降低实际能耗为导向的住宅节能政策体系：我国应尽快建立以实际能耗为导向的建筑节能政策体系，以建筑物的实际能耗作为政策的核心，建立其定义方式、各类建筑的定额和规范，以及配套的管理与实施体系，从政策设计层面，促进居民的合理用能与行为节能。

（2）小区规划：注意建筑的合理布局，从而使每套住宅都能得到足够的阳光、获得良好的自然通风、同时还要留有具有良好环境的室外社区活动场所，保证各种社区活动的需要。本书第5.1节对此进行了专门讨论。

（3）建筑本体的被动式设计：进一步提高北方围护结构保温水平，并使其有足够的热惯性；南方提倡有效的外遮阳措施。各地都应充分考虑自然通风，同时尽可能提高气密性水平。在可能的条件下，实现围护结构的性能可以调节。也就是根据需要既可以实现充分的自然通风换气（每小时10次换气以上），又可以在关闭外窗和其他换气装置时，使室内渗风量不超过每小时0.3次；在需要围护结构保温隔热时可以使围护结构实现良好的保温隔热性能，而在需要其散热时，有能够具有良好的传热性能；在需要阳光时，可以有效地接收并保存太阳光的照射，而在不需要阳光照射的季节，又能够通过各种遮阳措施有效阻挡太阳光的进入。对于通风/气密，保温/散热，接收阳光/遮阳这三个需要调节的围护结构性能，不同地区不同地理条件以及不同的住宅特点之侧重点也不同，必须根据当地的气候与地理条件突出重点。本书第5.1，5.2和5.3节对这方面的具体做法进行了讨论和介绍。

（4）采暖空调生活热水系统：尽可能实现“部分时间、部分空间”的运行模式，保证末端充分的灵活性和使用者调节的自主性，应是系统方式选择的第一要素。对于住宅来说，最理想的系统方式是既可以实现高效，又可以支持灵活的末端调节，也就是实现“部分时间、部分空间”的方式。当系统效率与末端的灵活调节相矛盾时，对住宅来说，现在看来末端灵活的调节可能更重要，对最终实际的能耗水平影响更大。这方面的具体做法和一些案例在本书第5.5节中有所说明。

（5）照明与家电：提倡绿色生活方式，杜绝各类改变生活方式的高耗能产品（洗衣烘干机、洗碗机等）的使用是家务类电器节能的关键。提高各类家电产品效率，推广、普及各种高效产品，如LED照明、节能型彩电、高效冰箱、高效空调器以及高效电炊具等，对降低家电能耗也有重要作用。此外，避免或降低饮水机、机顶盒等设备的待机耗电，开发零待机电耗或低待机电耗的家电装置，也会对住宅节能做出很大贡献。

第4章 城镇住宅专题讨论

4.1 住宅的舒适与健康

近几年，我国经济社会快速发展、人民生活水平逐步提高，城镇居民住宅消费观念和需求正在发生重大变化，住宅发展已经从“量”的需求提升到“质”的享受，住宅建设已从“功能型”转变到“舒适型”，居民利用采暖、制冷设备提高室内生活质量成为趋势。一些房地产商趁势在不同气候地区打出“科技型高品质住宅”的旗号，开始频繁炒作“恒温恒湿恒氧”的住宅形式，使消费者误认为恒温恒湿的住宅环境是更高端、更健康、更舒适的环境。实际上，在《中国建筑节能年度发展研究报告 2009》[1]中，已有专门章节针对“什么样的室内环境是舒适、健康的环境”这一问题进行了较为客观全面地探讨，随着近几年各地更多研究工作的深入，更加深化了我们对舒适、健康热环境的认识。为了能够澄清住宅环境中的一些基本理念问题，正确引导消费者的住宅消费观念，本节在 2009 年报告[1]的基础上，对住宅的舒适与健康等相关问题进一步展开讨论。

4.1.1 热舒适的基本概念

学术界将不冷不热的状态叫做“热中性”，一般认为是最舒适的状态，此时人体用于体温调节所消耗的能量最少，感受到的压力最少。经过大量实验，研究者力图将构成热环境的四个主要要素（空气温度、湿度、环境长波辐射温度、风速）与人体热反应（热感觉）联系起来，即：将受试者置于不同的温度、湿度、风速、辐射的参数组合环境中，并让受试者用热感觉投票（简称 TSV，Thermal Sensation Votes）来表示自己的冷热感觉，TSV 为 0 是中性，－1 是微凉，－2 是凉，－3 是冷，＋1 是微暖，＋2 是暖，＋3 是热，如图 4-1 所示，通过收集受试者的 TSV 资料，从而获得人体在不同活动与着装状态下的舒适热环境的参数。

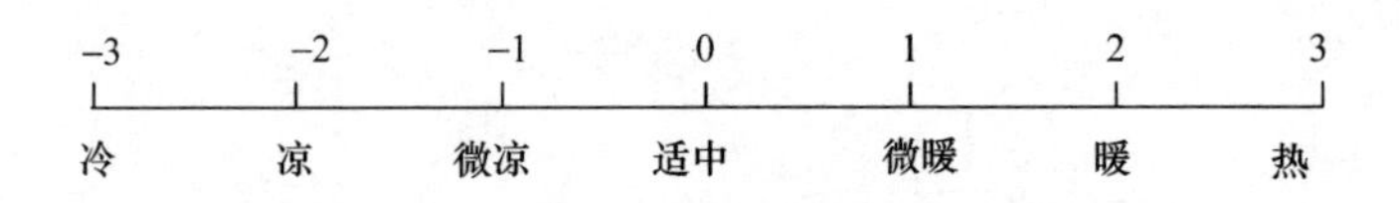

图4-1 ASHRAE的热感觉投票七点标尺

基于这些研究，研究者们相继提出了有效温度ET（Effective Temperature）、新有效温度ET*（New Effective Temperature）、标准有效温度SET*（Standard Effective Temperature）等一系列评价各环境参数对人体热感觉影响的指标模型。其中，以国际著名学者、丹麦技术大学的Fanger教授提出的PMV模型最具代表性。PMV模型的发展与建立，为空调采暖技术的发展与应用起到了非常重要的指导和推动作用，成为了美国采暖制冷与空调工程师协会（ASHRAE）和国际标准化组织（ISO）制定室内热环境标准的依据，此后各国所用热环境评价标准也大体上引用这些标准，从而导致室内环境控制技术的发展就是以创造无热刺激的“热中性”室内环境来作为最高目标。

然而，在人类社会发展几千年的历史中，人们已经形成了一种与自然环境变化相协调的对应关系，人们会通过改变行为或逐步调整自己的反应以适应复杂的环境变化，从而接受较大范围的室内温度。而原有的稳态热舒适理论对于人体的这种适应性预测存在着明显的局限性，稳态热环境预测模型在很多场合下出现了较大偏差。

4.1.2 热舒适与人体对气候的适应

（1）不同气候地区的人体热舒适差异

2009年的报告指出，舒适区不仅仅与人体着装和活动量有关，其实还与人体对气候环境的适应性密切相关，很多研究者发现在实际现场调查中，人们喜欢的温度范围差别很大，即便是在服装相同的条件下，夏季可接受的温度偏高，而在冬季可接受的温度偏低，即人们对相同建筑热环境的热舒适发生季节性偏移。而在近几年的现场调查中，研究者发现，热舒适除了与季节气候密切相关外，在相同季节下，不同气候地区的人们对热舒适的要求也有较大的差别。2010年冬季，清华大学[2]对北京（寒冷地区）、上海（夏热冬冷地区）两地居民开展了人体热反应气候室实验研究。研究发现，在相同的偏冷环境下，北京受试者实际热感觉投票TSV值显著低于上海受试者，两者相差近0.6；若要获得相同水平的热感觉，北京受试者所需的室内温度要比上海受试者高出约 2.5℃。结果表明夏热冬冷地区居民对偏冷环境具有较强的适应能力。而在现场调查中，也发现了类似的结论。2011 年冬季，清华大学[3]分别在北京和上海各选择 10 户住宅进行跟踪调查，其中，北京的 10 户均为集中供暖用户，上海的 10 户为空气源热泵用户。从结果可发现，在相同的室内温度下，相比于北京集中供暖住户，上海住户的衣着量略低但 TSV 投票值更高，上海住户的中性温度为 20.9℃，北京集中供暖住户的中性温度为 22.0℃。2011 年大连理工大学[4]通过问卷和现场测试调查了我国不同气候分区的居民对于热环境的喜好差异，得到：夏热冬暖地区（如华南地区）居民夏季可接受的温度要比严寒地区高出 4℃左右；对于未进行集中供暖的住宅，夏热冬冷地区（如长江流域地区）居民冬季可接受的舒适温度低于夏热冬暖地区，前者为 14.2℃，后者为 16.3℃。研究表明，对于室内生活热环境差异不大的人群而言，长期生活于炎热气候的居民，对热有更强的忍耐能力，长期生活在寒冷气候的居民，对冷有更强的忍耐能力。

上述实验和调查结果表明，不同地区的人群具有不同的热适应性，其舒适区的范围是存在差异的。我国地域辽阔，南北跨越热、温、寒几个气候带，气候类型多种多样，因此，居住室内热环境控制标准的制定应该结合各地区居民实际热舒适需求，因地制宜，而不应该推崇恒温恒湿。

（2）人体对建筑气候的适应性

人工制冷和采暖手段的引入，改变了人体热环境的经历，受此影响，人体的热适应性也发生了显著变化。在较多的实际现场调查中，研究者发现，相比在非空调、非采暖环境中的居住者，经常在空调、采暖环境中的居住者对室内热舒适的要求较高；随着夏季室内空调温度的逐渐降低或冬季室内采暖温度的逐渐升高，人们感觉舒适或中性的温度也会向低温或高温方向偏移。西安建筑科技大学[5]对东莞地区居住建筑夏季室内热环境的调查表明，经常生活在空调环境下的人在家中往往把空调开到较低温度（21～24℃）才感觉到舒服，然而不经常使用空调的居民在家中往往开启空调温度较高（25～27℃），在家中同样感觉舒服。Nicol 与 Humphreys[6]比较了 20 世纪 70 年代和 90 年代的现场调查结果，发现自然通风建筑室内舒适温度随室外温度变化的特征基本一致，而集中空调采暖建筑中人体的舒适条件却有所不同：与 20 世纪 70 年代的调查结果相比，90 年代人体在偏冷季节的舒适温度提高了约2℃。他们推测这与室内供暖温度逐年提高有关，人们对此已经产生了适应。在我国的现场调查中，也发现了类似的现象。哈尔滨工业大学[7]比较了哈尔滨地区在2010年和20世纪90年代的冬季室内热舒适现场调查结果，发现与20世纪90年代的调查结果相比，室内空气温度提高了5.3℃，居民的室内服装热阻下降了0.7clo，热中性温度提高了4.9℃。若将服装热阻的变化折算到中性温度的变化上，可以得到，理论上该地区居民当前的中性温度应该比20年前提高4.2℃，而实际值却比这还要高出0.7℃，其原因同样也是该地区居民对冬季室内的高温气候已经产生了适应。因此可以推断，夏季长期维持较低的空调室温或冬季长期维持较高的采暖温度，人体的热适应性会发生显著变化，夏季感觉的舒适温度会越来越低，冬季感觉舒适的温度会越来越高。

实际上，空气调节设备从出现到广泛应用仅有短短的几十年时间，而在人类社会发展几千年的历史中，绝大部分时间都是通过其居住的建筑墙体蓄存、隔离外界热量，通过自然通风、服装、风扇等调节手段来达到夏季降温的目的，充分展现了人体适应自然环境变化的机体机能。这样的生活方式，是一种能源节约、环境友好的生活方式，至今依然受到大多数居住者的偏爱。

在我国各地开展的大量现场调研结果表明，当环境温湿度相似时，非空调的自然通风环境比空调环境受到更多居住者的偏爱。居住者对于家中的空调往往采用“能不使用就尽量不使用”的态度，只要室内温度没有达到不能忍受的范围，就更乐于使用开窗通风或电风扇来进行降温。清华大学2000年的调查发现，在“自然通风，有点热，总体可以接受的环境”和“空调凉爽环境”中进行选择时，80%以上的人选择前者。2003年清华大学在上海地区的住宅热环境调查结果表明，人们并非室温高于26℃就开启空调，而是继续使用自然通风手段，直到环境温度高于29℃时才开启空调。2012年清华大学对中国居民夏季使用电风扇习惯的网络调研结果表明，无论是家中有空调还是没有空调的居民，75%以上会在夏季选择使用电风扇来改善室内热舒适。2011年清华大学[8]在江苏地区的住宅热环境调查发现，相比于“全时间、全空间”空调、采暖使用模式的住户，“部分时间、部分空间”空调、采暖使用模式的住户对室内热环境的满意率更高。

由上述研究结果可见，居住建筑应该要为居住者提供较多适应自然环境变化的机会，避免使用“全时间、全空间”的空调、采暖模式，从而保持人体对热环境的适应性。

4.1.3 关于恒温恒湿恒氧环境的讨论

（1）什么是恒温恒湿恒氧技术

所谓“恒温恒湿恒氧”技术是采用集中空调采暖系统控制房间内的温度、湿度，实现室内温度常年保持在20～26℃，空气相对湿度常年维持在40%～60%，同时采用新风系统提供定量的新风确保室内的含氧量。在“恒温恒湿恒氧”住宅中，温湿度和新风量往往由中控系统控制调节，住户自己并不能控制空调启停和设定温度。此外，为了保证室内参数恒定，住户平时不能随意开窗开门。因此，这种住宅如同一个密封的恒温箱或如医院的ICU，住户不仅失去了自我调控室内热环境的能力，同时也减少了接触大自然的机会。

（2）恒温恒湿环境对人体热舒适的影响

在这种恒温恒湿住宅中，由于人体感觉不到冷热刺激，不需要进行热调节，人们可能感到舒适性较高。但是，若从住户个体需求角度考虑，这样的住宅不一定舒适。因为每个人感觉舒适的温度不同，如老人偏好温度高一些，年轻人偏好温度低一些，有些人觉得26℃很舒适，而有些人却觉得太热了。然而，在恒温恒湿住宅里，各家各户的室内温度一致，住户根本无法按照自己实际需要对室内温度进行个性化调节。因此，集中控制的恒温恒湿住宅并无法真正满足住户的实际舒适需求。

（3）恒温恒湿环境对人体热健康的影响

人类生理对冷热刺激的应激与调节功能是人类在大自然中经历数千万年的进化获得的适应自然的能力。这一能力保证了人体在受到冷热冲击的时候能够调节自己的身体以保证其具有正常的功能。如果人体保持了良好的热调节能力，那么当人体处于一定热舒适偏离的条件下也能够轻松应对，并不会感到显著的不舒适。

在非空调环境下环境温度会随着室外气象参数的变化而变化，人员具备较高温度环境下的“热暴露”经历，骨骼肌、汗腺等生理机能得到了锻炼，一定程度上提高了人体的热调节能力。如果长期生活在恒温恒湿环境中，会使得在这个环境长期逗留的室内人员缺乏周期性刺激，同时相对低温使人的皮肤汗腺和皮脂腺收缩，腺口闭塞，而导致血流不畅，产生“空调适应不全症”。当室内外温差过大时，人们在进出空调房间时会经历过度的冷热冲击而导致不适，甚至会影响居住者的健康，除受冷热刺激而容易感冒以外，还会产生中暑、头疼、嗜睡、疲劳、关节疼痛的症状。因此，长时间停留于恒温恒湿的空调环境，虽然免除了冬夏冷热给人们带来的不适，却改变了人体在自然环境中长期形成的热适应能力，损害人体的健康。

2000年及2001年夏季[9]，中国疾病预防控制中心通过科学的人群调查研究，探索空调环境不适综合症的人群分布及其影响因素，描述与夏季空调热环境因素联系密切的人群健康问题。他们分别对江苏省两个城市及上海市两个城区实施现场的流行病学调查。调查人群是企事业机关和旅馆饭店的职员，以近3～5年内使用空调与否为标准分为四组，包括，工作场所和住宅均使用空调人群、仅工作场所使用空调人群、仅住宅使用空调人群、工作场所和住宅均不使用空调人群（作为对照组），共回收有效调查问卷3528份，监测了943人的血清免疫指标。对问卷调查的分析结果显示所调查人群不适症状的发生与使用空调有关：

1）使用空调人群的各种不适症状的发生率均高于对照组。不适症状包括神经与精神类不适感、消化系统类不适感、呼吸系统类不适感和皮肤黏膜类不适感等，其中神经与精神类不适症状反应较明显。

2）使用空调的人群暑期“伤风/咳嗽/流鼻涕”的发病率明显高于对照组。

3）使用空调的人群在热反应时的生理活动程度大于对照组，对照组人群对热的耐受力好于使用空调人群。

2010年夏季，清华大学对20位男性青年受试者进行人体热反应实验，探索长期使用空调对人体热适应性的影响[24]。受试者中有10位长期在稳态的空调环境下工作、生活（夏季平均每天使用空调时间＞10h），组成长期空调组；其余10位长期在非空调环境下工作、生活（夏季平均每天使用空调时间＜2h），组成对照组。实验试图模拟夏季人们从空调房间进入到室外所需经历的热冲击环境，对受试者实施由舒适环境（环境温度26℃，相对湿度45％）进入到高温环境（环境温度36℃，相对湿度45％）的热暴露。结果表明，在热冲击过程中，相比于对照组，长期空调组觉得更热、更不舒适，在高温暴露后期，对照组的热感觉和热舒适有所改善，但长期空调组却持续恶化（图4-2）。在生理反应上，如图4-3所示，两组之间也存在较大差异：相比于对照组，长期空调组的皮温调节速度较慢，胸足温差较大，出汗量较少，自主神经系统调节状态较紧张，表现出了较弱的生理热调节能力。此外，血液热应激蛋白 HSP_{70} 检测结果表明长期空调组的 HSP_{70} 含量较低（图

4-4)。血液热应激蛋白能够反映人体耐热性，并对机体具有保护作用而使其免受热损害，含量越高，表明人体耐热性越强。由此可见，长期在空调环境中暴露，会削弱人体对偏热环境的热适应能力和耐热性，当所处环境发生高温突变时，人体容易产生不适和生理调节滞后。

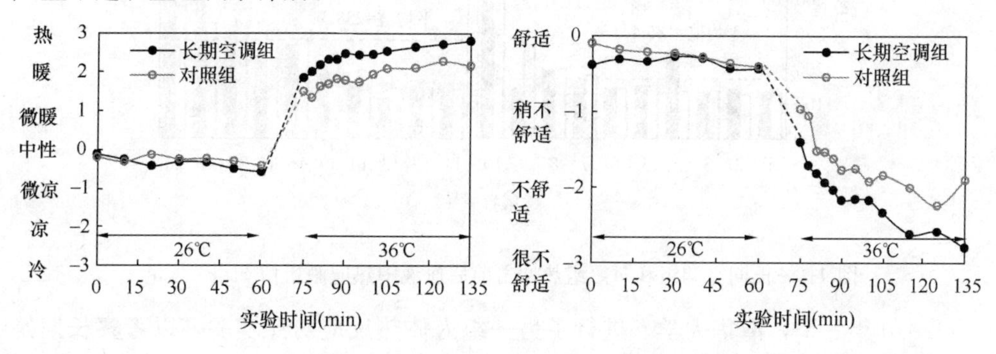

图 4-2　长期空调组和对照组热感觉、热舒适投票结果

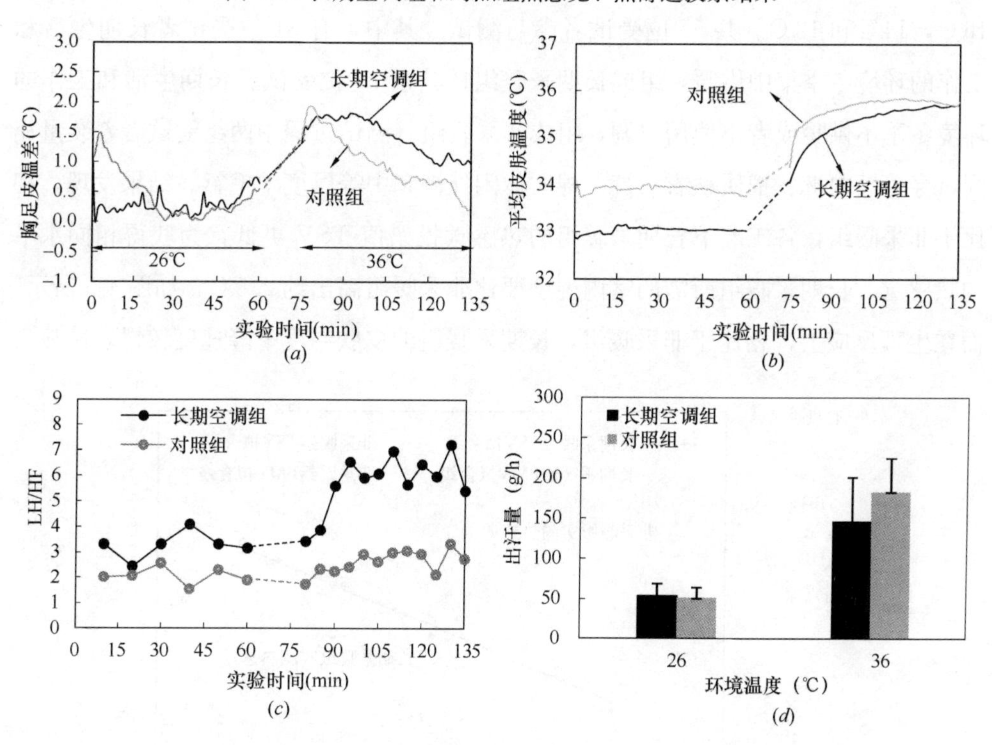

图 4-3　长期空调组和对照组的生理反应对比

(*a*) 平均皮肤温度；(*b*) 胸足皮温差；

(*c*) 心率变异性指标 LF/HF；(*d*) 出汗量

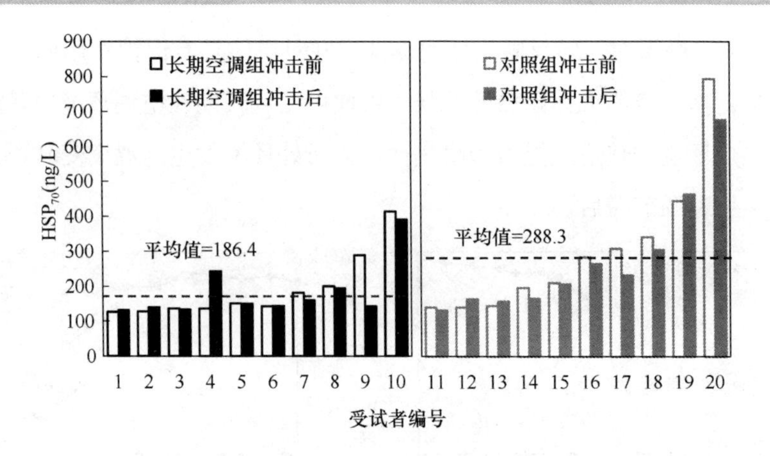

图 4-4 长期空调组和对照组热冲击前后血液中热应激蛋白 HSP_{70} 含量

2010 年冬季，清华大学[2]进行了另一组人体热反应对照实验，以考察长期暴露于采暖环境中对人体热适应性是否也会造成影响。实验测试温度为 20℃，18℃，16℃，14℃和 12℃。共 57 位受试者参与测试。其中，有 31 位受试者长期生活和工作的环境冬季集中供暖，组成长期采暖组；其余 26 位受试者长期生活和工作的环境冬季不供暖或者不使用空调，组成非采暖组。测试过程中两组受试者着装量相同，穿着短内裤、棉质秋衣秋裤、棉质休闲外裤和中等厚度羊毛衫。结果发现，相比于非采暖组，各工况下长期采暖组的热感觉投票值 TSV 更低，为获得相同水平的热感觉，长期采暖组所需的室内温度要比非采暖组高出约 2.5℃，如图 4-5 所示。而在生理反应上，相比于非采暖组，长期采暖组的皮肤温度下降速度较慢，冷战反

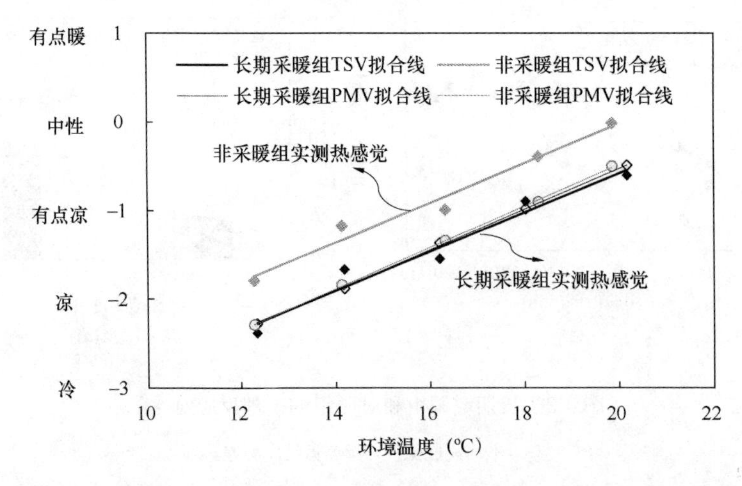

图 4-5 不同环境温度下长期采暖组和非采暖组的热感觉投票值和 PMV 预测值对比

应频率更高，环境温度越低，两组之间的差异越明显，见图 4-6 和图 4-7。由于冷刺激下积极的血管收缩运动对于机体内部热量的存储和减小身体的冷却速率都有重要作用，因此，皮温下降越快，越有利于人体保温，反之，人体向外的散热速度越大，为了维持体温的恒定，人体必须依靠肌肉收缩等代偿反应进行产热，所以出现冷战现象。冷暴露下长期采暖组所表现出的更加强烈的主观不适感和较弱的皮温调节能力，证实了长期在采暖环境下暴露，同样会对人体的热适应性带来负面影响，即削弱了人体在偏冷环境下的热适应力。

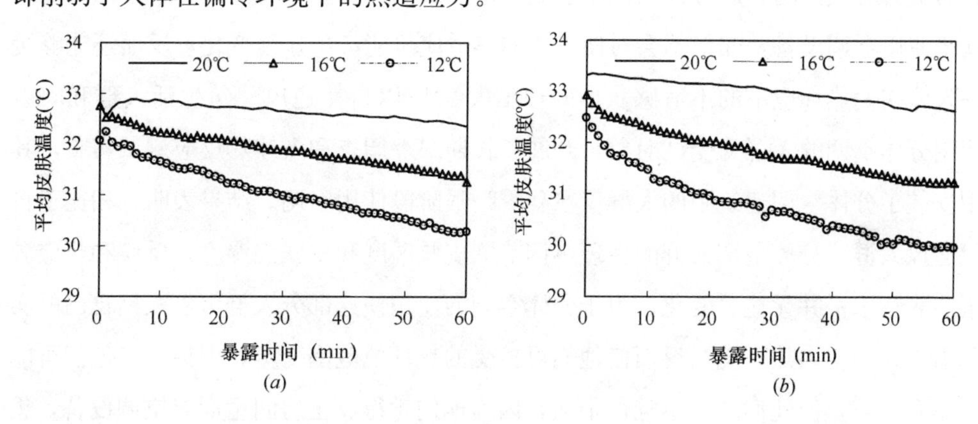

图 4-6　不同环境温度下长期采暖组和非采暖组的皮肤温度变化对比

（*a*）长期采暖组；（*b*）非采暖组

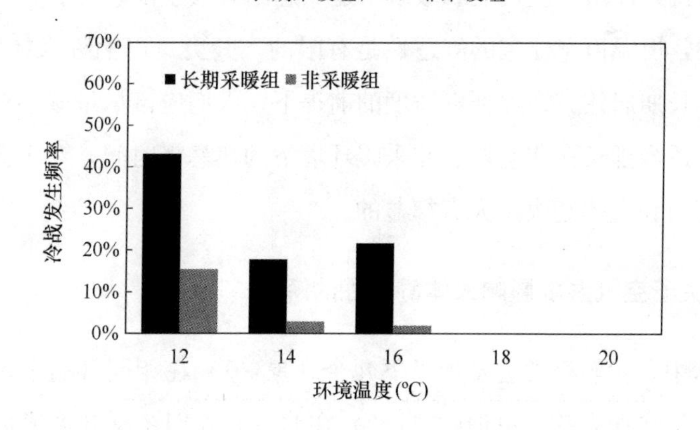

图 4-7　不同环境温度下长期采暖组和非采暖组的冷战反应对比

人体的热适应性降低之后，人体的健康也会受到影响，这在已有的研究中已经得到证实。2002 年春季和夏季[10]，中国疾病预防控制中心在北京对一批大学生进行热适应和未热适应人体对高温热暴露的生理功能、神经行为功能反应实验。让受试者体验舒适温度（24～26℃）到较热温度（32～34℃）环境的热暴露，以春季时和经历酷暑后的受试者分别作为未热适应组和热适应组，进行神经行为功能测试。结果发现，热未适应组与热适应组相比，在接受相同条件的温度突变的热冲击时，在注意力、反应速度、视觉记忆和抽象思维方面会受到一定的影响。

那么，我们在实际生活中是不是就不能使用空调和采暖设备而只能忍热挨冻呢？其实不然。上述研究只是告诉我们，长期使用空调、采暖设备维持室温长期恒定的确会对人体的热适应性和健康造成一定的影响，而另有研究表明，如果只是间歇式使用空调设备，非但不会对使人体的热适应机能产生显著变化，反而还能够缓解人体在偏热环境下的不适感。华南理工大学[11]以自然通风建筑生活人群和间歇使用分体空调的人群为受试对象，开展了长期跟踪调查和人体热反应测试实验，其中安装了分体空调建筑中的人群仅在夏季睡眠阶段使用空调。结果表明，相比于自然通风人群，分体空调人群的生理热调节（皮肤温度和皮肤润湿度）反应和热应激蛋白表达水平并无显著变化。由于分体空调的使用使这部分人群可以根据自己的实际需求控制室内热环境，反而使他们可接受的热环境范围变宽，即热一点他们可能也不开空调，但他们却并不觉得很热，因为他们觉得反正房间里面有空调设备，想什么时候开就可以什么时候开，故不会引起焦虑。由此推断，间歇式使用空调或采暖设备，是保持人体热适应机能和缓解不适热感的有效手段。

综上所述，恒温恒湿住宅的舒适性是有限的，其更是以牺牲人体健康为代价，并不适宜人类长期居住。在保证舒适度的前提下，人们应该尽量减小对空调、采暖环境的依赖，适当延长在非空调、非采暖环境下的热暴露时间，对于保持人体对热环境的适应能力和人体健康是大有裨益的。

4.1.4 关于空气湿度影响人体舒适性的解释

日常生活中，我们经常会发现以下几个现象：1）在相同气温下，湿冷让人觉得更加寒冷，湿热让人觉得更加闷热；2）在北方，人们冬季开窗通风一段时间后通常会觉得室内很干；3）很多人冬季用热泵空调制热会觉得室内的空气很干，而且越呆在容易被空调热风吹到的地方越觉得干。空调开机时间越长越干，并且这种干燥感比用暖气片或者地板辐射供暖来得强烈。

事实上，这些现象的发生主要与空气中湿度变化有关。空气湿度是表示空气中水蒸气含量和湿润程度的指标，在一定的温度下在一定体积的空气里含有的水蒸气越少，则空气越干燥；水蒸气越多，则空气越潮湿。空气湿度对人体与空气之间的热湿扩散有重要的影响。

（1）为什么相同气温下湿冷更冷、湿热更热？

在偏冷环境下，过高的湿度会使得服装在纤维的吸附作用下变得潮湿，服装热阻降低，人体向环境散失的热量变大，从而增加了人体的冷感。而在偏热环境下，人体的显热散热量减少，潜热散热量增加。随着温度的增加，出汗逐渐成为人体散热的主要方式。高湿度会导致人体皮肤表面汗液蒸发速度变慢，人体表面蒸发散热量变小，而呼吸道的潜热散热也减少，使得人体向环境散热就变得较为困难，从而导致人体被汗湿的面积加大，皮肤表面由于汗液的积聚产生黏滞性，使人热上加闷。

（2）为什么北方冬天人们开窗通风会觉得干？

封闭的房间内若没有其他加湿设备，人员则是室内主要的湿源。随着人体通过呼吸、出汗方式不断地向环境散湿，空气中的水分含量也会逐渐增加。倘若开窗通风，室外空气会流入室内，由于冬季室外空气的绝对湿度都偏低，尤其是在北方室外空气湿度就更低。较干的室外空气进入室内后，降低了室内空气的湿度，使得人体皮肤表面与其周围空气的水蒸气浓度差变大，从而加速了人体皮肤表面水分的散失，所以冬天开窗通风人们通常会觉得干。实际上在北方的冬天，人们在室外一样会感到很干燥。

（3）为什么在冬天用空调比用暖气片会觉得更干？

冬天屋里开着暖气或者空调，会加热室内空气，在室内人员设备产湿量不变的情况下，室内空气的含湿量（即绝对湿度）是不变的，但空气相对湿度会随着空气温度的升高而降低。实际上，无论用暖气或者空调，室内空气的绝对湿度还是相对湿度都没有什么区别，人体皮肤表面附近的空气温湿度都是一样的。冬天一旦采暖，人们就会感觉到干燥，原因是我们必须让室外新鲜空气进入室内维持人体卫生需要，那么室外非常干燥的空气进到室内，就会降低室内空气的绝对湿度，加热后，相对湿度也下降了，人就会觉得很干燥。

但是为什么在空调吹热风的时候人们会觉得比用辐射采暖更干燥呢？暖气片或者地板采暖的供热方式是用自然对流换热的形式加热空气的，空气的流速比较低。而空调出风口不仅温度高，而且会带动附近空气做强制流动，流速相对比较高，还经常会吹到人身上。因此，即使在同等温度下，强制流动的空气带走人体皮肤局部表面水分的速度也要明显大于自然对流的空气，导致人们在空调环境下的干燥感就更加强烈。如果避免被空调的热风吹到，这种额外的干燥感就会消失，跟暖气片或者地板供暖是差不多的。

此外，另一个重要原因是由空调机组除霜造成。在冬季空调制热的时候，室外机容易结霜。为避免其影响制热效果，一旦出现结霜空调就需要除霜。一般情况下，空调的除霜方式为逆循环(制冷循环)热除霜，这种情况下，室内变成暂时的制冷了，室内温度较高且含有较多水蒸气的空气进入空调冷凝管后，会发生冷凝，并形成水珠而排到室外，变成除湿了。由于空调室内空气是循环加热，周而复始，室内空气中的水含量就越来越少。然而，用暖气片制热是仅对室内空气进行加热，并不会造成空气中水分含量的减少。所以，相比用暖气片，冬天用空调会使人们感觉室内更干。

4.2 住宅空调与采暖——集中还是分散?

长期以来，分体空调机是我国绝大多数居民采用的空调方式。而近些年，“中央空调”也开始出现在住宅建筑之中。中央空调与分体空调机，代表了集中式与分散式两种不同的理念。这两种理念的差别也反映在采暖方面，近来就出现关于南方地区应该集中供热还是分散采暖的热烈争论。有人认为，中央空调、集中供暖能耗低、舒适性高，集中式调控体现了先进高效的用能方式，我国未来的住宅室内环境控制应该向集中方式发展。与此同时，也有大量支持分散方式的不同观点。“集中还是分散”，已成为对未来住宅室内环境控制模式的一个争论焦点。

我们既要实现对小康社会的追求，又要从生态文明的要求出发，在有限的能源、资源与环境容量下实现合理的住宅环境调控。在集中式与分散式之间，应该选择哪个方向?

首先，看一看在我国几个典型城市所做的住宅空调采暖能耗调查的结果。

4.2.1 集中式和分散式的能耗调研

(1) 中央空调与分散空调的比较

表4-1是2006年李兆坚[12]在北京对采用不同空调形式的住宅夏季空调能耗进

行的调研结果。被调查住户的收入水平差别不大。其中，A 楼是一栋老住宅楼，围护结构保温性能较差，其住户基本上都是采用能效比较低的普通分体空调器；B 楼也是使用分体空调的普通住宅楼，其空调室外机采用了暗装方式；C 楼则是一栋采用集中空调的节能样板楼，围护结构保温性能大大优于 A 楼和 B 楼，外窗采用双层断热中空 Low-E 玻璃窗，全部设置外遮阳，并使用多种先进的集中空调技术和设备，例如温湿度独立控制、辐射空调、置换通风、排风热回收、水泵和风机变频控制等。然而，这栋高投入的集中空调节能样板楼的空调能耗指标却远高于采用分体空调的"非节能"的 A 楼和 B 楼。

北京市 3 栋高层住宅 2006 年夏季空调能耗调查结果　　表 4-1

代号	总建筑面积	总层数	建成时间	总户数	空调方式	单位面积空调能耗 (kWh/m²)
A	11146	18	1996 年	108	分体空调	1.36
B	27220	26	2003 年	192	分体空调	2.98
C	29120	26	2005 年	104	集中空调	19.83

除此之外，其他学者在我国不同地区调研得到的住宅分散式空调能耗结果见表 4-2。从南方到北方，从东部到西部的调查结果均表明，我国采用分散式空调住宅的夏季空调能耗为 2～8kWh/m²。表 4-3 为采用集中空调的住宅空调能耗的调查结果。可以看到，对于北方地区，集中空调的能耗通常比分体空调高 8～10 倍；对于南方地区，通常高 3～8 倍。

分体空调住宅楼夏季空调能耗调查结果　　表 4-2

研究者	调查地点	调查时间	样本数量/（户）	单位面积空调能耗 (kWh/m²)
胡平放[13]	武汉	1998 年	12	3.8
任俊[14]	广州	1999 年	—	7.9
龙惟定[15]	上海	2001 年	780	4.3
武茜[16]	杭州	2003 年	283	6.3
陈淑琴[17]	湖南邵阳	2005 年	60	2.3
马斌齐[18]	西安	2005 年	140	4.1
李哲[8]	北京	2011 年	1	4.5
李哲[8]	苏州	2011 年	4	5.0

集中空调住宅楼夏季空调能耗调查结果 **表 4-3**

研究者	调查地点	调查时间	空调方案	单位面积空调能耗 (kWh/m^2)
李兆坚[18]	北京	2006年	温湿度独立控制系统，水冷式冷水机组，顶棚辐射空调，置换通风，排风热回收，风机和水泵变频调节	19.8
陈焰华[20]	武汉	2003年	地下水水源热泵＋风机盘管，无新风系统	16.9
程洪涛[21]	南京	2007年	温湿度独立控制、地源热泵、辐射空调、置换通风	22.5
李哲[8]	南京	2009年	温湿度独立控制、地源热泵、辐射空调、置换通风	21.9

调查得到的中央空调系统能耗中，输配系统能耗占很大部分。表4-1中的C楼仅冷冻水循环泵耗电就高达7.6kWh/m^2，占空调系统总能耗的38%，已经大大超过了采用分体空调的A楼、B楼的单位面积空调总能耗；在表4-3的第3个项目中，水泵（包括地源水泵和冷冻水泵）一项的夏季能耗也达到6.5kWh/m^2，占空调系统总能耗的30%，接近甚至超过表4-2中相同气候区分体空调的单位面积总能耗。这些输配能耗绝大部分又转化为热量进入冷冻水系统，造成了供冷量的损失。而反观分体空调，则几乎不产生输配能耗。

（2）集中供暖与分户采暖的比较

2011～2012年冬季，清华大学对北京某住宅小区60余户壁挂炉采暖住宅进行了调查。图4-8为调查得到的室温分布状况，图4-9为各户采暖季天然气用量分布状况。

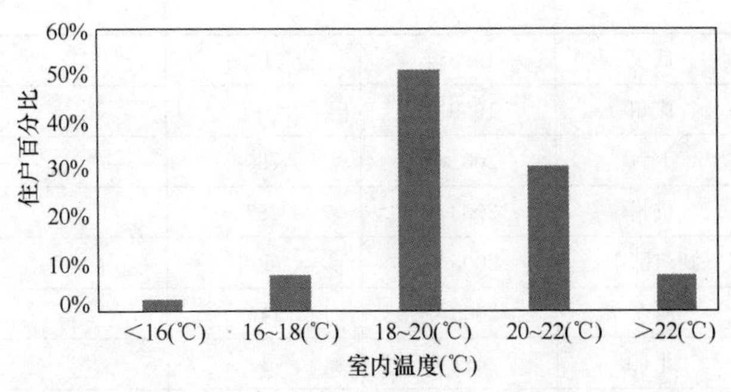

图4-8 北京壁挂炉采暖的室内温度分布

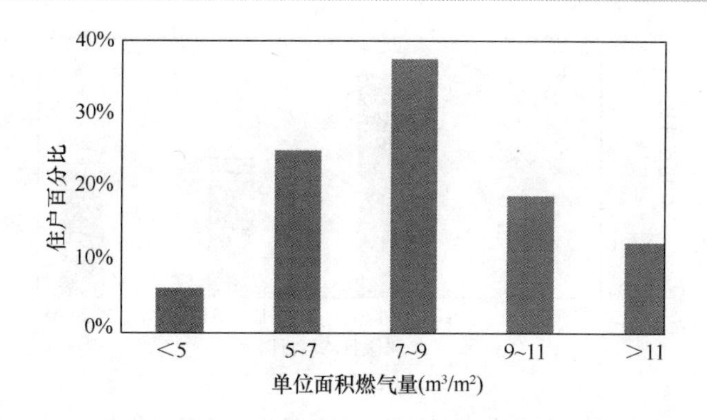

图 4-9　北京壁挂炉采暖的单位面积燃气量分布

同时，调查了附近 30 余户集中供热住宅。目前，北京采用小区燃气锅炉供热的住宅单位面积采暖燃气消耗量在 8～12m^3/m^2，实测这些集中供热住宅室温在 20～22℃之间。图 4-10 为集中供热和分散壁挂炉用户对采暖状况满意度的调查结果。图中表明，尽管集中供热的室温普遍高于壁挂炉采暖的室温，但由于壁挂炉用户可以根据自己的需要自行调节，因此满意度反而更高。

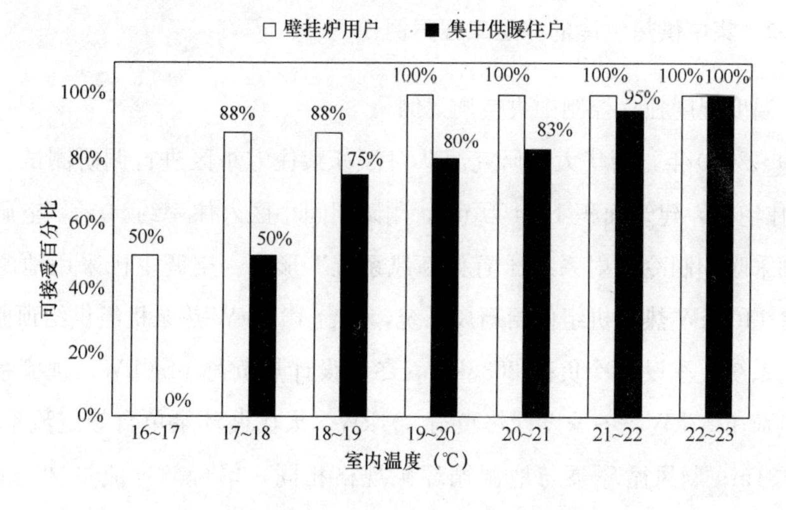

图 4-10　对于采暖效果的可接受人数比例

因为具有能够独立调控室内温度的优点，使得壁挂炉用户对于室内环境的可控度更高，居民会“按需索取”，自己掌握采暖的时间。调查显示，有超过 70%的住户日平均采暖时间不多于 18h（图 4-11）。这种独立运行的模式因为与费用直接挂钩，也调动了人们行为节能的积极性，例如在不影响室内活动的前提下，适当增加衣物来提高舒适性，等等。针对近 60 余户壁挂炉用户的调查结果显示，冬季每户

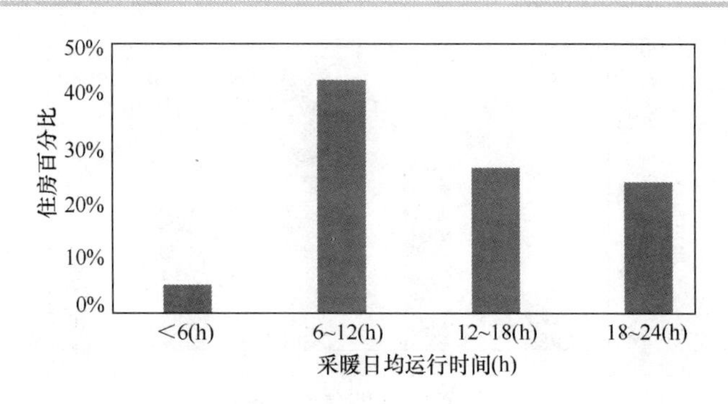

图 4-11 北京壁挂炉采暖的日均运行时间分布

每平方米用于采暖的燃气耗量约为 8m³。对于房屋面积 100m² 的住户，一个冬季的采暖费用约为 1600 元；而如果使用集中供暖，则采暖费用将达到 2500～3000 元。对用户来说，壁挂炉是比集中供暖更为经济实惠的采暖方式。综合考虑舒适性、经济性及自主调节性等因素后，有 95％的被调查住户认为壁挂炉采暖优于集中供暖。

4.2.2 集中供热供冷的典型工程案例

(1) 温度湿度独立控制中央空调案例

2009～2010 年，清华大学研究团队对江苏某住宅小区进行调研测试。该小区共 10 座住宅楼，建筑面积 11.4 万 m²，测试期间小区入住率约 90％。空调末端采用“顶棚采暖和制冷辐射系统＋置换新风系统”形式。空调主机采用地源热泵机组，两台 1400kW 热泵机组供给新风系统，两台 1070kW 热泵机组供给顶棚辐射系统。新风系统夏季设计冷负荷 2636kW，冬季设计热负荷 1430kW；顶棚系统夏季设计冷负荷 1757kW，冬季设计热负荷 604kW。天棚循环泵单台额定流量 500m³/h，扬程 31m；新风循环泵与地源循环泵规格相同，单台额定流量 250m³/h，扬程 32m。

根据 2009 年 4 月～2010 年 1 月的系统运行记录，得到各个月冷机、水泵和新风机组的耗电量，如图 4-12 所示。每年 5～9 月为夏季运行工况，尖峰负荷出现在 7～8 月；11 月～次年 3 月为冬季运行工况，尖峰负荷出现在 12 月～次年 1 月；4 月及 10 月为过渡季运行工况，总体负荷较小，冷机开启时间短，耗电量低，其中 10 月份几乎未开冷机。图 4-13 反映了冷机、水泵、新风机组三部分的能耗比例。

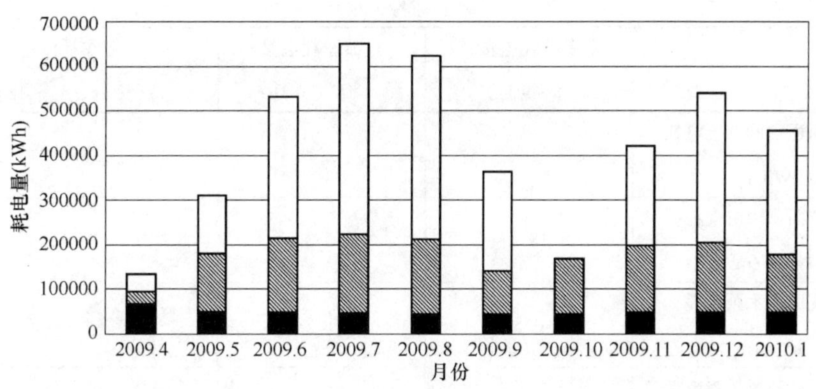

图 4-12　2009 年 4 月～2010 年 1 月冷机、水泵、新风机组逐月电耗

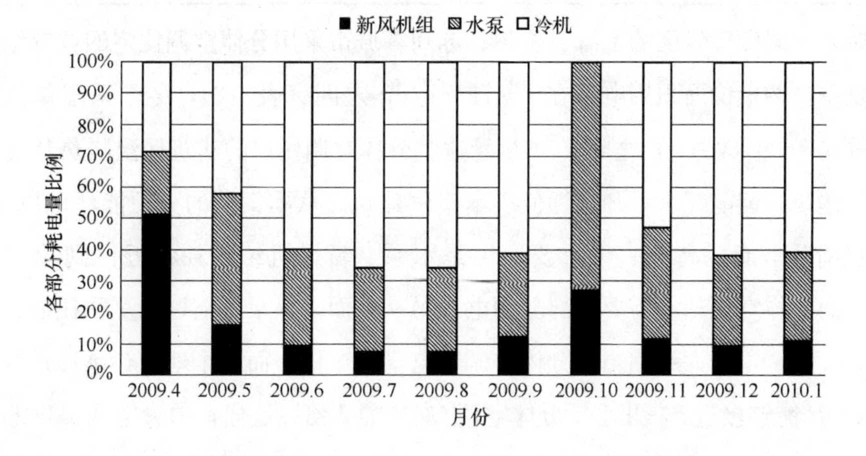

图 4-13　2009 年 4 月～2010 年 1 月冷机、水泵、新风机组逐月电耗比例

2009 年 1～3 月，只有冷机和水泵的耗电量记录，而新风机组的逐月耗电量是从 2009 年 4 月份开始记录。从那时起的每月记录来看，新风机组的耗电量比较稳定，约为 5 万 kWh/月。基于此，可对 2009 年 1～3 月的总耗电量进行估算，进而分别统计夏季、冬季、过渡季工况下的耗电量，计算出单位面积能耗指标，结果如表 4-4 所示。

2009 年空调系统各季节耗电量　　表 4-4

	夏季耗电量（5～9 月）	过渡季耗电量（4 月、10 月）	冬季耗电量（1～3 月、11～12 月）
总量（kWh）	2488110	305443	2257862

续表

	夏季耗电量（5～9月）	过渡季耗电量（4月、10月）	冬季耗电量（1～3月、11～12月）
单位面积空调系统电耗（kWh/m^2）	21.9	2.7	19.9
单位面积冷机电耗（kWh/m^2）	13.4	0.3	17.7
单位面积水泵电耗（kWh/m^2）	6.5	1.3	
单位面积新风机组电耗（kWh/m^2）	2.0	1.0	2.2

对处于同样气候区的上海、杭州、苏州等城市采用分体空调住宅的调查结果表明，夏季空调单位面积用电量在4～7kWh/m^2之间（表4-2），冬季采暖单位面积用电量在2～9 kWh/m^2之间[22]，尽管这些分体空调住户的建筑保温隔热状况不及本案例建筑，但能耗水平却远远低于本案例建筑。从本案例的分项能耗可以看出，中央空调夏季能耗高的一个重要原因是水泵、新风机组能耗将近占到总能耗的40%，而分体空调却不需要这部分用电。另一方面，热泵压缩机的夏季耗电也达到了13.4kWh/m^2，大致相当于分体空调用电量的2倍。而这个地源热泵形式空调冷源的*COP*能够接近5，几乎是分体空调*COP*的2倍。这样，中央空调提供的单位面积冷量大约为分散式空调的4倍。这就是集中式系统提供“全时间、全空间”的服务模式与分散式系统提供“部分时间、部分空间”服务模式造成能源消耗上的巨大区别。

（2）水源热泵风机盘管方式案例

2011～2012年，清华大学研究团队对河南省某住宅小区进行实测分析。该小区占地面积27944m^2，建筑面积41200m^2，每栋楼5层，共有12栋楼，总计294户，入住率为75%。区域供冷供暖系统主机采用2台螺杆式水源热泵机组，水系统形式为一次泵定流量，共设3台用户侧循环泵（2用1备）和4台潜水泵（2用2备）。用户末端采用无电磁阀的风机盘管，水量无调控。该小区按照风机盘管实际运行状况收费，也就是根据实测的风机盘管风机运行的高、中、低速时间，分别按照不同价格收费，风机停止时免费。

2011 年供冷季，该小区单位面积耗电量 7.6kWh/m²，低于表 4-1、表 4-3 中集中空调住宅的耗电量，但约为表 4-1、表 4-3 中分散式空调电耗的 1.7 倍。而实测系统效率 EER（用户供冷量/（热泵机组电耗+水泵电耗））平均值仅为 1.55。

是什么原因导致这一系统的效率如此之低呢？

由于是根据风机盘管开启状况收费，因此尽管是中央空调，几乎所有的用户也都是按照“部分时间、部分空间”的模式运行自己的风机盘管。图 4-14 是实测的 4 个典型住户在 2012 年 7 月 12 日这一天内风机盘管的开启时间统计。可见，用户开启空调末端的时间普遍较短，完全不是设计工况所依据的全天 24 小时运行的工况，并且不同用户对于空调的使用习惯差别巨大。

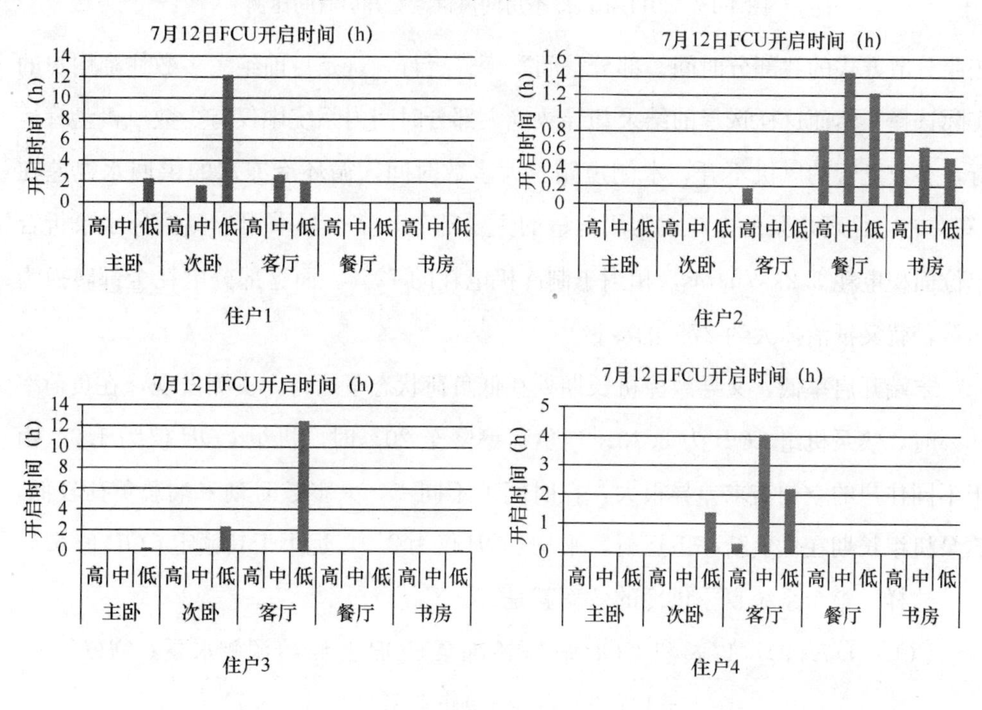

图 4-14　4 个典型用户一天内风机盘管的开启时间统计

图 4-15 为 2012 年 7 月 1 日至 20 日该小区内各房间类型空调末端开启时间的统计结果。从图 4-15 中不难发现，各种房间类型的空调末端的开启时间都较短。其中，末端开启比例最高的房间类型为客厅，平均每天的开启时间也不超过 2.5h。大多数风机盘管在大部分时间关闭，末端的运行模式与分散空调完全相同。这说明只要末端实施较为合理的收费方式，并且末端具备调节和关闭能力，住宅就一定会

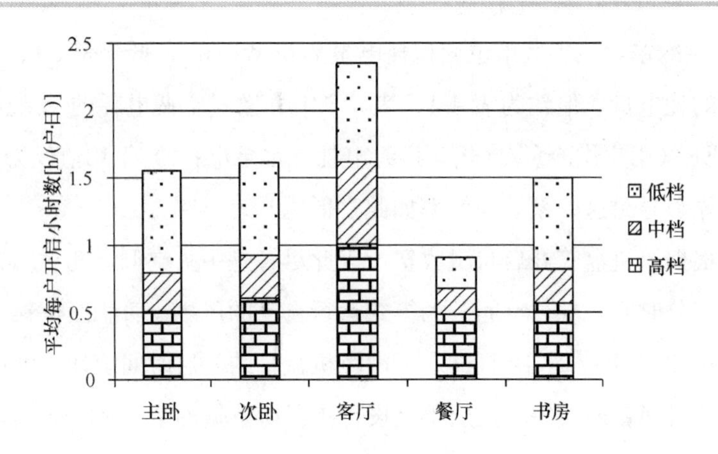

图 4-15 2011 年供冷季房间风机盘管开启时间比例

按照分散方式的“部分时间、部分空间”模式运行，这是目前绝大多数住宅用户的实际选择。然而这样选择的结果却导致绝大部分时间内系统中仅有少数风机盘管运行，多数盘管的风机不开，水侧短路。大多数时间，循环冷冻水的供回水温差在1℃左右，循环水泵的电耗成为用电量的主要部分，整个夏季用户侧循环水泵折合单位面积电耗 3.2kWh/m^2，相当于制冷机电耗的 72%。而这部分电耗全部转换为热量，就又抵消掉大约 27%的冷量。

末端开启率低，又导致冷机长期处在低负荷状态下运行。实测发现，在负荷率 46%时，热泵机组 *COP* 为 3.73；当负荷率降至 20%时，机组 *COP* 仅为 1.9。由于不同住户的空调需求差异很大，在时间上不同步，大多数时刻末端总负荷较低，热泵机组长期在低负荷率下运行，平均 *COP* 仅为 2.9，远小于其额定 *COP* 值 6.4。

这样，整个系统夏季供冷的效率就是：

(1－1/7.99)/(1/冷机 *COP* ＋1/冷冻泵 *COP* ＋1/冷源侧水泵 *COP*)

＝(1－1/7.99)/(1/2.9＋1/7.99＋1/10.7)＝1.55

其系统综合效率仅为一般分体空调机的 60% (1.55/2.6)，所以综合电耗也是分体空调系统的 1.7 倍 (7.6/4.5)。

这个案例表明，即便是高效的集中式水源热泵系统，由于末端用户坚持“部分时间、部分空间”的使用方式，使得集中的高效系统不能实现高效，实际的整体能效状况还不如分散的分体空调方式。

(3) 分户水环热泵方式案例

北京某住宅小区有三座住宅楼，总空调面积为 7 万 m^2，采用分布式水环热泵方式。地下水通过深井泵取出，经过循环管网，送到分布于各家各户的热泵。经过各户的热泵在夏季制取空调用冷量，而将热量排入循环水；在冬季则从循环水中提取热量经热泵升温。返回的循环水又被回灌到地下。这样形成集中式地下水循环供应系统和分散到各户的水源热泵方式。表 4-5 为实测统计的冬夏季用电量。从表中可以看出，夏季用电量达到 9.4kWh/m^2，高于分体空调的分散方式；冬季用电量高达 34.1kWh/m^2，折合燃气 7.9m^3/m^2，与北京市分散的壁挂燃气炉采暖耗气量相当。然而在总的耗电量中，末端热泵夏季和冬季耗电分别为 4.6kWh/m^2 和 20.3kWh/m^2，夏季与分体空调电耗很接近，冬季低于分散式燃气壁挂炉。这表明只要末端计量收费（这个项目末端按照电表收费）并且末端提供独立的调节手段，住宅使用者一定会按照“部分时间、部分空间”方式运行，相关部分的设备也一定是低能耗。但集中方式的地下水循环系统的循环水泵电耗却占到总用电量的一半，而一般的中央空调冷却水循环泵仅占整个空调系统用电量的 20%或更低。这个案例清楚地说明，对于部分集中，部分分散的混合系统，集中部分为了在任何时候都能满足分散于各点并不同步的需求，只能“全时间、全空间”运行，从而成为能耗的主要部分；而分散部分只要可调，使用者就会按照“部分时间、部分空间”模式调节运行，从而成为低能耗部分。

北京某小区水环热泵系统 2003 年供暖季+2003 年供冷季能耗　　表 4-5

	全年总量	供暖季	供冷季
总耗电量	304.0 万 kWh	238.4 万 kWh	65.6 万 kWh
单位空调面积耗电量	43.4kWh/m^2	34.1kWh/m^2	9.4 kWh/m^2
单位空调面积耗冷/热量		62.7kWh/m^2	13.2kWh/m^2
热泵机组耗电量	174.4 万 kWh	142.1 万 kWh	32.3 万 kWh
水泵耗电量	129.6 万 kWh	96.3 万 kWh	33.3 万 kWh

4.2.3　为什么“集中式”与“分散式”能耗差异如此之大?

为了弄清楚为什么对住宅来说，“集中式”与“分散式”系统的能耗差别如此之大，首先要看看住宅建筑的使用与需求特点。我国住宅的主导形式为大型公寓式，调查发现这类住宅建筑有如下特点：

(1) 室内有人的时间：在一般工作日的工作时段，大部分住户家中无人，而只有少部分住宅单元内有老人、小孩在家。而在晚上、节假日则大部分住宅有人。并且随着住房单元面积加大、房间数增多，一个住宅单元内即使有人，各个房间实际的使用状况也很不相同。很多居民在非睡眠时间已不在卧室居留，在书房工作时起居室内也无人。这样各户之间、一户的不同房间之间的居留情况都差异很大。

(2) 当室内有人时的人数：大多数情况下人数不多，尤其是在目前住宅条件改善和家庭结构趋于“小型化”的趋势下，一个住宅单元内仅 2～3 人；但当家中进行一些聚会活动时，某些单元或房间被高密度使用，可能出现十余个人同时处在一个住宅单元或一个房间内的现象。

(3) 对室内环境的需求：不同的住户和人群对室内环境的需求有很大差别，例如老人、孕妇希望有较高的室温，不喜欢夏季空调的冷吹风感；而一些住户却要照顾儿童、青年需要，要求较低的温度，不怕吹风感；有些家庭在夜间不希望有空调，而有些家庭却希望空调彻夜运行。

由于上述三个特点，就导致一座大型公寓建筑或一个住宅小区内的各个末端负荷变化很不同步，各个末端所服务的空间要求的运行参数也很不一致。

图 4-16 是对某采用中央空调、末端为风机盘管的住宅建筑在夏季典型日各小时风机盘管开启率的模拟结果。模拟的大致过程如下：首先通过对实际用户进行空调使用方式调研及室内温度测试，可以得到几类典型用户，并计算得到相应的空调负荷曲线；通过分析各用户空调末端日开启小时数统计结果及总冷量测试结果等数据，可以得到各典型用户数量比例；结合负荷计算结果和各用户数量比例，比对风机各档位供冷量即可得到各风机档位的开启比例。可以认为这个开启率反映了实际

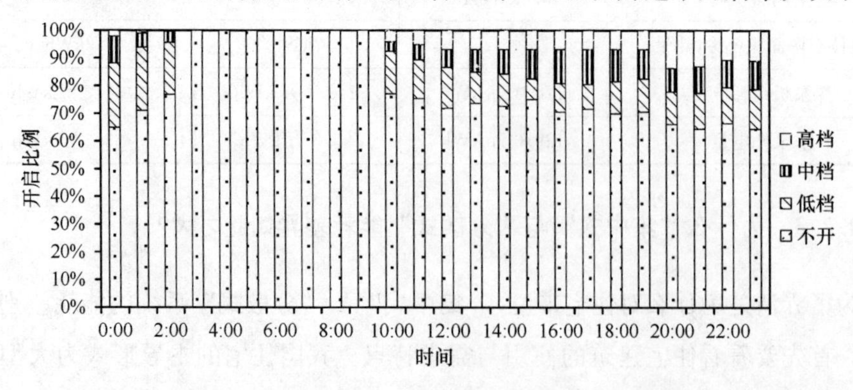

图 4-16 夏季典型日风机档位逐时模拟结果统计

的用户需求特点。与办公建筑不同，这个案例的住宅除了夜间外，一天中各个时段都有需要空调的房间或末端（除了冷机不运行的时间，即 3：00～9：00)，但每个瞬间需要空调的末端却又都不足末端总数的 40%。这种各个末端需求与负荷随机变化、完全不同步，每个瞬间有需求的用户比例很少的特点，是与办公建筑最大的不同。这一不同也就决定住宅末端需要有各自完全独立的调节能力，以满足各个末端在不同时刻的不同需要。

面对这样各自独立的调控需要，对于分散式系统来说，只要根据各自的需要启停各自的采暖空调装置即可，因此可以完全适应独立的需求，不存在调控上的问题。令人们疑惑的问题是：分散式系统能效低，例如分体空调，能效比 *COP* 仅为 3，有些性能差一点的产品，能效比甚至还不到 3，比起大型中央空调能效比 *COP* 达到 5～6 的冷机来说，提供同样的冷量，分体空调的能耗几乎要高出一倍。然而，为什么分体空调的实际运行能耗反而低呢?

问题主要就出在调控环节。对于集中式系统来说，应对末端完全不同的需求，有如下几种调控方法：

一种方法是不管末端是否需求，一律按照公认的“舒适性”进行环境调控，即所谓“全时间、全空间”的室内环境调控方式，如第 4.2.2 节典型工程案例（1)。这种调控方式就是对建筑物内的每一个空间，包括走廊、卫生间、无人居住的房间等，按照预定的温度湿度标准全天 24 小时进行调控，甚至“恒温恒湿”，保证建筑物内的任何空间在任何时间都满足舒适性要求。在案例（1）中，这一舒适性要求是通过顶棚辐射保证室内温度，全面的新风换气保证室内湿度和空气质量来实现，居住者不能对室内进行任何调控，也不允许使用者打开外窗通风换气。如果此建筑非卧室房间平均只有 30%的时间有人，而居住者在卧室入睡后又不希望空调运行，则真正需要开启空调的平均时间仅为 20%。然而，基于这种调控模式的集中式系统却是在 100%的时间内运行，供应量远远大于实际需求量，其提供服务的时间、空间累积（运行时间×服务面积）几乎是分散式系统的 5 倍。图 4-16 所给出的某住宅建筑末端风机开启率模拟结果，基本反映了这样的问题。

另一种方式是给予末端独立调控的能力。典型的做法就是采用风机盘管末端，用户可以选择风机的“高速、中速、低速”来调节，也可以完全关闭风机，停止一个房间的空调，如第 4.2.2 节典型工程案例（2)，此时末端的调节效果就很像分体式空调。为了充分调动末端使用者的节能意识，实现“行为节能”，必须有机制来调动使用者在不需要空调时关断空调，从而使末端的独立调节能力发挥作用，实现节能。典型工程案例（2）就采用根据风机盘管“高、中、低”风速来收取不同的费用，关断时免费。这样，风机盘管的使用状况就和在每个房间安装的分散式分体空调完全相同。此时，风机盘管的同时开启率，尤其是同时处在“高速”状态的风机盘管比例变得很低。而这个案例的风机盘管水侧没有安装通断阀，风机停止运行的风机盘管冷冻水侧水量旁通，大部分时间整个系统的供回水温差在1℃左右。尽管就实际的总冷量来说，这种集中式系统与分散式的分体空调相差不大，但集中式系统的冷冻水循环泵全天24小时连续运行，而且在大部分时间输送冷量的功效很差（供回水温差很小），仅循环水泵电耗就达到每个空调季3.2kWh/m²，已经相当于采用分体空调住宅的平均夏季电耗。

当然，也可以在全部末端的水侧都安装通断阀，当风机盘管风机停止时关闭冷水回路，避免无效的水循环，提高供回水温差。如果配合循环水泵合理的台数控制和变频控制，可以显著降低冷冻水循环水泵能耗，提高其效率。但是，此时的冷源大部分时间工作在部分负荷下，并且往往是10%～30%的最大负荷状况。除非是精心设计和仔细调控的冷源系统，在部分负荷时停掉部分冷机，使得小负荷下仍能获得较高的系统能效。而实际上目前大多数冷源的设计和运行调节都存在各种各样的问题，使得大多数集中式系统在小负荷时能效很低，标称*COP*可达到5～6的冷机在小负荷时往往在*COP*为3～4的工况下运行。再加上此时冷却水泵、冷却塔风机也在小负荷低功效下运行，冷却塔冷却泵的*COP*不到10，整个冷源的综合*COP*就降到1/(1/3+1/10)=2.3，低于分体空调在大多数工况下的综合*COP*。

集中式空调采暖系统需要通过输配系统将冷量/热量从冷/热源输送到用户末端。输配系统风机或水泵的电耗是集中式系统所特有的能耗，也是导致集中式系统能耗高的重要原因。无论系统如何调控，在部分负荷工况下，输配系统的输送系数（风机水泵消耗单位电能所输送的冷热量）都会显著下降，远离设计工况的理想值。目前调查得到的绝大部分集中式系统中，风机水泵电耗与冷机电耗之比都大于0.3，也就是说，集中式系统总能耗的1/4～1/3是由输配系统所消耗。而分散式系统的冷热量是就地制备就地使用，因此不存在这部分能耗。

第4.2.2节典型工程案例（3）更能说明上述问题。这个案例采用分户水源热泵，压缩机、末端装置都是分户设置，完全如同分散式系统，根据末端的需要自行调节；只有统一循环的冷源水，集中从地下抽出，经过各个末端热泵机组，再返回回灌井，集中回灌。由于住户具有节能意识，一天中热泵运行的时间大大缩短，热泵和末端装置电耗只占空调系统总能耗的 49%，而冷源水循环泵的电耗竟超过系统总用电量的一半！对比典型工程案例（2），同样是水源热泵，案例（2）的地下水循环泵电耗不到系统总用电量的 20%。这就是因为案例（3）的“集中”部分只剩下冷源水循环系统，在部分集中部分分散的系统中，集中环节的设备一下子就显示出高能耗的特征。

比较上述三个典型案例，还可以清楚地看出：彻底的集中式，提供“全时间、全空间”室内环境控制服务［典型案例（1）］的能耗最高，是具有末端独立调节和启停能力的“半集中式”系统［典型案例（2）、（3）］能耗的 2～3 倍，这是由于“全时间、全空间”服务模式与“部分时间、部分空间”服务模式的差别所致；而案例（2）、（3）的“半集中式”系统能耗又大约为采用分体空调这种彻底分散式系统能耗的 1.5～3 倍，这主要是由于“半集中式”系统的输配能耗所致。可见，哪个环节是集中的，哪个环节不能有效调控，那么哪个环节就显现出较高的运行能耗。

4.2.4　集中式系统能提供更好的服务吗？

（1）“全时间、全空间”一定比“部分时间、部分空间”好么？

集中式系统是按照“全时间、全空间”的运行模式提供服务，这样在不需要空调采暖时，尤其是在房间内没人时，也同样进行环境控制，这是导致能耗高的重要原因。一种观点认为，这样的全时段恒温，可以使居住者一进入建筑立即感受到舒适环境，不必等待分散式系统的开启与舒适温度的建立过程。这有一定的道理，一般的分散式系统从启动到舒适温度的建立大约需要 15min 到 0.5h。那么，我们从温度不舒适的室外回到家中，是不是就需要马上进入舒适环境？等待 15min 到 0.5h 到底有多大的不适感？为什么各个采用风机盘管的“半集中式”系统的使用者，都不让风机盘管连续运行以保证“一进家门就进入舒适环境”，而是都选择等待 15min 到 0.5h 的模式？这就说明，在 2～3 倍的能耗或 4～6 倍的费用差异面前，使用者都选择节能节钱的模式。而实际上分散式系统也可以提供全时间的服务，只要将其分散的环境控制装置连续运行就可以了。在舒适性和省钱之间，让消费者独立选择，有何不好呢?

(2) 集中式真的可以提供更好的服务质量么?

实际上，很多末端调控能力不足的集中式系统都存在室内过冷过热的问题。典型的现象就是北方各地集中供热的室内状况。北方城镇集中供热的住宅使用者经常抱怨室内过冷或过热，同时由于很多被“过量供热”的用户无法调节，只得开窗散热，不仅造成大量的热量损失，还散失了室内湿空气，使得室内过度干燥，也造成不适。集中供热冷热失调造成热量浪费的现象，是北方供热节能需要解决的关键问题，也是十多年来有关部门积极推行“供热改革”的主要原因。目前，有大量科研项目正在进行技术研发，试图解决这一问题。然而实践表明，改善集中供热系统末端调节远非简单的技术问题。由于管理体制、财政补贴机制、系统形式、调节技术、装置可靠性与易维护性等多方面的原因，使得供热改革十多年来仍成效不大，真正解决末端温度和热量有效调节的住宅项目，至今也是极少数。集中供热缺少有效的调节措施，是图4-10给出的集中供热用户满意度低、分户燃气壁挂炉用户满意度高这一调查结果的主要原因。

(3) 必须注意新风供应不足造成的室内空气质量问题

目前出现在集中空调住宅项目中的另一个主要问题是室内空气质量问题。因为是集中空调，室外新风也是由新风系统集中处理并向各个房间进行配送，而不希望住户打开外窗自行通风。新风供给量则是根据设计的室内人数决定。但事实上，由于室内实际人数的不确定性，就导致一般情况下新风量过大，室内没人时也有足够的通风换气，这也是造成实际能耗偏高的重要原因。而当举行家庭聚会等活动，室内人员聚集，对新风量需求较大时，却很难提高新风量，从而导致这些时候室内空气质量恶化，不能满足使用者的要求。对于分散式系统，这种问题就很容易解决。因为新风是依靠住户自行开窗通风换气，所以任何时候只要感到室内空气质量不佳，就可以通过开窗通风解决，在室外没出现严重污染时不存在室内新风量不足导致的空气质量问题。清华大学曾在南京某集中空调住宅小区对住户进行随机问卷调查，发现70%以上的住户表示对被动地接受统一的室温和新风量调控感到不适宜，希望能够由用户对室内温度和新风量进行独立调控。

4.2.5　集中还是分散？

以上的案例和分析表明，对住宅采暖和空调系统的各个环节（包括末端、输配系统、冷热源和新风），哪个环节采用了集中方式，哪个环节就成为高能耗环节，哪个环节就会出现由于调节不当造成的服务水平降低。相应的，哪个环节采用分散方式，哪个环节的能耗就相对较低，并且不会出现调节不当影响服务质量的情况[例如案例（2）的风机盘管方式，新风是由末端用户开窗独立解决，所以没有出现过由于新风量不足而造成的室内空气质量问题]。

对集中式系统出现的各种问题进行分析，发现除了输配系统能耗高之外，似乎都是由于调节控制能力不足所导致的。那么，是不是通过更有效的调节措施就可以解决这些问题呢？从原理上讲，依靠现代的科学技术，似乎这些调节控制问题都能够很好地解决，对于一些高档办公建筑，也可以找到令各房间都具有较好的环境调控效果的集中系统案例。而为什么对于住宅建筑，集中式系统就不适合呢？这是因为住宅建筑的服务对象是分布在各房间、进行不同活动、需求差异极大的使用者。与办公建筑相比，住宅末端使用者的主观愿望与实际活动的差异更大，更具有随机性，而主观愿望和随机的活动又很难直接反馈到调控系统中，这就对满足个体需求的调控提出了极大的挑战。

分散式系统可以赋予末端使用者满意的独立调控能力，既没有技术上的障碍，还可以获得相对低的能源消耗。集中式系统却面临重重困难，即便圆满解决控制上的难题，其能耗也很难比分散系统更低。那么，为什么一定要发展集中形式呢？住宅的突出特点是使用者的独立活动、不同需求和独立调控要求，为住宅服务的空调采暖系统也应该是分散的、各室或各户能够独立调控的系统形式。

4.3　住宅建筑的通风和气密性

人们盖房子的主要目的是为使用者提供健康舒适的居住环境，同时最大限度地实现节能。对于住宅建筑来说，由于室内不可避免地存在各种各样的空气污染源，合理的通风是有效稀释室内污染物浓度、保证良好的室内空气质量的重要手段；另一方面，通风又会对室内舒适度以及能耗产生巨大的影响。在非采暖及空调季，可以通过导入室外空气实现室内自然降温，提高热舒适性并减少需要开启空调的时间。而当建筑需要进行采暖或空调时，引入过多的室外空气则会加大采暖或空调能耗，这时就需要将通风量维持在保证室内卫生条件及环境健康前提下的最低水平，从而最大程度地节省能耗。那么，怎样考虑住宅建筑的气密性？通过什么手段获取良好的住宅室内空气质量？怎样协调室内空气质量与节能之间在通风换气方面可能出现的矛盾？随着对室内健康和建筑节能关注程度的日益增加，这一问题成为设计、建造和维护住宅建筑时需要考虑的重要问题。

4.3.1 通风对室内空气品质和建筑能耗的影响

近年来，室内空气污染问题已经引起人们的广泛关注。世界卫生组织（WHO）公布的报告显示，人们长期生活在室内，因此受到的空气污染主要来自在室内时的暴露。国内外大量的专题调查结果表明，许多民用和商用建筑内的空气污染程度是室外空气污染数倍至数十倍。据统计，室内环境污染已经引起36%的呼吸道疾病，22%的慢性肺病和15%的气管炎、支气管炎。因此，有人把室内空气污染与高血压、胆固醇过高及肥胖症等共同列为人类健康的十大威胁。

世界上一些发达国家如美国、加拿大、欧盟等在室内空气污染方面开展了大量研究并采取了一系列措施。即使如此，仍有40%～60%的人抱怨室内空气品质低劣。相比而言，我国在这方面起步较晚，近十几年来才开始逐渐关注室内空气质量。室内空气污染物有很多种，包括物理污物如可吸入颗粒物，化学污染物如挥发性有机化合物（VOC）、CO、硫化物、氮化物，以及微生物污染物、辐射性污染物等。对我国大部分城市来说，可吸入颗粒物（例如PM2.5）及硫化物、氮化物是主要室外污染源，可以通过通风及门窗渗透进入室内，另有大量的污染物来自室内产生的各种污染源。其中城镇住宅室内污染主要来源之一就是由装修和装饰材料散发出来的VOC。目前检测出的室内VOC有上百种，其中可能包含甲醛、苯、甲苯、二甲苯等对影响人体健康的化合物。在我国，由于新建建筑多，装修量大，缺乏有充分科学依据并切实可行的对建筑材料和装修材料有害气体散发量的限制标准或法规，室内污染问题较发达国家严重得多。监测数据表明，近年来我国新建居住建筑有1/3～1/2发生不同污染物超标现象。

污染源控制，也就是避免或去除影响室内空气质量的污染源，是室内空气质量控制最为有效的方式。例如，通过选择使用环保型建筑材料可以减少室内产生的甲醛和 VOC。然而，由于室内可能的污染源种类繁多，发现和去除全部的污染源是非常困难的，有些甚至是不现实的。不少建筑材料和家具都会或多或少地散发一些 VOC，炊事、打扫卫生等活动也会产生一些有害的污染物，另外人员也是一种重要的室内污染源。这时可采用的另外一种控制方式就是通风稀释，也就是通过引入干净空气将室内污染物浓度稀释到安全限以下。如果室外空气中的污染物浓度较低，可以通过自然渗透或者开窗直接引入一定量的室外空气即可。目前各种建筑都要求引入一定量的清洁空气，同时对空气在室内的气流组织进行限定。而当室内新风量不足时，除了室内出现异味，还会对人体健康产生不利影响。对于大部分室内 VOC 来讲，由于室外浓度一般都很低，因此通风好的住宅室内 VOC 浓度不会超标。在控制室内微生物污染方面，2003 年 SARS 期间，也有多个依靠自然通风避免感染风险的案例。从健康的角度看，可以把建筑和人做一个形象的类比。人的身体每天都会面临各种有害物，有些是自己产生的，有些是外面进入人体内的。将这些有害物去除，主要依靠人体的广义“呼吸”来进行（包括呼吸系统、血液循环、排泄系统）。呼吸通畅了，能够及时将体内有害物排走，人体就处于健康状态。同理，对于建筑来说，也会每天产生或者面对大量的有害物，排除这些有害物也要依靠建筑的“呼吸”系统（建筑通风），它是健康建筑的第一道和最为重要的防线。

需要注意的是，尽管在绝大多数时间室内外通风换气能够提高室内空气质量，但是当时外室外出现严重污染时（如雾霾天气、室外 PM2.5 严重超标时），则需要限制通风，防止将大量室外污染物引到室内。这时应该关闭外窗以减少外来的可吸入颗粒物进入室内，必要时使用空气净化器进一步去除室内颗粒物。

除了影响室内空气质量，通风换气还可实现室内外热湿交换，从而影响室内舒适性和建筑能耗。当室外温湿度适宜时，通过通风换气可以有效排除室内余热余湿，避免使用空调。因此，在过渡季或者需要通过自然通风对室内进行冷却时，加大通风量不仅可以稀释室内产生的各种污染物，改善空气质量，还能增加室内舒适度并实现节能，因而并无任何矛盾。但是，在采暖或者空调季，由于室内外温差，加大通风量将会增加采暖或空调能耗负荷，增加建筑能耗。尤其在严寒或寒冷地区的冬季，室内外温差大，室外空气进入室内将明显增加采暖能耗。研究发现，北京地区和哈尔滨地区保温良好的住宅建筑中通过门窗缝隙的空气热损失可分别占全部热损失的20%和30%左右。因此，改善室内空气质量需要加大通风，节能又要求减少通风，就成为了一对矛盾。如何解决这一矛盾，即在确保合适的室内空气质量的前提下尽可能的节能，已经成为当前采暖通风空调界最重要的挑战之一，也是世界各国室内环境控制及建筑节能相关标准共同关注的焦点问题。

4.3.2 通风换气的实现途径

建筑物和室外的通风换气可以通过多种途径实现：

(1) 门窗渗透造成的通风换气：建筑物的外门窗等存在一定的缝隙，造成一部分的渗风换气。一般住宅建筑必须装有外窗，因此渗透换气也就成为了最为简单的获取通风的方式。其渗透风量除了与门窗个数（缝隙长度）、门窗气密性（缝隙宽度）等密切相关，还受室内外压差的影响。当室外有空气流动时，将会产生风压，而室内外空气间存在温度差及高度差时，又会产生热压作用。在风压和热压联合作用下，产生室内外渗透通风的动力。由于室内外压差受自然因素影响，因此渗风形成的通风换气量很难控制。在一定的气候条件下，通过门窗渗透形成的通风换气量主要取决于门窗的气密性。由于对渗透风对建筑影响的认识不同，加上室内通风换气量以及实现方式的要求不同，目前世界上不同国家对建筑气密性的规定有很大差异。我国将建筑外门窗的气密性能指标分为8个等级，1级最低，8级最高，以标准状态下压力差为10Pa时的单位开启缝长空气渗透量和单位面积空气渗透量 q_2 作为分级指标。

(2) 开窗形成的自然通风：通过开启窗户的形式可以获得更大的室内外通风换气量，并且可以对通风量实行主动的调节。这时的通风换气量也受门窗开启面积、开启位置（例如是否会形成穿堂风）以及室内外压差的影响。但相对于自然渗风，由于窗户开启时的通风面积大大高于自然渗透时的缝隙面积，因此在一般的气象条件、小区规划和单体建筑设计下，通过开窗就能够很容易实现较大的换气次数，例如每小时5～10次换气甚至更高。此外，一般住宅在厨房、卫生间等处都安装小型风扇进行局部排风，以排出烟气和有害气体。当这些局部排风扇运行时，也会显著增大建筑的实际通风换气量。

(3) 机械式通风换气：目前在欧美等发达国家还广泛使用着通过安装机械通风

系统为建筑进行通风的方式。由于机械通风有可能会改变室内外压差，同时要求门窗必须有较高的气密性（防止自然渗风），甚至不允许安装可开启的通风窗（因而无法开窗通风）。这时的通风量主要受风机风量及其开启关闭状态的影响。采用机械式通风系统进行通风换气，可以相对准确地控制实际的室内外通风换气量，但是这种方式需要消耗电力来驱动通排风机。一般情况下，全年连续进行每小时一次的通风换气系统，风机年耗电量为 4～20kWh/m^2，对于我国城镇目前大多数年耗电量在 10～20kWh/m^2 的城镇住宅建筑来说，完全依靠机械通风进行通风换气所消耗的电力是不可忽视的。这种通风换气方式目前已经在国内一些高档住宅中悄声推广。

4.3.3　住宅建筑最小通风需求及存在的问题

为了解决室内空气质量及建筑节能对通风需求方面的矛盾，一些国家通过制定相关标准的方式，对建筑的最小通风需求进行了限定。这样一方面保证了人员的健康要求，又最大限度地考虑了节能。但是，由于国内外学术界对相关问题的研究还在进行中，尚未形成科学上的共识，因此，在制定标准时不同国家基于各自的需求，综合考虑气候、能源、环境、健康、室内污染源等多个方面因素进行了规定，其结果呈现了明显的不一致性。例如，挪威给出了每个房间换气次数至少在 0.5h^{-1}，同时规定特殊空间的最小排气量；日本规定居住房间的换气次数不低于 0.5h^{-1}，但是当使用建筑材料甲醛挥发率超过一定值时，最小的空气流通量为 0.7h^{-1}；希腊规定最小通风量是每人 8.5m^3/h，客厅和卧室的推荐通风量为人均 12～17m^3/h，浴室和厨房的推荐通风量为人均 50～85m^3/h。而美国供热、制冷及空调工程师学会（ASHRAE）制定的行业标准，将住宅建筑分为多层住宅（ASHRAE 62.1）和低层住宅（ASHRAE 62.2）分别考虑。该标准在 1973 年推出第一版以来，每隔几年就对其进行一次修改或更新，期间对建筑最小新风量进行得多次大幅度的修改。从历史上看，当出现能源危机或者能源价格上升时，最小新风量就降低，而当出现大量室内环境健康相关问题或者室内污染源时，又会将通风标准提高。目前的 ASHRAE 最新版多层住宅通风标准（ASHRAE 62.1－2010）规定所需通风量的最小值为：$9 \cdot P + 1.08 A_{floor}$（$m^3$/h），其中：$P$ 为住宅内人数，A_{floor}为建筑面积（m^2）。对一个户内面积为 80 m^2 的住宅，人数为 3 人，得到的最小新风量为113 m^3/h，相当于0.57次/h。

相比之下，我国在这方面开展的研究还不多，目前的最小新风标准基于节能的需求，分别给出的严寒或寒冷地区换气次数为0.5次/h，夏热冬冷和夏热冬暖地区为1次/h。但不同地区实际建筑的通风量测试数据目前仍很缺乏。

在住宅建筑最小新风量标准方面，在发展不同阶段，相应的通风标准也不同。传统的观念认为，新风主要是为了清除人所产生的气味并满足呼吸新鲜空气的需求，所以房间的最小新风量的确定仅由每人的最小新风量指标[m^3/(h·人)]确定。近年来发现建筑中的装修材料、家具及通风空调系统本身也是污染源，并且其污染量远远超过人所产生的污染。因此，认为用以确定新风量的污染物来自人员和室内其他污染源两个方面，所以房间的最小新风量应由每人最小新风指标[m^3/(h·人)]和每平方米建筑面积所需最小新风指标[$m^3/(h \cdot m^2)$]共同确定，一般都是将二者进行相加。

然而，目前各个国家的住宅通风标准都基于一个重要的假设，那就是恒定的室内通风量换气量。实际上，每个住宅所需的新风量并不是恒定不变的，而是随着室内人数、室内污染源甚至人的主观感受（气味等）的变化而随时改变。对于大多数建筑和装修材料，其VOC散发量也会随着时间而逐渐减少，因此初期需要通风量大，材料散发到一定程度后所需的通风量就会减少。当室内没有人时，过大的通风换气量也不一定必要。即使无人时通风换气量不够，只要当人员返回时及时采取措施加大通风换气就可同样满足室内空气质量要求。而目前使用的最小新风量规定值却都是以定常控制为前提的，给出的新风换气次数或通风量指的是持续通风时需要的通风量。这样，规定的通风量就不能很好地反映住宅中实际的通风换气需求，导致或者大于实际的通风需求因而加大能耗，或者小于实际的通风需求因而无法满足室内空气质量要求。那么，有无可能不固定室内的通风量，而是按照住户的实际需求或感受，实现不同的通风控制呢？这就引出了下面将要探讨的两种不同的通风控制模式问题。

4.3.4 两种不同的通风模式及其差异

从定常控制出发，就希望在满足某个“预定”通风需求下维持恒定的通风量；而从个性化需求出发，希望的是能够根据不同的人员数量和活动、污染源变化提供合适的通风量。由于人员对通风的需求是变化而无法预测的，所以需要给居住者提供足够的调节自由，根据室内外温湿度和空气品质等自主调节通风量。因此，分别基于定常控制和个性化控制这两个不同的出发点，可以有以下两种截然不同的通风模式：

模式一：建筑保持很高的气密性，减小室内外的空气渗透量，同时采用机械通风方式补充所需的新风量。

这是欧美国家特别是位于北欧寒冷地区国家所采用的形式。由于过于强调建筑的气密性，渗透风量远远不能满足人体健康的要求，因此机械通风装置应用广泛。在所采用的机械通风装置中，一类是不带热回收，这时主排风扇常开，以保证室内的换气次数。浴室和厨房的排风扇辅助工作，弥补主排风扇和系统风量之间的差额。另一类是带热回收的机械通风系统，通过换热器，回收室内排风的一部分热量用于预热室外新风，试图达到减少用于加热或冷却室外空气所需能耗的目的。

上述系统增加了通风换气扇或新风机，当这些通风机全年连续运行时，仅风机电耗就折合 4～20 kWh/(m^2 · a)。如果通风系统中安装了热回收装置，则进一步增加了送风系统的阻力，风机的电耗也会相应地增加。而在实际运行中，热回收机械通风难以实现理想的控制，在非采暖和空调季也同样运行，甚至欧洲的一些标准中明确规定不得停止机械通风，进一步使风机电耗增加到 10～30kWh/(m^2 · a)。而所能回收的热量按照等效电方法折算后，大约只相当于甚至低于风机电耗增加，因此大多得不偿失。此外，目前国外在使用机械通风时还存在其他一些问题，由于采暖费用增加，居民会根本不开启机械通风装置；即使在开启的居民中，每天开启的时间也较短。这种情况下便无法除去室内产生的污染物，对人体健康造成威胁。

模式二：保持适度的建筑气密性，通过自然渗透、人员开窗、安装自然通风器等方式实现间歇通风。

目前我国的大部分建筑都采用这种形式。和欧洲国家过分强调很高的气密性标准不同，如果能够选择合适的门窗气密性，使其直接满足建筑的基本通风换气要求，同时辅之以间歇开窗通风或者使用自然通风器（见第 5.8 节）灵活实现建筑通风需求，无疑是既节能又满足室内空气质量的双赢模式。采用间歇的通风换气，居住者对于门窗开度和开窗时间可以自主选择，在室外温度合适时开窗换气，而在夜间或者室外温度到极端时则不会开窗，因此这种通风模式充分利用了自然环境的优势，不仅避免消耗额外的风机电耗，还能降低通风造成的冷热量损失。

下面以一个实例说明上述两种通风控制方式的差别。住宅通风的主要目的是去除室内的污染物和保证人员的新风需求。现在大家关注的比较多的可挥发性有机物(VOCs)，主要是由于建筑装修材料以及与人员相关的一些活动，如烹饪、洗涤衣物等产生的。由建筑装修材料产生的 VOCs 源强度除了装修后的几个月有可能较高之外，随后变化较为缓慢，可以近似认为是建筑的基础污染物负荷。而与人员相关的一些活动产生的 VOCs 具有一定的间歇性和波动性，这部分可以认为是变化的污染物负荷。我们将用于控制建筑装修材料在稳定散发阶段的通风以及满足室内长住人员新风需求的通风归为建筑的基础通风需求，而由于人员相关活动产生的通风需求归为间歇性通风需求。

从控制室内 VOCs 的角度，我们测试了北京市某一住宅室内甲醛浓度在开关窗时的变化情况。该住宅由于装修所用的橱柜板释放出甲醛，并且气密性较高，实测关窗时的室内外换气次数约为 $0.18h^{-1}$。当窗户关闭后，室内甲醛浓度逐渐升高，在关窗 30min 就已经超过国家标准规定的限值（0.075ppm），大约 4h 达到稳定值 0.2 ppm（如图 4-17 上升曲线所示）。在这种密闭性情况下，如果想通过开关窗来控制室内的污染物浓度，则关窗时间应小于 30min，因此基本不可行，必须采用辅助的通风设备。考虑一定的安全裕量和其他污染物影响，假定将室内甲醛浓度

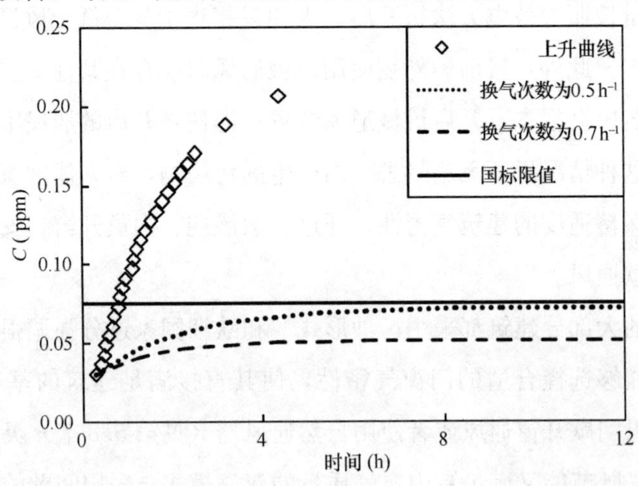

图 4-17 北京某住宅关窗后室内甲醛浓度上升（换气次数为 $0.18h^{-1}$，上升曲线）和恒定通风模式（换气次数为 0.7 或 $0.5h^{-1}$）下甲醛浓度变化特性

控制在不超过0.05 ppm。这时如果采用机械通风方式进行连续通风的话，房间总的新风需求量应至少为$0.7h^{-1}$（图4-17），并且风机要不间断运行，尽管满足了排除基础污染物的需求，但在一年内的累积耗电量也是相当惊人的。对于这个建筑，合适的做法是适当降低其气密性，使自然渗透的换气次数达到$0.5h^{-1}$左右，此时关窗后的甲醛浓度变化如图4-17中换气次数为$0.5h^{-1}$所示，关窗后室内的甲醛上升非常缓慢，且平衡浓度也不会超出国标限值。而当室内再增加其他污染源，或者人员对室内空气又更高要求时，则通过开窗人为控制。

当室内有间歇性突发源导致室内污染物浓度较高时，人员不在时可以不对其进行控制，而在人员回来后，将窗子打开，由于开窗时通风量大，污染物可以快速地降低到国标限值。图4-18显示在开窗时，室内甲醛浓度在6～10min内迅速降低，这种开窗通风的方法去除室内的污染物快速而有效。之后再关闭门窗，通过自然渗风来满足住宅的基础通风需求，既保证了室内空气品质又避免了由于过度通风导致的能源消耗。这种通风方式不需要安装机械通风机，并且间歇通风时的总累积室外风量远低于连续机械通风方式，因而更加节能，同时满足室内环境控制的个性化需求。

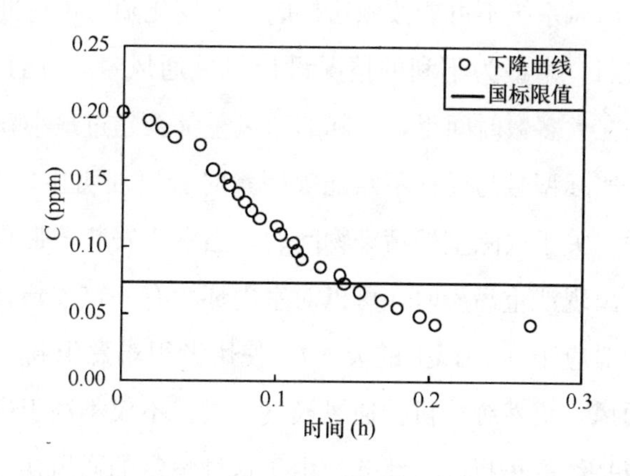

图4-18　北京某住宅开窗后室内甲醛浓度快速下降曲线

关于住宅建筑合理的气密性问题，我国20世纪80、90年代前的建筑门窗气密性普遍较差，门窗渗风量可达每小时一次换气甚至更高。近年来我国建筑质量有明显改进，门窗质量和施工质量好的大型公寓式住宅建筑，门窗渗透风量在大多数天气状况下大约为$0.3～0.5h^{-1}$。但也有国内的某些建筑向欧美国家看齐，将建筑气密性做的越来越好，有些甚至才 0.1h^{-1}左右。由于新风量严重不足，居住者或者只能忍受室内污浊空气甚至大量污染物，或者通过其他方式加大通风，根本不能达到通过提高气密性而实现节能的初衷。清华大学彭琛等分别针对严寒地区、寒冷地区、夏热冬冷地区、夏热冬暖地区典型住宅不同的气密性对建筑能耗的影响进行了模拟分析。对北方地区建筑，气密性从 1 级提高到 5 级时可以明显降低冬季采暖能耗，但在气密性高于 5 级时因为要引入机械通风，因此能耗基本维持不变；窗可开时，空调能耗很小，而如果窗不可开，或者引入机械通风时，空调能耗会明显上升。因此，合理的气密性为 5 级，对应渗风换气次数为 0.4～0.5h^{-1}左右，这也大致是去除一般室内基础污染物所需要的通风量。而对于南方地区，住宅建筑以空调能耗为主，通过门窗渗透或开窗通风能大大减少空调开启时间，降低空调能耗，因此不应强调建筑的过高气密性。

有人认为，将建筑做成高度气密并采用机械通风有利于减少建筑的无组织渗风，有利于实现新风量的准确控制，甚至可以通过将新风集中过滤，去除室外空气中的污染物如 PM2.5。实际上真能达到这样的效果吗？如前所述，实际建筑的最小新风量是随着室内人员、污染源变化情况、甚至室外气候在改变的，并不是一个恒定值。因此机械通风系统不可能按照这样的需求变化随时进行准确的控制。实际情况更多的是，按照一个最为不利的情况设计机械通风量，并且一直保持恒定不变。这样的结果是在大多数时间里，实际的通风量都会超过最小新风量的需求（如果考虑设计裕量、实际型号与设计不匹配等因素时会更加明显），因而显著增加了采暖或者空调能耗。关于去除室外污染物问题，当室内安装了带有过滤器的机械通风系统后，当室外出现严重污染时，可以对室内环境有一定改善。但当室外空气质量转好后（这至少对应于 95%以上的天气），使用者很难意识到应该停止机械通风而改为开窗自然通风，仍然维持机械通风换气方式，不仅不利于进一步改善室内空气环境，而且造成持续的风机电力消耗。由于这种恒定的通风换气量在很多时候超过了维持室内空气质量所要求的换气量，在寒冷和炎热的天气时，就又增加了采暖空调的能耗。因此依靠机械通风系统，再加上过滤器，试图避免室外污染的影响，改善室内环境的做法，对室内环境改善程度有限，却要付出很高的能源消耗代价。另外，机械通风系统如果不及时进行维护，还可能成为滋生细菌的载体，将更小的颗粒物或者细菌随通风输送到室内，这时甚至通风系统本身就成了室内污染源。这种过滤方式，还不如目前市场上流行的在室内对循环空气进行过滤净化的房间净化器，因为这种房间空气净化器往往由居住者根据室外污染情况和自身感觉控制，当室外环境良好开窗通风换气时，不会开启净化器。

在通风换气方式上，充分发挥居住者自身的调节功能，根据其自身感觉进行调节，是目前绝大多数家庭的通风换气调节方式，可能也是最合理的调节方式。采用间歇的通风模式，从自然环境出发，以居住者的舒适感为基础，给予居住者足够的自由主动调节的空间，来营造适宜的室内环境，在仍不能满足要求的时候，才以自然通风器等辅助设备补充不足的通风量。这一模式以自然优先为原则，在室外温湿度和清洁度合适时，居住者可以开窗充分利用自然方式营造良好的室内环境，并且不需要消耗过多的能源。这种动态主动的调节给居住者提供了更大的自由和更舒适的环境，是一种可持续发展的通风模式。

4.3.5 小结

建筑通风需要综合考虑室内空气质量和节能的要求。通风好比人体的“呼吸”系统，是防止建筑成为病态建筑的一道重要防线。目前的最小通风量标准基于定常的通风方式，不能同时满足变化的通风需求及建筑节能的需要。以此为出发点，就必然会要求加大建筑气密性，最大限度地减少门窗渗透风量，同时引入机械通风系统来实现新风量的控制。这种基于定常控制的通风模式大量消耗能源，并且和居住者希望自主调节室内环境的意志是相违背的，因为调节和使用的不完善，反而衍生出一些新的问题。合理的住宅建筑通风模式应该是：

适度气密：对于北方地区建筑，使门窗渗风量形成的换气次数在 $0.4\sim0.5h^{-1}$ 之间，不追求进一步的气密性。而对南方地区建筑，应强调门窗可开启性以保证充足的自然通风，门窗渗透形成的换气次数以不超过 $1.0h^{-1}$ 为宜。

间歇通风：继承传统的间歇通风方式，由居住者根据室内外温湿度及污染状况决定是否开窗通风，而不是依靠机械的恒定通风换气方式。

自然通风：通过合理的小区规划和单体建筑设计，使得在室外无风的条件下，开窗也可以实现 $10h^{-1}$ 的通风换气，从而实现快速通风，即可在室内空气不良时快速实现有效的通风换气改善室内环境，还可以在室外温湿度环境适宜时，充分通过通风换气改善室内热湿环境。

适度气密及间歇开窗的自然通风模式给予了居住者足够的自由来调节室内外的通风量，营造了更加健康和舒适的动态室内环境，并且在能源消耗上大大降低，是我国应该大力提倡的住宅通风模式。

4.4 围护结构节能

4.4.1 围护结构与建筑耗冷热量

建筑室内热状态受室外气候状态和建筑围护结构的影响。因此建筑采暖空调能耗在很大程度上与建筑围护结构形式和室外气候状态有关，改进建筑围护结构形式以改善建筑热性能，是建筑节能的重要途径。

在室内外温度差的作用下，通过外墙、外窗以及屋顶进行室内外的热交换。同时，通过门窗缝隙的渗透、开窗通风或换气设备等方式，室内外之间会产生一定量的渗透通风、自然通风或机械通风。综合围护结构的影响换热通风换气的作用，可以得到，单位平米需要的采暖热量 Q 为：

$$Q = (KF\Delta t + c_{p}\rho G\Delta t)/A$$

$$= \text{室内外平均温差} \times (\text{平均传热系数} \times \text{体形系数} + \text{换气次数} \times 0.335) \times \text{层高}(\mathrm{W/m^2})$$

上式中，体形系数指建筑外表面与建筑体积之比。换气次数指每小时室内外通风换气量为几倍与室内空间的体积。平均传热系数指外窗、外墙和屋顶的平均传热系数。

由上式可得，建筑耗冷热量主要与室内外平均温差、平均传热系数、体形系数与换气次数相关，如图 4-19 所示。

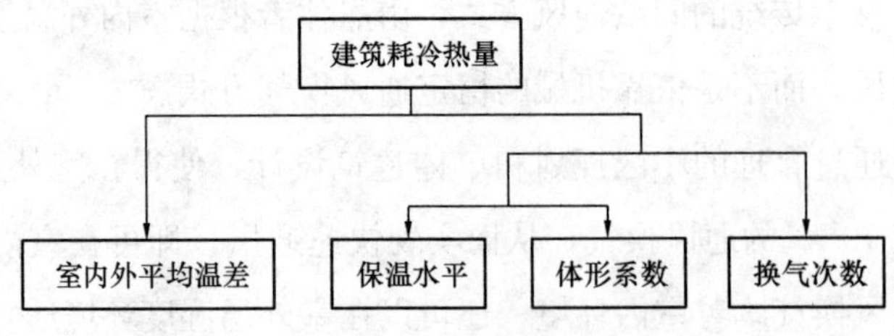

图 4-19 建筑耗冷热量与围护结构的关系

综上可得，围护结构对于建筑物的耗冷、耗热量有着较大的影响，这一影响不仅与建筑的保温水平有关，也与建筑物所处的气候环境、建筑体型状况、通风状况息息相关。因此，在考虑建筑围护结构相关情况时，应当综合考虑这些因素，选择最适宜的围护结构方案，减少建筑的耗冷热量。

4.4.2　不同气候与围护结构保温的关系

如前文公式所示，建筑物的耗热量与室内外空气温差成正比。表 4-6 为我国部分城市冬季设计工况下的室内外温差与采暖季室内外平均温差与时间的乘积。前者决定要求的采暖系统提供的最大供热量，后者决定冬季采暖总的能源消耗量。从表中可以看出，哈尔滨的室内外温差为北京的 1～2 倍，为上海的 2～3 倍，为重庆的 3～4 倍，为福州的 4 倍。在采取相同的措施时，哈尔滨可获得的降低耗热量的绝对量为北京的 2～3 倍，为上海、重庆的 3～4 倍，为福州的 4 倍。图 4-20、图 4-21 为在保温水平、体形系数、换气次数不变时，不同城市的采暖热量设计值与整个采暖季的累计热值。图中措施 1 的平均传热系数分别为 $1W/(m^2 \cdot K)$，换气次数为 $0.5h^{-1}$；措施 2 的平均传热系数变为 $1.5W/(m^2 \cdot K)$，换气次数不变；措施 3 的平均传热系数与 2 相同，换气次数为 $1h^{-1}$。由图中可见，在室外温度越低的地方，提高围护结构性能可以起到的节能作用越大，反之，随着室内外温差变小，保温能够起到的节能作用也相应降低。

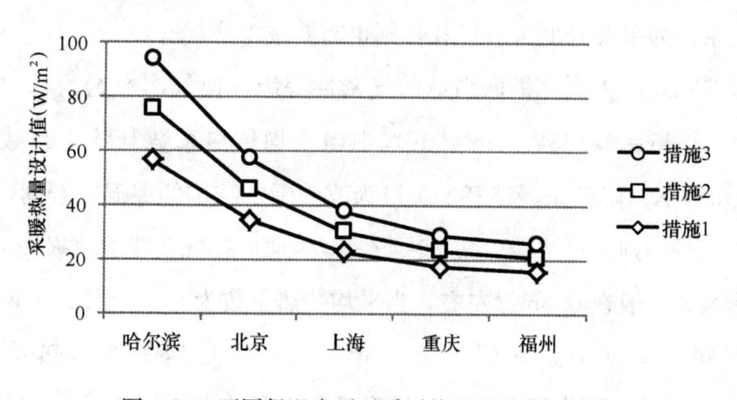

图 4-20　不同保温水平对采暖热量设计值的影响

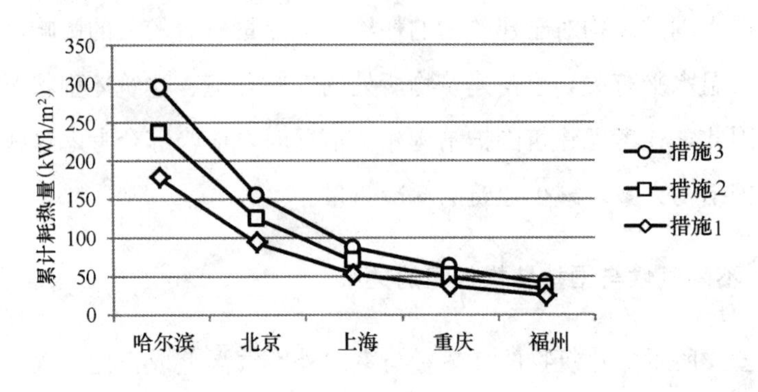

图 4-21 不同保温水平对累计耗热量的影响

我国部分城市冬季设计工况室内外日温差及采暖季温差度小时数表　　表 4-6

地区	冬季设计工况室内外温差（K）	采暖季累计温差度小时数（K·h）
哈尔滨	42.1	131897
北京	25.5	69230
上海	16.8	38670
重庆	12.9	27254
福州	11.5	18357

4.4.3 换气次数对围护结构保温的影响

换气次数是影响耗冷、耗热量的另一重要因素，而由于采暖热量是由平均传热系数×体形系数与换气次数共同决定，因此保温的贡献率与换气次数之间存在着一定的匹配关系。如果要降低采暖能耗，则也需要减少换气次数。

以北方严寒地区为例，根据当地的气密性等级，换气次数约为 $0.5h^{-1}$，此时换气次数×0.335＝0.168W/(m^3·K)，则当平均传热系数与体形系数之积大于0.168 W/(m^3·K)，降低采暖能耗的关键为改善围护结构的保温，否则，当第一项远小于第二项时，则应设法减少换气次数，减少通风换气造成的热损失。对于住宅建筑，体形系数一般在 $0.3m^{-1}$ 左右，当平均传热系数为 0.5 W/(m^2·K)时，两者还在同一量级，继续加强保温还有一定左右，但是当平均传热系数降低到0.1 W/(m^2·K)时，平均传热系数与体形系数之积为 0.03 W/(m^3·K)，进一步加强保温的效果就不太有效了。图 4-22 为北京普通住宅建筑在 300mm 混凝土基础上不同保温厚度下的耗热量，换气次数取 $0.5h^{-1}$。

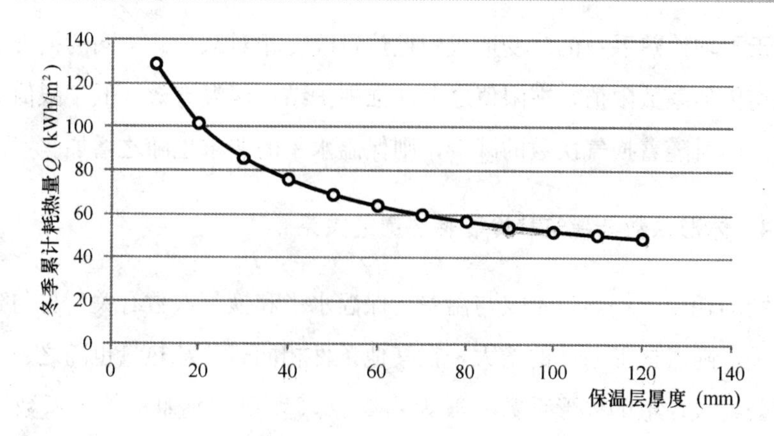

图4-22　北京案例建筑在不同保温层厚度下的耗热量

在夏热冬暖和夏热冬冷地区，由于建筑气密性等级以及居民的开窗习惯，换气次数往往能够达到 $1h^{-1}$ 甚至更高，此时换气次数×0.335＝0.335W/(m^3·K)，则当平均传热系数与体形系数之积大于0.335 W/(m^3·K)，降低采暖能耗的关键为改善围护结构的保温，否则，就应当考虑降低换气次数了。同样考虑住宅建筑，当平均传热系数在1 W/(m^2·K)时，两者还在同一量级，继续加强保温还有一定作用，但是当平均传热系数降低到0.3 W/(m^2·K)时，平均传热系数与体形系数之积为0.09 W/(m^3·K)，进一步做保温就没有什么意义了。图4-23为上海普通住宅建筑在300mm混凝土基础上不同保温厚度下的耗热量，换气次数取 $1h^{-1}$。可以看出由于生活习惯造成的换气次数的差异，平均传热系数的限值也会有差异。

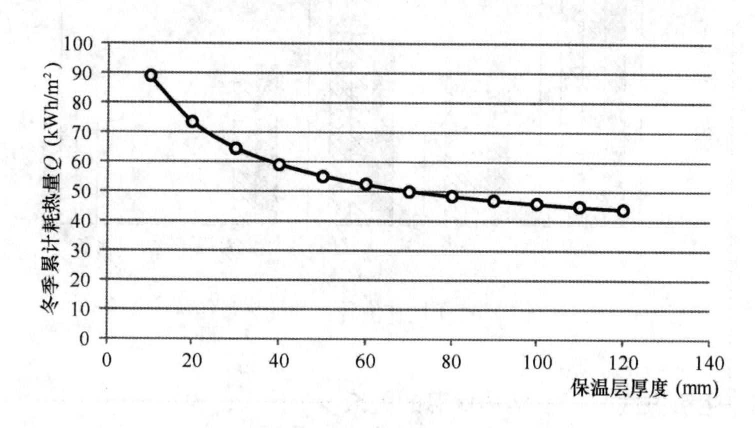

图4-23　上海在不同保温层厚度下的耗热量

综上可得，其他技术相同时，随换气次数的增加，平均传热系数的降低的作用下降，由于平均传热系数的改变造成的耗热量改变相对减少。不同的换气次数存在不同的平均传热系数限值，在限值之上加强围护结构保温有效，低于限值成效就不大显著了。同时随着换气次数的减少，则保温水平的要求也随之增加。

4.4.4 体形系数与建筑耗冷、耗热量的关系

建筑物的耗冷、耗热量不仅与温差、保温水平和换气次数有关，也与建筑的形体密切相关，随着体形系数的增大，在其他条件相同时，耗热量也随之越大。

大型公寓式住宅的体形系数一般为 0.2～0.3，单体别墅的体形系数则可以达到 0.7～0.9，相当于公寓式住宅的 3～4 倍。以北京地区大型公寓式住宅和单体别墅为例，如传热系数均为 0.5 W/(m^3 · K)，则单位面积的耗热量分别为 22.7 W/m^2与 48.2W/m^2，后者约为前者的两倍。因此，如果单体别墅耗热量要达到与公寓式住宅的类似的耗热量水平，平均传热系数应为公寓式住宅的 1/4～1/3，换而言之，单体别墅的围护结构保温要求应该高于公寓式住宅。

如图 4-24 所示，虽然欧洲国家住宅建筑物的保温水平普遍高于我国，但是由于其建筑物多为单体型住宅，因此从单位面积耗热量角度上看还高于我国。

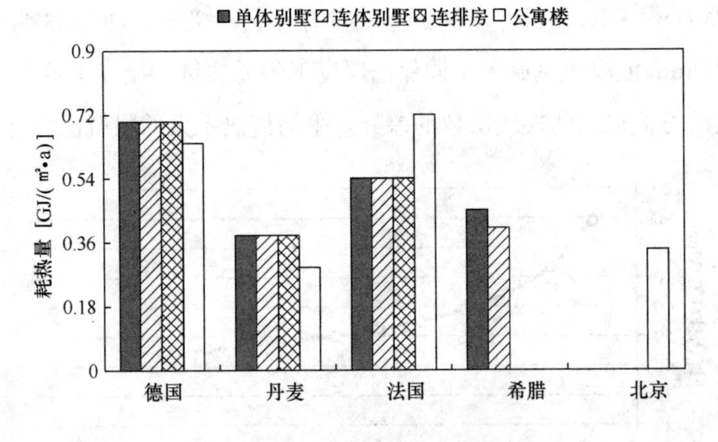

图 4-24 不同住宅种类的耗热量

4.4.5 生活方式与围护结构保温的关系

生活方式的不同会造成很大的能耗差异。图 4-25 为在上海地区同一小区内部分家庭的实测年采暖耗电量，可以看到在围护结构和房间朝向差异不大的情况下，

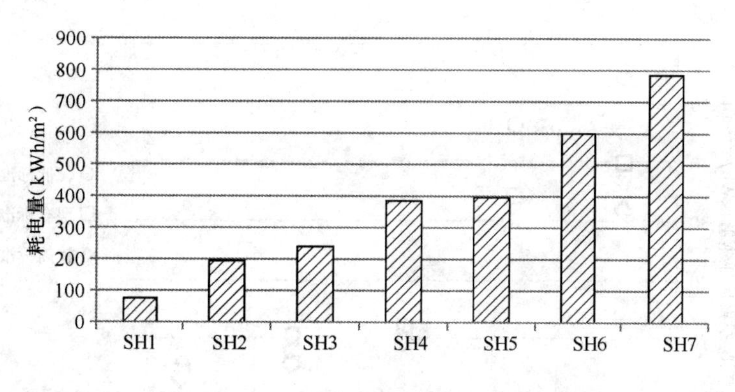

图 4-25　上海地区采暖季累计电耗

由于采暖使用方式所导致的采暖能耗差异可达到10倍。

生活方式的不同不仅会造成用能水平的不同，而且围护结构保温所起的作用也会产生差异。例如对于上海地区同一建筑，如果采取全时间全空间的采暖空调运行模式，提供恒定的通风换气，或是采用“部分时间部分空间”的使用方式（表4-7），在如表4-8所示三种不同的围护结构保温水平下，其冬季采暖能耗如图4-26所示。可以看到由于生活模式的不同，不同围护结构保温的节能量差异很大。如在采用全时间全空间的使用模式1时，加强围护结构保温可以得到很大的节能量，但如果实际的使用模式是部分时间部分空间的模式5时，则三种不同围护结构保温水平下的全年采暖能耗差别却并不显著。

不同采暖模式　　**表4-7**

模式1	全天24小时所有房间保持18℃
模式2	只要有人回家就采暖，保持为18℃
模式3	在有人的房间采暖，保持在15℃以上
模式4	在有人的房间采暖，睡前关空调，保持在15℃以上
模式5	在有人的房间采暖，睡前关空调，保持在12℃以上

不同围护结构设定值　　**表4-8**

	外墙传热系数 [W/(m²·K)]	屋顶传热系数 [W/(m²·K)]	外窗传热系数 [W/(m²·K)]
较低标准	2	1.7	4.7
现有标准	1.5	1	3.2
较高标准	1	0.6	2.7

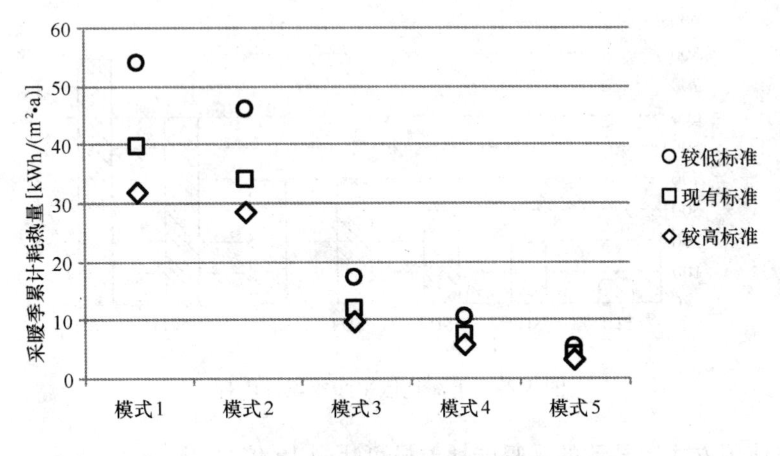

图 4-26 不同围护结构下不同采暖模式的能耗

通过实际调研发现，目前我国长江中下游地区的采暖模式普遍为模式3～模式5，如果全部变成模式1，则其采暖能耗将变为目前的6～8倍，这将大大增加该地区的能源需求量，与我国的能耗上限无法匹配。因此我们在围护结构优化设计时应当充分考虑实际的生活模式，并以此为出发点，合理制订相应的围护结构优化方案。

4.4.6 夏季空调中围护结构的作用

与冬季采暖不同，夏季空调需要从室内排除的热量绝大多数不是来源于通过外墙的传热。室内的各种电器设备、照明等发出的热量及室内人员发出的热量占空调排热任务的重要成分，再就是太阳透过外窗进入室内的热量。这些都需要从室内排除，否则就会使室温升高。当室外温度低于室内允许的舒适程度时，依靠室内外的温差，通过外墙、外窗的传热以及室内外的通风换气，可以把这些热量排到室外。此时，围护结构平均传热系数越大(保温越不好)，通过围护结构向外传出的热量就越多，室内发热导致室内温度的升高就越小。此时如果能够开窗通风，并且建筑造型与开窗位置具有较好的自然通风能力，则可以通过室内外通风换气向室外排热。

当室外空气日平均温度高于室内要求的舒适度后，围护结构不能向外传热，反之，会是室外向室内传热，造成室内热量的增加，从而使空调需要排除的热量增大。这时与采暖一样，当围护结构保温增加时，通过围护结构进入室内的热量将相应减少。表4-9列出了我国几个城市夏季最热日日平均室内外温度差和夏季空调季节室外空气日平均温度高于室内时的累积温度小时数。前者决定要求的空调设备容量，后者决定夏季空调能耗。然而，从表中可以看出，各地夏季围护结构两侧的温差远小于北方采暖时的温差。因此，围护结构保温对夏季空调负荷的影响远不如对北方地区冬季采暖的影响大。由于累计温差与通过围护结构造成的冷负荷或热负荷成正比，因此南方地区围护结构造成的夏季冷负荷一般不到北方地区造成的冬季热负荷的 1/5。如果把夏季冷负荷分为室内发热量和太阳透过外窗进入室内的热量，外温通过围护结构的传热，以及由于通风室外热湿空气带入室内的热量，这三部分在炎热季大体各占 1/3，其中围护结构的传热所占比例最小；相比冬季采暖时围护结构的传热作用却占到 60%～80%，所以南方改善建筑热性能，降低空调能耗的关键不在于围护结构的保温。

我国部分城市夏季最热日室内外温差及空调季温差度小时数表　　表 4-9

地区	夏季最热日室内外温差(K)	夏季累计温差度小时数(K・h)
哈尔滨	6.8	870.3
北京	11.2	3698.5
上海	10.8	3813.8
重庆	11.7	5718.9
福州	12.0	7471.2

实际上南方夏季西向外墙和水平屋顶在太阳照射下，外表面温度可达 50～60℃，良好的保温可有效降低通过这些围护结构的传热，减少空调能耗。但这是由于外界太阳辐射的原因。如果采用有效的外遮阳措施，防止太阳直接照射在这些表面，同时设法在这些表面形成良好的通风，把太阳照到这些表面的热量尽可能排除，也可以降低外表面温度，从而降低空调负荷。所以，北方冬季影响采暖能耗的是外界低温空气，节能的关键是围护结构保温，南方夏季影响空调能耗的是太阳辐射，这时节能的关键途径就成为外遮阳和外表面的通风。表 4-10 列出了冬、夏、过渡季这三个不同阶段对围护结构性能的不同要求。

不同季节对围护结构的不同要求　　表 4-10

阶段	特点	围护结构的作用	通风的作用	外遮阳的作用
冬季采暖	补充通过围护结构和室内外通风换气所失去热量	决定 60%～70%的负荷，温差越大则保温要求越高	维持最低要求的通风换气量	去除外遮阳，尽可能多地得到太阳热量

续表

阶段	特点	围护结构的作用	通风的作用	外遮阳的作用
过渡季	通过围护结构和室内外通风换气排除室内热量	保温起反面作用，通风越大则保温的影响越小	通风量越大越有利于排热	需要遮阳，减少太阳得热
夏季空调	排除通过围护结构、通风换气和室内发热所产生的热量	决定20%～30%的负荷，室内外空气温差越大保温要求越高	维持最低要求的通风换气量	外遮阳是减少空调负荷的最主要措施

4.4.7 围护结构生命周期核算

由于围护结构在建造过程中就需要耗费一定的能耗，如果围护结构起到的节能作用不能够抵消保温材料建造过程中的能耗，过度加强保温将得不偿失，因此需要采用全生命周期的方法对围护结构的节能性进行评价。

例如对于国内目前常用的聚苯乙烯泡沫塑料保温材料进行能耗分析，其中保温材料的生产能耗❶为90MJ/kg，密度为22kg/m^3[23]。采用DeST对不同地区不同的围护结构保温进行负荷计算，计算得到间歇采暖模式下不同地区的年节能量。以20年保温材料的使用期进行计算，即折合的年实际节能量＝年节能量－建造能耗/20。以无保温层为基准案例计算不同保温层厚度的冬季采暖节能量，计算结果表明，在广州地区，采用保温层的节能量均小于保温材料本身的能耗；而在上海地区，使用10mm保温层时尚有节能量，当保温层进一步增厚时就小于制造能耗了。

4.4.8 建筑外墙内外保温的区别

目前外围护结构保温做法主要可以分为外保温与内保温两种保温方式。外保温是指在混凝土或砖墙的外表面贴附保温材料，而内保温是指在墙的内表面贴附保温材料，外保温墙体由于将墙体的热惯性包裹在保温中，因而在室内升温或降温过程中都需要完全加热或冷却围护结构，因此建筑物整体的热惰性更大；内保温墙体则在外墙内部温度变化较大，墙体内温度与室内温度存在较大的差别，室内升温或降温所造成的温度波动在外墙内部不那么明显。

❶ 此处生产能耗包括材料在生产、运输等过程中的能源消耗。

北方冬季采暖室内外温差较大，这种情况下的冷桥是稳定的，加热围护结构所需要的热量占了热负荷的很大一部分，此时使用外保温可以减少加热外围护结构所需的热量，因此在北方地区外保温比较合适。

夏季或长江中下游地区冬季采暖时，由于室内外温差较小，负荷中很大一部分来自室内人员与设备散热，空调或采暖一般间歇运行，因此需要能够快启快停，让室内的温度较快地产生变化，此时如果使用外保温，热惯性明显增大，会使室内温度变化减慢，而采取内保温，则可以较好地实现这一需求。

4.4.9　小结

建筑围护结构的设计与优化受气象参数及使用方式等因素影响，需要从冬季采暖、春秋过渡季的散热、夏季空调三个阶段的不同要求进行综合考虑。在不同地区这三个阶段对围护结构的需要并不相同，有时甚至彼此矛盾。这样就要看哪个阶段对建筑能耗起主导作用。不同地区、不同气候特性和建筑特点，对建筑能耗起主导作用的阶段不同。例如北方住宅，冬季采暖是决定能耗高低的主要因素；而长江流域一些地区的住宅，过渡季节相对较长，就要更多地考虑这一阶段对围护结构的需求。根据不同地区全年室外空气温度、太阳辐射量以及建筑室内发热量大小，不同地区住宅建筑围护结构的性能要求的重要性推荐如表 4-11 所示。

不同地区建筑围护结构的性能要求重要性排序　　表 4-11

气候类型	代表城市	围护结构性能要求(重要性由大到小)
严寒地区	哈尔滨	保温＞遮阳可调＞通风可调＞遮阳
寒冷地区	北京	保温＞遮阳可调＞通风可调＞遮阳
夏热冬冷	上海	保温～遮阳可调＞通风可调＞遮阳
夏热冬暖	广州	遮阳～通风可调＞保温＞遮阳可调

综上所述，建筑围护结构的设计与优化对建筑物的室内环境和用能水平具有重要影响，应从建筑物的使用特点、当地的气象特征和全生命周期的角度进行分析，以实现因地制宜的围护结构设计方案。

4.5 夏季空调节能

4.5.1 住宅空调节能的主要问题

近十多年来，随着我国城镇居民生活水平的快速提高，城镇住宅面积快速增加、空调需求快速增长。2011年我国城镇居民住宅建筑面积高达151亿m^2，从1995～2010年，我国城镇住宅空调器保有量从0.09亿台增加到2.61亿台，15年间增长了28.5倍，城镇住宅空调需求呈现出爆炸性增长的趋势。

长期以来，我国住宅空调的节能工作主要向两大方向发展：第一，住宅空调的集中化。通过采用户式中央空调和集中空调方案，提高空调集中度，希望提高住宅空调设备的能效比，以实现住宅空调节能。第二，提高空调器的能效比。通过不断提高分体空调器的能效限值标准，促进住宅分体空调器能效比的提高，以降低住宅空调能耗。但目前对住宅空调节能的一些重大问题都存在较大争议，比如对我国住宅空调能耗现状的看法以及对住宅空调节能的技术路线都存在较大争议，其原因在于人们在住宅空调节能领域还存在一些认识误区，不消除这些误区将会严重影响我国住宅空调节能工作的健康发展。

(1)住宅空调应走集中空调还是分散空调的道路?

我国住宅空调是从窗式空调器起步的，其后分体空调器很快就替代了窗式空调器，成为我国住宅最常用的空调设备。由于分体空调器的能效比远低于集中空调冷水机组的能效比，而且存在空调室外机影响建筑立面美观等问题，因此，近十多年来，不少学者、空调厂家和住宅开发商一直在探索新的住宅空调技术方案，希望能够找到更节能、更舒适、更美观的住宅空调技术方案。于是，越来越多的住宅采用了“高档”的集中空调系统，甚至还有一些住宅小区采用了集中度更高的区域供冷空调方案。这些观点认为，采用中央空调是高档住宅的一个重要标志，是我国住宅空调的发展方向。

虽然很多理论分析结果都表明，户式中央空调和集中空调住宅楼的空调能耗低于分体空调住宅楼，但实际使用情况和一些实测结果都发现采用集中空调的住宅楼的实际空调能耗远高于分体空调住宅楼。住宅空调到底应走集中空调的新路还是坚持走分散空调的老路？这是目前关系到我国城镇住宅空调健康发展的重大技术路线问题。

(2)住宅空调器的能效比越高越好吗？

提高空调器的能效比是住宅建筑节能的一个重要途径，为此我国分别于 2004 年和 2010 年两次提高了分体空调器的能效限定值，2010 年将分体空调机主流产品(额定制冷量≤4500W)的能效限定值由 2.6 大幅度提高到 3.2，节能评价值由 3.2 提高到 3.4；同时国家还出台了相应的补贴政策，鼓励居民购买节能型空调器。提高空调器的能效限定值指标，其目的是降低空调器的运行能耗，同时鼓励与促进企业增加技术投入，全面提高压缩机、换热器等部件的性能和空调器的研发水平，但目前增加冷凝器和蒸发器的换热面积仍然是提高空调器能效比的重要途径，使得节能空调器的材料消耗量和生产能耗远高于普通空调器。因此，对于短期间歇运行的住宅空调器而言，其能效比是否越高越好也是我国住宅空调节能工作需要考虑的一个重要问题。

(3)变频空调和定速空调哪个更节能？

实现空调压缩机转速的大范围调节是减少空调运行能耗的一个重要途径。压缩机的转速调节方式有交流变频和直流调速两种方式，业内将这类转速可控型空调器俗称为“变频空调器”。现有的变频空调器主要是直流调速空调器。变频空调器良好的部分负荷特性决定了其长时间运行时相对于定速空调具有明显的节能效果。但是，实际空调使用时间和能耗调研结果表明，住宅空调器通常具有短期、间歇运行的特征，在这种情况下，定速和变频空调器哪个更节能？对此，不同厂家、不同学者的观点大相径庭。

在变频空调器发展初期，其价格高于定速空调器，市场占有率一直比较低，但近年来，由于定速空调器的能效比大幅度提高，其成本和售价也大幅度提高，加之相关空调厂家加大了对变频空调器的宣传推广力度，使得变频与定速空调器的差价显著缩小，变频空调器的市场占有率迅速提高，2012 年已达到了 50％左右。住宅空调是否应全面从定速空调向变频空调更新换代？这也是住宅空调节能工作中长期存在争议的一个重要技术问题。

4.5.2　主要住宅空调方案运行能耗的调查对比分析

住宅空调的能耗不仅与当地气候条件、建筑热工状况、建筑通风状况、人员和照明发热等内扰情况、空调器的台数、制冷量、能效比和调节特性等众多客观技术因素有关，还与住户空调开机行为这一主观行为因素有很大关系。由于不同住户对空调的开机行为呈现出很强的差异性、随机性和不确定性，因此采用现有的理论分析方法还难以对此进行准确计算分析，只有进行实际调查才能获得住宅空调能耗的真实状况。为了搞清楚住宅不同空调方式的能耗差异，近年来，不少学者对南方炎热气候区和北方寒冷气候区都进行了住宅空调的能耗调查分析。

(1)北方寒冷地区住宅空调的能耗调查结果：

2006年，采用抄表调查法对北京市4栋采用不同空调方式的高层住宅的空调能耗的对比调查结果见表4-12。这些住宅楼位于北京市内的同一地区，住户的平均收入水平均较高。A楼是一栋建筑保温性能远低于现行住宅节能标准的非节能建筑，其住户采用低能效比的普通空调器；B楼也是采用分体空调的普通住宅楼，其大多数室外机采用了百叶窗暗装方式；C是一栋采用多联机户式中央空调的住宅楼；D楼则是一栋采用集中空调的节能样板楼，不仅建筑保温性能大大优于A楼和B楼，外窗采用双层断热中空Low-e膜玻璃窗，全部设置了外遮阳，而且采用了温湿度独立控制、辐射空调、置换通风、新排风热回收、水泵和风机变频控制等集中空调的节能技术。实测结果显示：高投入的集中空调节能样板楼D楼的空调能耗指标远远高于采用分体空调方式的“非节能”的A楼和B楼，其空调能耗指标分别是A楼的14.6倍、B楼的6.7倍；采用户式中央空调的住宅楼C楼的能空调耗也大大高于分体空调住宅楼A楼和B楼。

北京市住宅楼夏季空调能耗的调查结果(2006年)　　表4-12

住宅代号	总建筑面积（m^2）	总层数	建成时间	总户数	空调方式	户均空调台数	空调能耗指标（kWh/m^2）
A	11146	18	1996年	108	分体空调	2.6	1.36
B	27220	26	2003年	192	分体空调	3.1	2.98
C	27489	26	2004年	207	户式中央空调（多联机）	—	5.23
D	29120	26	2005年	104	集中空调	—	19.83

由此可见，对于北方寒冷地区的住宅楼而言，住宅空调的集中度越高其能耗越

高。与分体式空调相比，采用户式中央空调会使住宅空调能耗大幅度增加，即使采用最节能的集中空调技术方案，也会使住宅空调能耗增加6～14倍。

(2)南方炎热地区住宅空调的能耗调查结果

2012年采用抄表调查法对武汉市某高档住宅小区中采用不同空调方式的两栋住宅楼的夏季空调使用能耗调查表明：在南方炎热地区，也存在类似的情况。这两栋住宅楼的热工状况、楼层数、地点、朝向、户型、室外气象条件等客观条件都基本相同，A楼采用分体空调器，B楼采用冷水机组＋风机盘管的户式中央空调系统。调查结果如表4-13所示，可以看出，户式中央空调住宅楼的空调能耗指标比分体空调住宅楼高出42%。

武汉市住宅楼夏季空调能耗的调查结果(2012年)　　表4-13

住宅代号	总建筑面积(m^2)	建成时间	调查时间	总户数	空调方式	户均空调台数	空调能耗指标(kWh/m^2)
A	11528	2005年	2012年	88	分体空调	3.2	5.63
B	10098	2004年	2012年	66	户式中央空调(冷水机组)	—	8.82
C	40000	2002年	2007年	—	集中空调(地下水源热泵)	—	15.2[24](冷冻站能耗)

地下水源热泵空调系统被认为是一种可再生能源利用的集中空调节能技术方案，由于武汉市的地下水资源比较丰富，近年来在武汉的一些住宅楼中应用了地下水源热泵空调系统。通过对一些地下水源热泵集中空调住宅楼空调能耗的调查，结果表明，武汉地区住宅建筑的夏季空调能耗指标为15～17 kWh/m^2，表4-13给出了其中一栋建筑的实测结果。可见，水源热泵集中空调系统的能耗指标约为分体空调的3倍。

上述结果表明：与北方寒冷地区相同，在南方炎热地区，住宅空调的集中度越高其能耗也越高。

(3)住宅空调需求和住户空调开机行为特点分析

大量调查结果表明，我国城镇住宅分体空调的能耗水平很低。例如，多年的调查结果显示，北京市城镇住宅分体空调的平均能耗指标仅为1.4～3.0 kWh/m^2。

为何住宅分体空调的能耗水平如此之低？通过对住宅空调开机行为的调查发现，这与住宅的空调需求和住户空调开机行为特点有很大关系。

在2012年夏季的最热时期(7月底)对北京市住宅空调器开机情况进行了实测调查，结果表明：1)住宅空调器每天的平均开机时间不到15%；2)日均需要空调的面积占总建筑面积的比例不超过7%；3)空调季住户空调的平均开机率不足7%；4)绝大部分住户的空调能耗水平很低，只有少数住户的空调能耗远高于平均水平。由此可见，住宅空调需求的特点是住宅楼中只有小部分空间、在很短时间内需要空调，而且不同住户之间的空调需求和空调行为存在很大差异。

分体空调开关调节(启停控制)十分方便，能够很好地适应住宅空调短时段使用的特点，充分开发住户行为节能的巨大潜力。住户通常在房间中感觉热的时候才会开空调、人走时通常关空调，住户根据自我热感觉对各房间的空调器进行自适应的开关和调节，不仅能较好地满足不同住户的个性化空调需求，而且可实现住宅楼对局部空间、短时间的空调需求。尽管我国城镇住宅空调器保有量很大、户均空调器拥有量较高，但绝大多数住宅空调器为短期间歇运行，平均运行时间很短，因此，住宅分体空调的平均能耗水平很低。

而集中空调的调节性能差，现有住宅集中空调系统通常都是对住宅楼提供全空间、长时间的空调，即使在上班时段一栋楼内只有一、两个人需要空调，但庞大的集中空调系统也要开启，实际上主要是给大量无人房间进行空调。因此，空调主机的综合能效比很低，而且集中空调系统的输配能耗很高，其空调系统的能耗与分体空调相比成倍增加。可见，住户空调开机行为这一主观因素对住宅空调能耗的影响远大于其他客观技术因素的影响，如果忽略(不考虑)住户空调开机行为的影响，住宅空调的能耗模拟结果就会出现很大的误差，得出与实际情况完全相反的结论。

4.5.3 空调器的生命周期节能性分析

采用节能空调器会使空调运行能耗减少，但以增加冷凝器和蒸发器换热面积来提高空调器能效比的途径，必然会导致节能空调器的材料消耗量和生产能耗高于普通空调器，表4-14给出了大量普通空调器和节能空调器的材料消耗和生产能耗的调查统计结果。

我国壁挂式空调器的材料消耗量和综合生产能耗　　表 4-14

型号	平均能效比 EER (W/W)	钢材 (kg)	铜材 (kg)	铝材 (kg)	塑料 (kg)	综合生产能耗 (kgce)
KFR-26	3.48(节能型)	28.70	9.79	4.28	6.33	101.7
KFR-26	2.74(普通型)	27.34	7.11	2.99	5.99	84.8
KFR-32	3.48(节能型)	34.43	11.83	5.27	7.74	122.9
KFR-32	2.72(普通型)	32.76	8.52	3.68	7.33	102.2

为明确住宅采用节能空调器是否真正起到节能作用，就必须综合考虑运行能耗和生产能耗，只有对节能空调器和普通空调的全生命期能耗进行计算分析，才能明晰全国不同地区城镇住宅空调的生命周期能耗。研究结果表明：

(1)不同气候区住宅用节能空调器的综合节能效果差异较大

节能型空调器的全生命期节能率与各地区的夏季气候条件有很大关系。我国不同气候区夏季气候条件差异较大，因此不同地区住宅节能空调器全生命期节能率也有较大差异，不同地区空调器全生命期能耗的最高值与最低值之比可达 7～13。对于空调季室外平均温度高于 26℃的南方炎热气候区，采用能效比为 3.4 的节能空调器的节能效果显著，与能效比为 2.6 的普通空调器相比，其全生命期能耗的综合节能率通常可以达到 16%～19%。对于空调季室外平均温度低于 22℃的严寒气候区与温和气候区，采用节能空调器通常不仅起不到节能效果，而且还会使空调器全生命期能耗增加。因此，节能空调器更适用于夏季气候炎热、空调能耗较大的地区的住宅建筑，也适用于运行时间较长、室内发热量较大的办公建筑，而不适用于严寒气候区和温和气候区的住宅建筑。对于寒冷地区空调能耗较低的一些住户，采用节能空调器也会使空调器的全生命期能耗增加。

(2)住户空调的使用模式对节能空调器的综合节能率有很大影响

根据对北京市一栋普通住宅楼空调能耗的实际调查结果进行分析，得到该楼不同住户全生命期空调能耗的结果见图 4-27。当住户采用普通空调器(能效比为 2.6)的单台年运行能耗小于 21kWh 时，采用节能空调器(能效比为 3.4)将起不到节能效果。由于各住户的空调使用方式差别很大，因此尽管对于该楼平均状况而言，采用节能空调器的综合节能率可达 12.8%，但其中约 28%的低能耗住户采用节能空调器会使全生命期综合能耗增加，48%的住户采用节能空调器不节能或节能效果较小(小于 5%)。

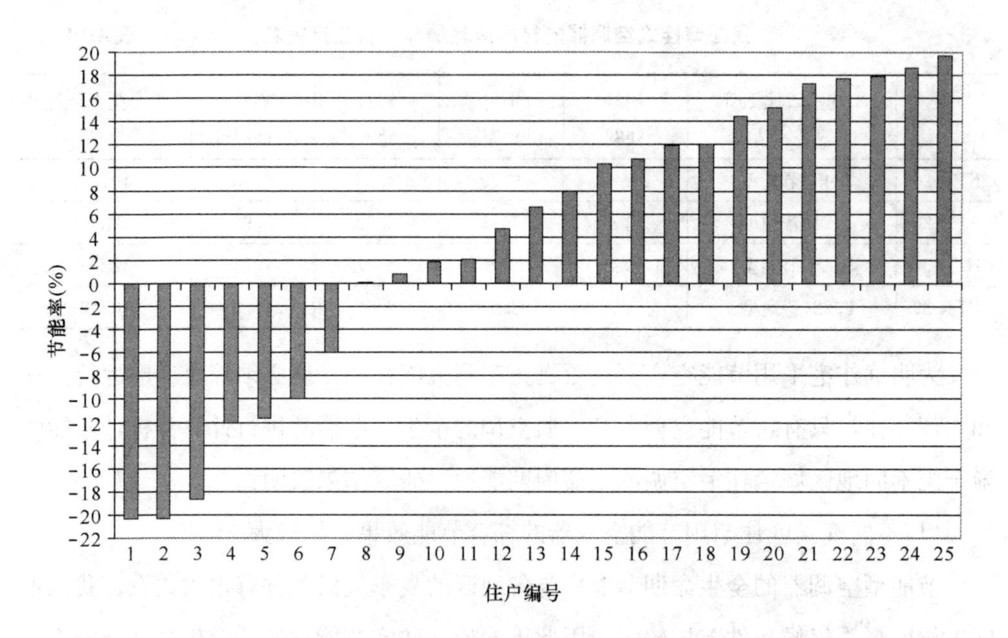

图 4-27 北京市某住宅楼各住户节能空调器的生命周期相对节能率评价结果

4.5.4 变频空调器与定速空调器的能耗分析

(1)变频空调器诞生的原因

房间的空调负荷一般远小于设计负荷，特别是按间歇空调启动工况选型的空调器容量则远大于稳定运行后的空调负荷。当采用定速空调器时，由于房间设定温度的回差控制，长时间通断运行的空调器会出现启停损失，特别是房间负荷越小时更为明显。因此，在20世纪70年代末期诞生了变频空调器。变频空调器具有良好的部分负荷特性，在房间需冷量较小时，压缩机低速运行，以提供房间所需的制冷量，同时制冷循环的冷凝压力降低、蒸发压力升高，可提高制冷循环的能效比，同时减少了压缩机的启停损失。因此，在长时间需要空调的房间内使用时，相对于额定容量相同的定速空调器而言，具有明显的节能效果。

在变频空调发展初期，主要采用的是交流变频技术。交流变频压缩机仅在设计点附近的效率高(而偏离设计点时的效率较低)、变频控制器的效率也较低，加之空调器的能效比与空调器的控制策略和变频控制器的控制算法有很大关系，由于人们对变频空调的特性研究不够，故当时的变频空调器的性能未达到希望的效果。随着电机技术、控制技术、电子膨胀阀的技术进步以及人们对变频空调器的研究的深入，目前的变频空调器采用直流调速压缩机者已成为主流，其转速变化范围变宽(一般为 10～120Hz)，且在较宽的转速范围(一般为 30～90Hz)内，压缩机电机以及控制器的效率都超过 90%，使变频空调器的性能得到了很大程度的提高。因此，在变频空调诞生的日本几乎都是变频空调器，变频空调器在中国虽然起步较晚，但目前的产量已与定速空调器持平。

(2)定速与变频空调器运行能耗分析

图 4-28 和图 4-29 分别给出了定速与变频空调器的制冷量 Φ_c 和消耗功率 P_c 随室外温度 t_j 变化的性能图。空调器的设计点为 A(t_j =35℃，室内干/湿球温度＝27/19℃)，假定室内的空调负荷 $BL(t_j)$ 仅取决于室外温度 t_j，则定速空调在室外温度为 t_j 时的制冷量为 $\Phi_{cr}(t_j)$，耗功率为 $P_{cr}(t_j)$，由于房间的冷负荷(即需冷量)仅为小于 $\Phi_{cr}(t_j)$ 的 $BL(t_j)$，于是空调器则启停控制，为房间提供与冷负荷 $BL(t_j)$ 相等的制冷量 $\Phi_c(t_j)$，此时空调器的消耗功率 $P_c(t_j)$ 则为

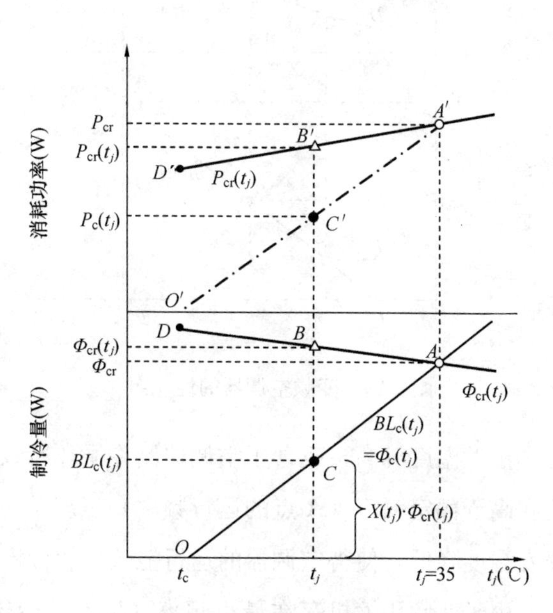

图 4-28　定速空调器的性能图

$$P_c(t_j) = \frac{X(t_j) \cdot P_{cr}(t_j)}{PLF(t_j)} \tag{4-1}$$

式中　$X(t_j)$——冷量需求比，是室外温度 t_j 条件下建筑的需求制冷量与空调器的输出制冷量之比(参见图 4-28)；

$PLF(t_j)$——空调器室外温度 t_j 条件下断续运行时的能效比与连续运行时的能效比之比，即

$$PLF(t_j) = 1 - C_D[1 - X(t_j)] \tag{4-2}$$

C_D——效率降低系数，空调器因启停运行而导致能效比降低的修正系数

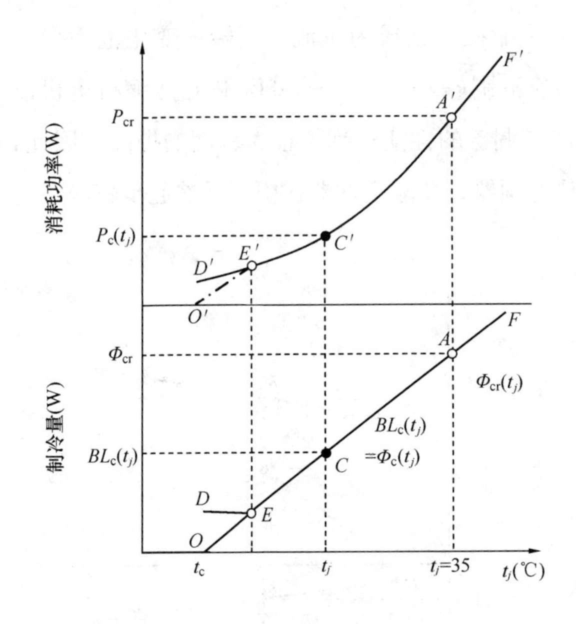

图 4-29 变频空调器的性能图

（即考虑压缩机的启停损失），通常取 $C_D = 0.25$，也可通过实测获得。

而变频空调器在有效的转速范围内（参见图 4-29 中的 *EF* 区间内），可连续输出与房间负荷 BL（t_j）相等的制冷量 Φ_c（t_j），由于压缩机的转速变化，在外温低于 35℃时，其消耗功率 P_c（t_j）小于式（4-1）所示的定速空调器的消耗功率，其能效比高于定速空调器。其原因是，压缩机转速降低后，制冷循环的冷凝温度降低、蒸发温度升高，改善了空调器制冷循环所致。反之，当室内负荷很大时，压缩机在高于额定频率（*A* 点的运行频率）工况下运行，此时空调器的冷凝温度升高、蒸发温度降低，使得空调器的运行能效比较额定能效比降低。

由于变频压缩机存在最小频率（*E* 点的运转频率）的限制，当房间负荷很小时，此时的变频空调器则转化为最小频率状态下的定速空调器，仍然存在有启停损失。值得注意的是，相对于定速空调器而言，变频空调器的控制难度较大，必须建立在明确的稳态和动态特性基础之上开发其控制算法，否则将可能严重影响变频空调器的实际性能，难以实现变频空调器的节能目标。

根据定速与变频空调器的上述能耗特性，可以清晰地看出二者的适用场合：

1）定速空调器的额定性能优越，更适合于内热源较大、负荷受外温影响较小的建筑，也很适用于运行时间较短、间歇使用空调的住宅建筑。

2）控制良好的变频空调器以其优越的部分负荷特性，更适合于连续运行、且稳定运行后的建筑负荷小于设计负荷的住宅和办公建筑。如果仅需短期使用空调，采用变频空调虽然可以较快地达到设定室温，但因其高频下能效比较低（相对于定速空调和变频空调低频运行时），将导致空调器的能耗增大。

另外，变频空调器的容量选型也至关重要。如果选型过大，可能导致空调器长期在超低频条件下运行，由于超低频条件下压缩机电机的效率低下，其能效比较低，会导致能耗增大；若选型过小，不仅在启动初期运行频率超高，能效比较低，即使在部分负荷时，压缩机也可能工作在高频工况下，导致能效比低下，不能体现变频空调低频运行的高性能优势。

4.5.5　对住宅空调发展方向的思考

（1）大量实际调查研究结果表明：采用集中空调会使住宅空调的一次投资、运行费用、生命周期的能耗、资源消耗和污染排放量都成倍增加，采用户式中央空调也会使住宅空调能耗大幅度增加，分体空调能够充分发挥出住户空调行为节能的巨大潜力，实现住宅楼部分空间、部分时间的空调，其平均能耗水平很低，因此分散式空调仍然是目前最节能环保、经济实惠、适合中国国情的住宅空调方式。正是由于我国绝大部分住宅采用了分体空调方式，才使得目前我国住宅空调能耗能够保持在较低的水平，故我们必须走出对分体空调方式的一些认识误区，坚持走分散式住宅空调的发展道路，鼓励住宅空调的行为节能，使我国住宅空调能够以较低的能耗和费用水平来满足广大人民群众不断增长的空调消费需求，并使更多收入较低的居民能够共享舒适的空调环境。

（2）由于绝大多数住宅空调器都是短期间歇运行，北方地区的住宅空调器全年的累计运行时间也很短，空调能耗水平很低，因此对于北方地区不应盲目提高住宅空调器的能效比，否则会使住宅空调器寿命周期能耗增加。节能空调器适用于夏季气候炎热、空调能耗较大的地区，适用于运行时间较长、室内发热量较大的建筑。因此，在房间空调器能效标准方面不应采用全国“一刀切”的政策，应针对不同气候区和不同建筑类型，制定不同的空调器能效标准，否则有可能从节能的良好初衷走向能耗和资源消耗增加的不良后果。现阶段应重点提高南方气候炎热、经济比较发达地区的住宅空调器能效比，对于北方严寒和寒冷气候区、经济不发达地区，以及广大农村地区，则不应盲目大幅度提高住宅空调器的能效比。

（3）不同住户之间的空调需求和空调行为差异很大，对于短期、间歇使用，年平均空调运行时间较短的住宅选用定速空调器比较节能，若采用变频空调器则并不一定能起到节能效果，甚至可能会使空调能耗增大；对于需要长期、连续运行空调的地区和住户，采用容量适当的变频空调器，不仅能使空调环境更为舒适，而且相对于定速空调而言，还有良好的节能效果。因此，定速和变频空调器各有其最佳的适用场合，应该根据用户的使用习惯、建筑的地理位置和负荷特征以及空调器的运行特性，合理地选用空调器类型和容量。

4.6 长江流域住宅采暖

我国长江中下游流域地区主要包括上海、安徽、江苏、浙江、江西、湖南、湖北、四川、重庆等地区，气候分区处在我国夏热冬冷地区，城镇住宅建筑面积约为60亿m^2，城镇住宅居民约2亿人。随着近年来居民生活水平的不断提高，对室内环境的需求也不断提高。随着该地区经济社会高速发展，居民生活水平稳步提高，加之近些年冬季时常出现的极寒天气，使得长江流域居民对于提高冬季室内温度的呼声日渐强烈。因而改善长江流域住宅冬季居住环境，提高冬季室内温度，改善舒适度与保证健康，是我国建筑节能领域亟待解决的重要问题。

4.6.1 长江流域城镇住宅冬季采暖现状调研

与北方地区的冬季采暖方式对比，长江流域的冬季采暖在采暖形式、室温与能耗、使用方式等方面都有较大差异。

(1) 采暖设备形式

与北方地区“全空间、全时间”的冬季采暖方式不同，长江流域冬季采暖普遍采用“部分时间、部分空间”的方式，清华大学2009年对该地区的上海、苏州和武汉分别开展了针对生活方式和居住能耗的社会调查统计，三地的采暖方式如表4-15所示。

上海、苏州和武汉的采暖方式调查结果 **表4-15**

	样本量（户）	纯空调（%）	纯电热（%）	空调+电热（%）	集中采暖（%）	其他（%）
上海	775	30	7	19	2	41
武汉	700	6	16	30	3	45
苏州	386	32	28	31	0	9

注：其他包括其他采暖方式和无任何采暖方式的样本。

根据清华大学2012年对上海地区14户住户的冬季采暖方式进行的访谈与测试，访谈对象大多都安装分体热泵空调，但在实际使用中采用了多种不同的采暖方式，如表4-16所示。

各户采暖方式汇总　　**表4-16**

住　户	采暖方式
SH-1	完全使用空调
SH-2	一般不使用，很冷了开空调
SH-3	主要用空调与电暖气
SH-4	完全使用空调
SH-5	主要使用小太阳，基本不用空调
SH-6	客厅用空调、电暖气，卧室用电热毯
SH-7	卧室用电火箱、电热毯，客厅会用空调
SH-8	完全用空调
SH-9	使用空调、电暖气、电热毯
SH-10	主要用空调与电暖气
SH-11	一般不用空调，经常用电暖宝
SH-12	基本用空调，老人用电暖气
SH-13	孩子用空调，大人用电暖宝
SH-14	常住的大人用电热毯，其他用空调

(2) 室内温度

通过调研，长江流域冬季采暖室内温度大致维持在15～18℃，而采暖关闭时室内温度为8～16℃，而我国北方的冬季室内外温差较大，室内温度均在20～30℃之间，因而北方地区居民普遍有冬季进门脱掉外衣，室内室外不同着衣方式的习惯。而长江流域地区的室内外温差较小，居民室内外着衣量差异不大。

如图4-30所示为2012年清华大学对上海地区8户住户冬季室内采暖状况进行的调研中各住户各个房间的室内温度范围。

图中白色的部分表示开空调时的室温分布，灰色的部分表示未开空调时的室温分布。SH2未开空调，故无开空调时室温数据。综合测试结果可得，上海地区冬季室内状况主要在12～15℃之间。其中热泵空调未开启时，室内温度约为9～12℃，开启时约为15～18℃。

同时在调研中也发现，长江流域应用热泵空调采暖时，往往会造成室内上热下

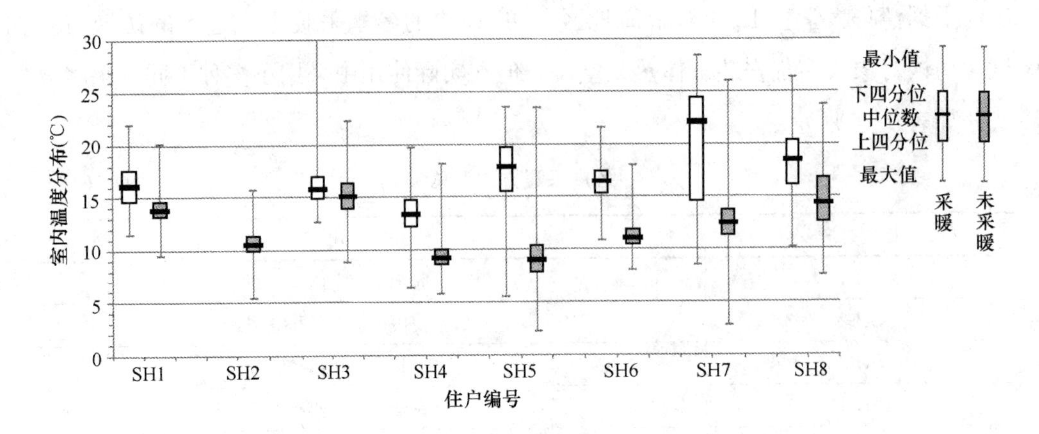

图 4-30 各住户室内温度分布

冷、温度梯度较大的问题，一方面造成使用时的不舒适，另一方面也造成了热泵空调的运行效率低下。

(3) 采暖能耗

如图 4-31 所示，上海和苏州的 22 户住户的冬季采暖能耗平均为2.12kWh/m^2，最大值为 14kWh/m^2，远小于北方约 30kWh/m^2 的采暖能耗，这是由“部分时间、部分空间”的使用方式造成的，同时可以看到由于各户的使用方式不同，因而户间用能差别很大。

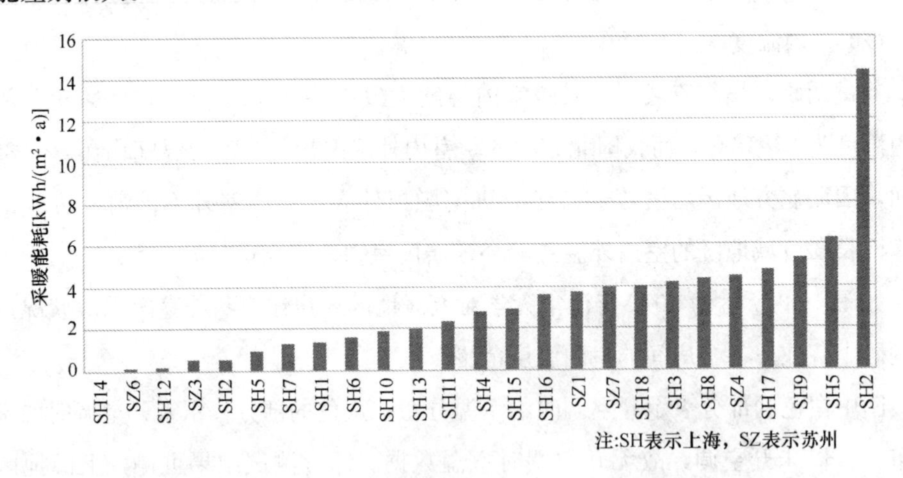

图 4-31 长江流域实测用户冬季采暖能耗

(4) 采暖运行方式

长江流域居民普遍的冬季采暖习惯是间歇式采暖，也就是当家中无人时关闭所有的采暖设施，家中有人时也只是开启有人的房间的采暖设施。由于电暖气和空气一空气热泵能很快加热有人活动的局部空间，而且由于这一地区冬季室外温度并不太低，因此这种间歇局部的方式可以实现有效的快速启停。在有人使用并运行了局部采暖设备的房间，室温一般维持在 14～16℃，而不同于北方地区维持室温在 18℃左右。如图 4-32 所示，绝大多数居民对热泵空调的使用观念倾向于“部分时间，部分空间”的模式，即在单一房间使用空调，觉得冷时再开空调，一旦房间无人或睡觉时即关闭，而不会在所有房间都不间断地使用空调。

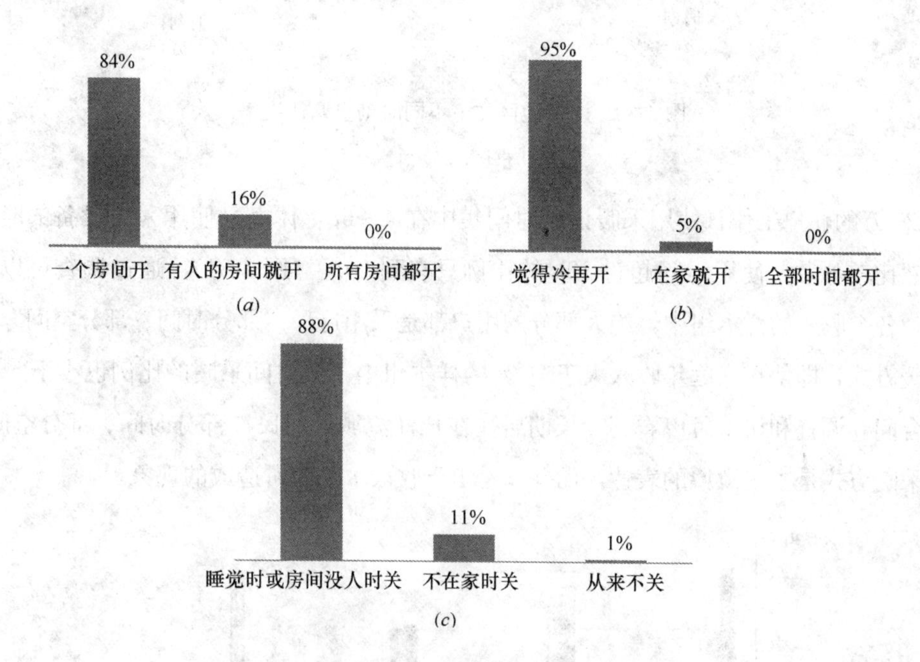

图 4-32　上海地区居民对热泵空调的使用方式

(a) 开启房间；(b) 开启时间；(c) 关闭时间

在上述调查中，针对不同功能房间某一时刻空调开启的比例进行统计发现（图 4-33），书房空调使用率最高的时段在 19：00～20：00，卧室空调使用率最高的时段更晚一些，在 22：00～23：00。白天上班时段，房间内同时使用空调的住户比例都低于 5%。而即便是晚上空调使用率最高的时段，也未超过 30%。调查显示，当感觉冷时，69%的居民选择先增加衣服，而不是直接开启采暖设备。采暖设备的实际使用频率不高。

此外，通过对长期居住在长江流域的 490 户住户进行了网上问卷调查，年收入超

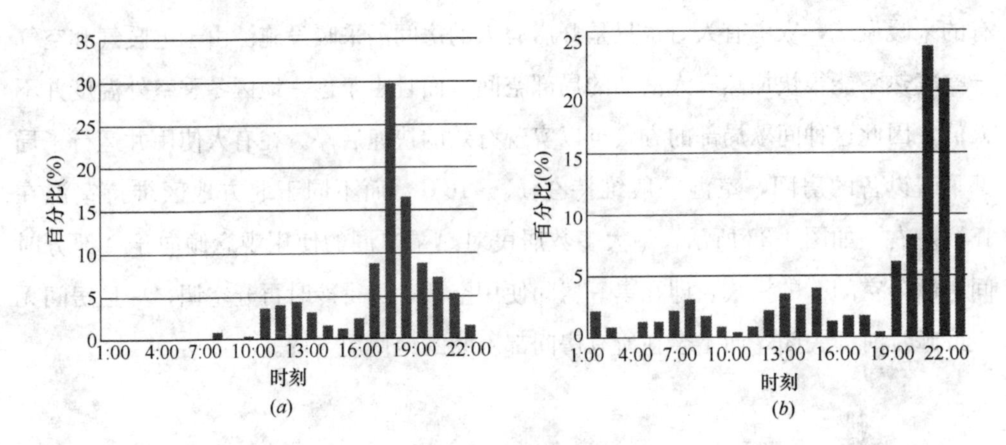

图4-33　上海地区住宅不同时刻空调使用率

(a) 书房；(b) 卧室

过20万的住户工作日使用采暖设备时间集中在4～6h，休息日使用采暖设备的时间仍然比较分散，使用时间超过12h的比例只有到20%（图4-34）。通过调查可以看到，各个收入的样本组中，绝大部分的用户都是采用这种“部分时间、部分空间”的采暖方式，即使在家庭年收入大于20万的样本组中，全时间采暖的比例也小于5%。结合问卷调查和访谈可以看到，长期居住在长江流域的居民“部分时间、部分空间”的采暖方式是主观意愿的表达，而并非是由于收入水平低所造成的现象。

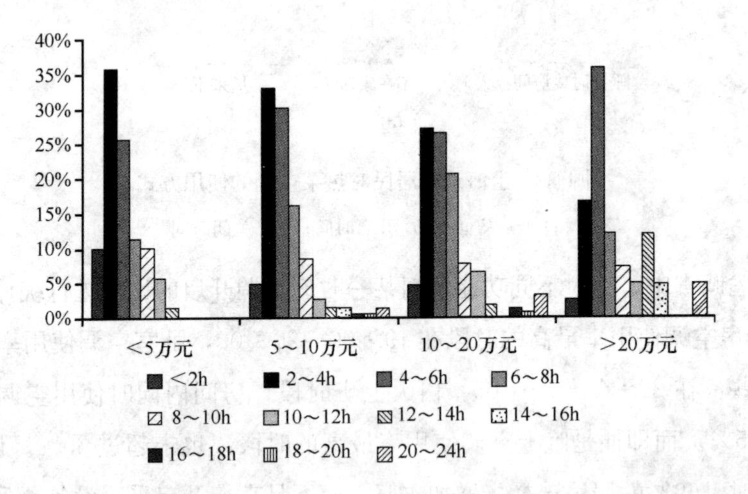

图4-34　不同收入人群工作日使用采暖时间分布开窗通风行为习惯

(5) 开窗通风行为习惯

另外值得注意的是，与长江流域的居民“部分时间、部分空间”的冬季采暖方式相对应地，居民即便在冬季也有开窗通风的习惯。上述调查涉及的近 800 户上海居民之中，不经常开窗的居民只占 5%（图 4-35），受调查住户平均每日通风时间达到 9.4h。在访谈中，有很大部分的居民表达室内空气的品质比室内温度更为重要。

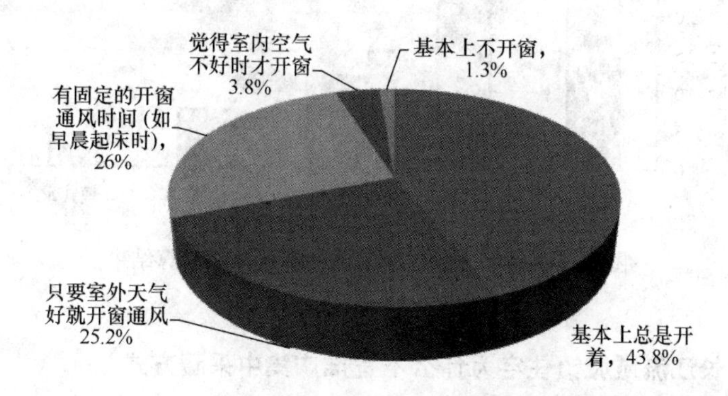

图 4-35　上海地区居民冬季开窗通风情况

（6）小结

2011 年长江流域城镇冬季采暖的总能耗为 414 亿 kWh，折合约为 7kWh/m²，大大低于北方冬季采暖的能耗，而目前的单位建筑面积需热量低并非仅由与室外气温低于北方所造成，更多的是建立在局部空间、间歇采暖和较低的室温习惯基础上的。

例如对同一座普通上海地区住宅建筑，通过模拟分析软件 DeST 计算其不同运行模式下（表 4-17）的冬季采暖能耗，定量研究生活方式对采暖能耗的影响（图 4-36）。计算采用空气源热泵的采暖方式，*COP* 取为 1.9。可以看到，当空调运行方式从间歇改变为连续时，采暖耗电量相差 8～9 倍。目前该地区城镇住宅大部分室温低于 20℃，采用间歇采暖的生活方式，因此平均的采暖耗电量在 2～7kWh/m² 范围。

住宅中不同采暖模式　　**表 4-17**

模式 1	全天 24 小时所有房间保持 18℃
模式 2	只要有人回家就采暖，保持为 18℃
模式 3	在有人的房间采暖，保持在 15℃以上
模式 4	在有人的房间采暖，睡前关空调，保持在 15℃以上
模式 5	在有人的房间采暖，睡前关空调，保持在 12℃以上

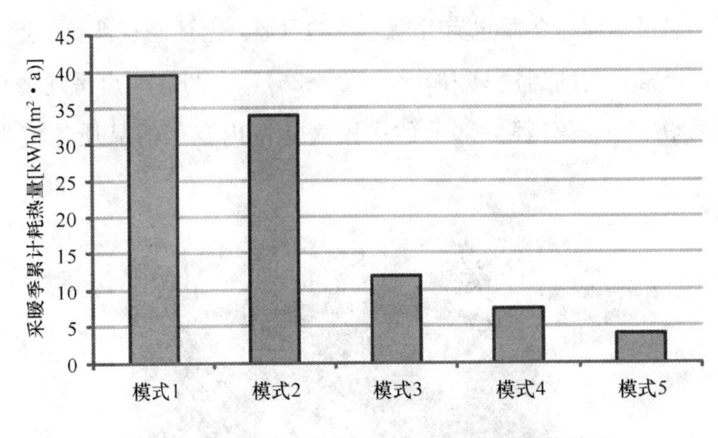

图 4-36 上海住宅冬季采暖耗热量模拟计算结果

4.6.2 长江流域城镇住宅为什么不宜推广集中采暖方式

在 2012 年全国两会期间，有政协委员提出关于“将北方集中公共供暖延伸到南方”的提案，建议将公共集中供暖逐渐延伸到秦岭以南的地区，认为南方冬天难过，并且分散采暖浪费能源，还存在安全隐患，该提案内容在网络上引发热议。2013 年 2 月，寒冷冰冻天气席卷我国南方，南方供暖再次成为社会广泛关注的热点话题。一项有 2 万多人参与的网络调查显示，超过 80%的被调查者支持南方供暖。一部分观点认为集中采暖有利于节能减排，且能够大幅度提高冬季室内热环境，但也有人认为采用集中采暖方式会增加能耗，应当谨慎进行。

然而，“采暖”并非等同于“集中供暖”，从采暖方式的角度，可以分为集中供暖和分散式采暖两大类。

集中供暖通常是指设置集中的供热热源，通过供热管网把以循环热水或蒸汽形式的热量送到安装在被采暖建筑室内的末端散热设备，从而实现对建筑的采暖。除大规模集中供暖之外，也有一些以楼栋为单位的小范围集中供暖。

而分散式采暖通常是指住户以户或房间为单元进行供暖，采用分散式热源和末端，具体的形式有很多种，例如：

1）空气源热泵采暖：在房间内安装空调器，夏季送冷风，冬季送热风；

2）燃气壁挂炉采暖：每户安装独立的燃气壁挂采暖炉，燃烧天然气产生热水作为热源，室内通过暖气片或地板辐射方式采暖；

3）电热采暖：在房间内安装电暖气、电热膜等，以通电加热方式进行采暖。

总体而言，集中采暖较为适宜在以煤为主要能源、供热需求量大且时间长、同时对调节要求不高的地区，而分散式系统较为适宜在以天然气、电等为主要能源、供热需求量较少且时间短，同时需要灵活调控的地区。

以下分别从气候特征、能源结构和生活方式等几个方面，为改善长江流域冬季室内环境，探讨适合长江流域冬季采暖的舒适、节能、经济、可持续的冬季采暖方式。

（1）气候特征

长江流域部分城市的冬季最冷月的平均温度如图4-37所示，与我国北方严寒、寒冷地区相比，长江流域的冬季室内外温差较小，寒冷时间较短，需要采暖的时间大约2个月，而严寒地区如哈尔滨全年有6个月需要供暖。

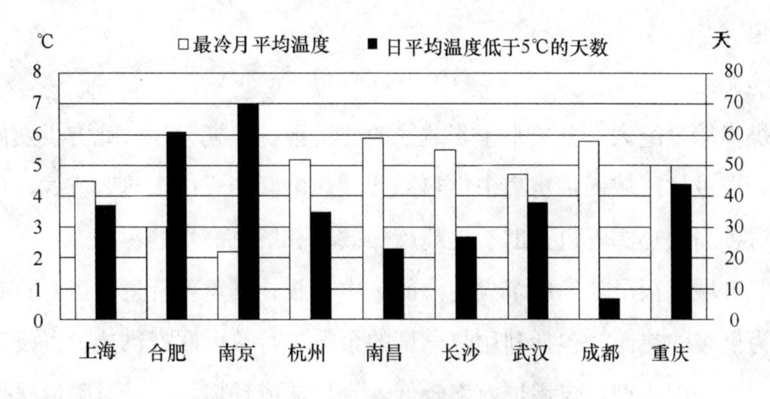

图4-37 长江流域典型城市气象条件

哈尔滨、北京、上海、武汉和南京冬季采暖度日数和度小时数如表4-18所示。

几个城市采暖度日数和度小时数统计 表4-18

	度日数（d）	度小时数（h）
哈尔滨	5418	131928
北京	2790	69156
南京	1936	47577
武汉	1628	40048
上海	1585	38679

集中供暖系统建设规模大、周期长、投资高，且只有配合长寒冷期连续供暖的使用特点，才能够发挥其能源利用理论效率高的优势。但如果在夏热冬冷地区使用

集中供暖，便意味着除供暖期之外的10个月内，设备、运行人员都要闲置，使得集中供热管网设备的使用率非常低，设备折旧和人力成本相对变高，造成巨大的浪费。而分散式供暖具有建设规模小、周期短、投资较低的特点，其运行方式由用户自己管理，灵活方便。

夏热冬冷地区冬季室外温度一般不低于0℃，室内外温差不大，基本在10～15℃范围内。由于室内外温差相对较小，因而围护结构对热负荷的影响相对较小，而太阳辐射得热和室内得热的不同就容易造成各房间热负荷差异，因而独立调控就变得尤为重要。

同时，这样的气候条件最适合分散式空气源热泵的应用。相比于北方地区，长江流域室内外的温差不大，且低于0℃的小时数少，因而非常适于分散式空气源热泵的应用，以实现间歇采暖和独立调控，相比于无调节的连续采暖，可以获得明显的节能效果。

(2) 能源结构

我国煤炭储量绝大部分集中于华北、西北地区，长期以来，北方供热能源都是以煤为主，通过“区域锅炉房集中供热”或“热电联产集中供热”方式，可以利用热电联产这种高效热源，也有助于提高燃煤效率和解决燃煤的污染。

我国北方城市很早就发展了大规模的集中供暖，其重要背景是当时只有燃煤可以利用作为供暖的热源，包括利用热电厂的余热进行热电联产供热，以及采用大型燃煤锅炉。由于中小型燃煤锅炉效率较低，且易造成环境污染，对附近居住区空气质量影响较大，因此在采用煤作为采暖能源时，除了煤气化，集中供热可能是唯一可以达到高效脱硫、除尘的目的和能源高效利用的方式。目前在我国北方，大规模集中供暖的热量来源主要有两种形式：一种是城市级别的城市热网，热源是燃煤或燃气的热电联产电厂排出的废热和大型燃煤或燃气锅炉房补热；另一种是在住宅小区或更大范围设置大型燃煤或燃气锅炉，通过集中供热管网将热量送到各座建筑，再送到各户。

而在我国长江流域煤炭资源并不丰富，能源形式主要是天然气和电力，而且从避免污染的角度，许多城市还禁止大量使用燃煤。由于天然气和电都是能直接入户，易于实现独立调节的能源供应形式，因此当长江流域的采暖能源主要为天然气和电力时，就应该采用分散式的采暖方式。

（3）生活习惯

集中供暖的供暖期是固定的，在供暖期开始之前和结束之后，若出现非常寒冷的天气，住户无法进行室温调节，房间内的舒适性难以得到保证。而分户采暖则完全可以根据住户需要控制开关时间。一项针对夏热冬冷地区冬季采暖情况的调查[8]显示（图4-38），有的居民11月上旬便开始采暖，也有居民直至1月初才开始采暖；大多数居民是在2月份停止采暖，但也有少部分居民直到4月才停止采暖。可见，该地区居民对于采暖需求的个体差异较大，而分散式采暖设备恰恰能够很好地满足这种个性化的需求，使人们可以根据自己的需要决定采暖的起止时间，保证舒适性的同时避免能源的浪费。

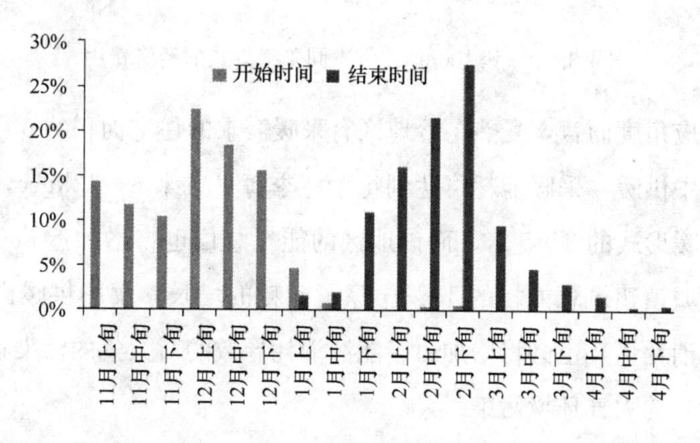

图4-38　长江流域典型城市气象条件

同时，由于长江流域的居民普遍有每天开窗通风的生活习惯，假如在该地区实施集中供暖，并且按供暖面积收费，而居民开窗习惯不发生改变，这将造成供热热量的大量损失。如果采用分散式采暖，室内获得的热量与采暖费用直接挂钩，那么居民长时间通风造成热量浪费，也就是增加了采暖支出。在这样的情况下，居民会对采暖与开窗通风两方面的需求进行权衡，以达到舒适性与经济性之间的平衡。

（4）小结

从居民经济负担角度而言，目前夏热冬冷地区住宅普遍采用电力或燃气驱动的分散采暖方式。调查显示，若使用热泵空调采暖，其电耗为每个冬季每平方米6～8kWh，折合2～3kgce；若使用燃气壁挂炉采暖，平均每平方米消耗3～5m³天然气，折合3～5kgce。两种方式的采暖能耗都远低于集中供暖。从用户实际负担的费用来看，对于一套100m²的住宅，采用热泵空调一个冬季大约花费500～600

元，采用燃气壁挂炉大约花费 800～1000 元；而如果实施集中供暖，按照房屋面积收费，住户一个冬季需要负担近 1500 元的取暖费（图 4-39）。

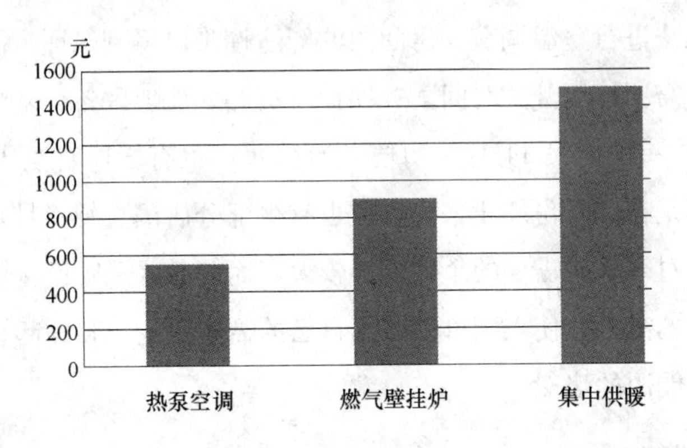

图 4-39　一套 100m² 住宅不同采暖方式的经济费用

从能源供应角度而言，夏热冬冷地区有采暖需求的住宅面积约 60 亿 m²，如果实施大规模集中供暖，采暖能耗可达到每个冬季每平方米 8～12kgce，是以电采暖为主的分散采暖形式的 3～5 倍，而该地区的能耗总量也将增加近 5000 万 tce，相当于目前全国城镇建筑总能耗的 10%。除了能耗的增长，集中供暖由于增加了这一地区的能源消耗量，也必将增加由于能源消耗导致的对大气的污染物排放量，从而加剧这一地区的大气环境污染。

事实上北方集中供暖中存在着大量的弊端与问题，例如，系统调节问题一直没有得到很好的解决，容易导致冷热不匀。为了不使冷的地方太冷，就要提高水温，而这又使得热的地方过热，居民甚至需要开窗进行降温。为了解决这些问题，我国近十年来正在努力推进“供热改革”（又称“热改”），为每户居民安装分户热计量装置，将“按照房屋面积”收取供暖费的方式改为“按照实际供热量”收取费用，从而促使居民通过末端调节来减少过量供热，实现节能。然而，由于技术、体制、机制等诸多方面的原因，“热改”的推进十分困难，目前成效还并不明显。与之相比，分散式采暖便于自行调节与计量，用户根据实际需要设定采暖温度，能够有效避免过量供热的问题。

世界上采取大规模集中供暖的地区并不多，主要是中国北方、俄罗斯、德国以及北欧的芬兰、瑞典、丹麦等国家，而美国、英国、法国等大部分欧美发达国家则都是采用分散式采暖，居民在自家使用燃气炉、燃油炉，或直接用电热取暖，也有一些公寓楼采用燃气模块化锅炉采暖。世界上与我国夏热冬冷地区气候特征相似的地区，都没有采用大规模集中供暖。日本的东京、名古屋、大阪三大都市圈的冬季室外温度与我国华中地区接近，家庭中也都是采用分散独立式采暖设备，如热泵空调、燃气炉、煤油炉、电热地毯等。

从气候特征、能源结构和居民生活方式等多方面分析，集中供暖并非解决我国长江流域冬季采暖问题的合适方案。而分散式采暖因其独立可调的特性，符合长江流域供暖期短、供暖负荷小且波动大等特点，能够满足不同住户对室温的需求差异，引导住户按需索取，避免浪费，并节省了大量的初投资和运行成本，符合我国国情。因而应倡导长江流域在通过改善外墙、屋面、外窗等围护结构，改善建筑的气密性，提高建筑冬季的保温性能的同时，因地制宜地采用分散、局部的采暖方式，如：户用热泵式分体空调器、燃气壁挂炉、局部辐射型电采暖等分户独立采暖方式，来为长江流域住宅营造舒适的冬季室内环境。

4.6.3　改善长江流域住宅冬季室内热环境的途径

对于长江流域地区的建筑采暖而言，应逐步改善建筑围护结构保温、气密性等，以降低冬季建筑采暖的需热量。同时，提倡独立可调的采暖末端方式和分散式的热源方式，以实现改善室内热环境，同时提高能源利用效率。

（1）推广更适宜的末端方式

目前家用空调器采用的是上送风方式，由于热风不易下沉，热舒适性很差，利用下送风方式可改善热舒适性。另外辐射地板采暖也是一种有效的解决途径，冬季利用辐射地板供热，通过辐射、自然对流等方式换热，热舒适性明显优于送热风方式，垂直方向梯度显著减小。详见本书第 5.5 节。

（2）推广适宜的采暖热源，强调分散式（空气源热泵，燃气壁挂炉）

在长江流域地区，宜发展分散式采暖系统，充分发挥其独立可调的特性，适宜长江流域供暖期短、供暖负荷小且波动大等特点，能够满足不同住户对室温的需求。目前常用的三种采暖方式为：空气源热泵、电加热方式与燃气壁挂炉。前两者是以电能作为能源的采暖方式，空气源热泵的能效比（供热量/耗电量）远大于电加热方式（电加热仅为 1）。天然气发电效率一般为 50%，当空气源热泵的能效比超过 2 时，从能源利用角度而言空气源热泵为最优的解决方案。采用辐射地板采暖时，热水温度为35℃左右即可满足需求，由此可大大提高空气源热泵的利用效率。采用空气源热泵制备热水供给辐射地板进行采暖，合肥某住户1月份的测试数据为：室外温度−2～15℃，空气源热泵提供35℃左右的热水，地板表面温度18～22℃，可以维持室内温度在16～18℃。空气源热泵的平均能效比为2.81，整个采暖系统（包括水泵等在内）的平均能效比为2.37。

对于空气源热泵而言，在长江流域应用夏季空调与冬季采暖对蒸汽压缩制冷循环的压缩比需求非常接近，是我国冬、夏共用空气源热泵的最适宜区域。在此地区应用时，需要对冬季采暖时室外蒸发器化霜等问题给予很好地解决。采用空气源热泵作为热源时，部分时间运行化霜模式，从室内取热用以化霜。此时，直接送风的热泵向室内送的是冷风，易引起人员不舒适；而采用辐射地板作为末端时，由于辐射地板的热惯性，辐射板表面温度和室内温度波动较小。

4.7 生活热水节能

4.7.1 生活热水现状

2008年以前，北京有许多小区安装24小时集中热水系统。“集中热水”作为当时房地产商宣传的几大卖点之一，似乎这种“舒适、快捷、节能”的热水系统已与高品质生活画上了等号。然而几年之后，奇怪的现象出现了：用户方面，由于集中系统存在的“用热水前需放大量冷水、水温时而不稳定、热水费用偏高”等问题，多数用户并不觉得集中热水相比于分散热式水器有什么优势甚至不如分散式系统，所以越来越少的用户选择使用集中式热水系统，还有很多集中式系统用户拆掉了原系统而改装分散式热水器。热力集团方面，由于目前热水价格无法平衡高昂的热水成本，导致几乎所有的集中式热水系统均严重亏损运营，只能依靠冬季的采暖利润来填补亏损额，这使得热力集团已不愿意开发或接管新的带集中式热水系统的项目，以往的金字招牌变成了如今的烫手山芋。

北京集中热水系统的尴尬境地是当今中国生活热水系统应用现状的一个缩影。集中式系统与分散式系统的差别究竟在哪里，是什么导致了集中式系统目前的窘境，中国未来的生活热水系统到底应该如何发展，要解决这些问题则必须先从生活热水的现状谈起。

（1）生活热水使用习惯

生活热水主要指居民用于洗澡、厨卫洗涮、洗衣等方面的热水消耗。随着社会生活水平的提高，城市居民对生活热水的需求量逐年加大，分散式或集中式的生活热水系统在城市居民住宅的普及率越来越高。

全国热水器分布差异较大。据统计，生活热水器的百户拥有量从 1995 年的 30.05 台，到 2011 年已增长到 89.14 台[25]。其中，燃气热水器占 57.4%，电热水器占 31.3%，太阳能热水器占 11.3%[26]。图 4-40 为我国七个城市 2007 年热水供应方式和能源类型的调研结果[27]。在所调查的用户中，自备热水器在所有城市中所占的比例都是最高的，集中供应方式仅在哈尔滨、北京和长沙的部分住户中使用，分别占到 9.6%，6.1%和 29.6%。在生活热水消耗的能源类型方面，北方城市使用电力的比例较高（如哈尔滨、大连），北京由于普及了天然气所以使用燃气的比例较高；南方城市则普遍以燃气为主（上海、长沙、广州）。在太阳能热水器的应用方面，北京和马鞍山的用户使用得比较多，而在南方城市中应用得很少。

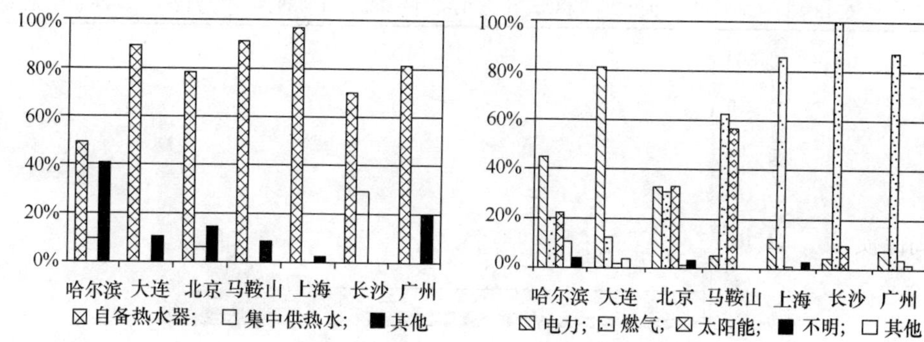

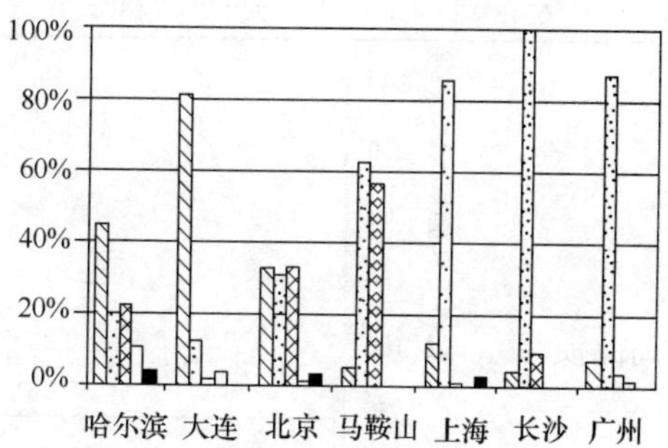

图 4-40　国内七城市的热水供应方式（左图）和热水设备类型（右图）

由于使用习惯的区别，不同居民用水量差异巨大。清华大学 2011 年在北京的调研数据显示，北京住宅居民单次淋浴热水用量为 41.5L/人。其中样本调研最大用水量为 254L/人，最小值为 6.8L/人，两者相差近 40 倍。另有研究[28]将居民用水分为六个等级，不同用水等级的人的个人用水时间从每月 100～900min 不等，用水量从每月 600～6000L 不等，如表 4-19、表 4-20 和图 4-41 所示。不同用水等级的人的分布随着季节的变化也会有相应变化，总的来说 1～3 等级的用水人群最为广泛，约占总用水人数的 80%，如图 4-42 所示。

不同用水等级的人的每月用水总时间（min） 表 4-19

不同等级	春秋季		夏季	冬季	
	18～50岁	51岁及以上	18岁以上	18～50岁	51岁及以上
1	150	100	150	150	100
2	300	200	300	300	200
3	450	300	450	450	300
4	600	450	600	600	450
5	900	600	900	900	600

不同用水等级的人月淋浴的用水量（L） 表 4-20

不同用水等级的人	春秋季				夏季		冬季			
	18～50岁		51岁及以上		18岁以上		18～50岁		51岁及以上	
	男	女	男	女	男	女	男	女	男	女
1	986	1094	657	729	986	972	999	1188	666	792
2	1971	2187	1314	1458	1971	1944	1998	2376	1332	1584
3	2957	3281	1971	2187	2957	2916	2997	3564	1998	2376
4	3942	4374	2957	3281	3942	3888	3996	4752	2997	3564
5	5913	6561	3942	4374	5913	5832	5994	7128	3996	4752

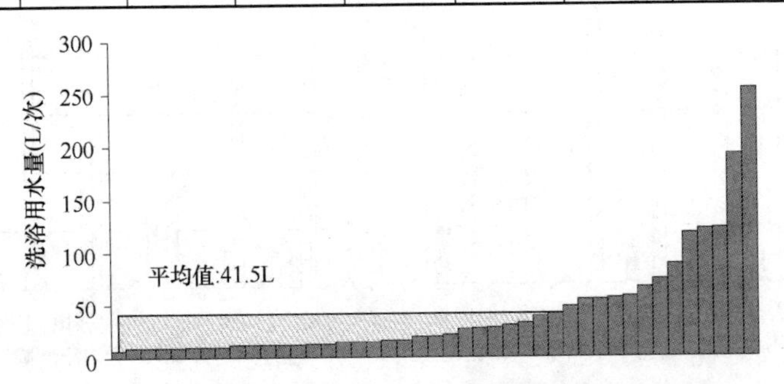

图 4-41 北京住宅居民单次淋浴热水用量

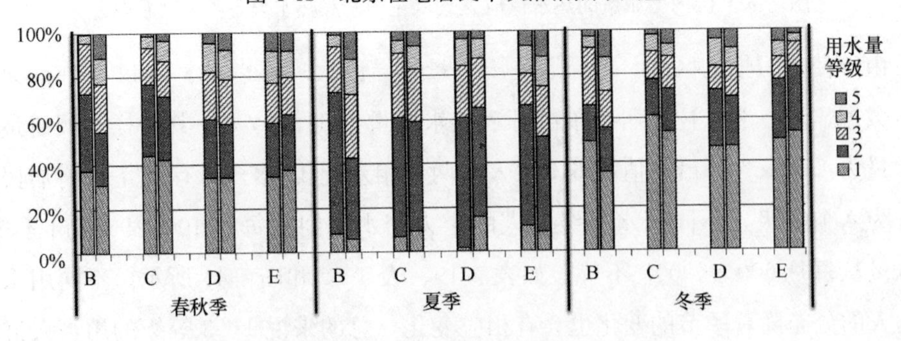

图 4-42 不同用水量等级的人所占比例

从微观来看，个人使用习惯的差异巨大，视野放宽至国与国的对比时，国内外宏观用水水平差异依然相当显著。如图 4-44 所示，我国用水户均日均用水量平均值为 50L/（户·d），约为西班牙平均水平的 25%，美国的 18.5%，日本的 22.2%[29~31]。巨大的用水量差异主要源自不同国家的洗浴习惯不同。我国主要以淋浴为主，仅 10%左右的人有盆浴习惯[32]；而美国、日本等发达国家则有更多的人偏爱于盆浴（图 4-43）。

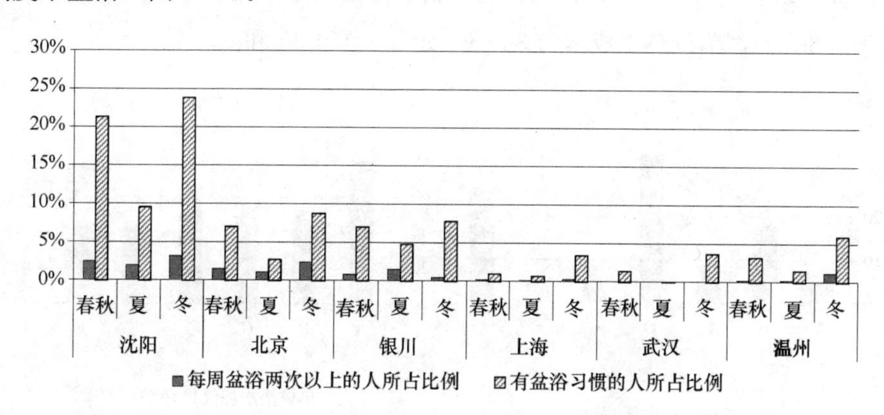

图 4-43　有盆浴习惯的居民所占比例的对比

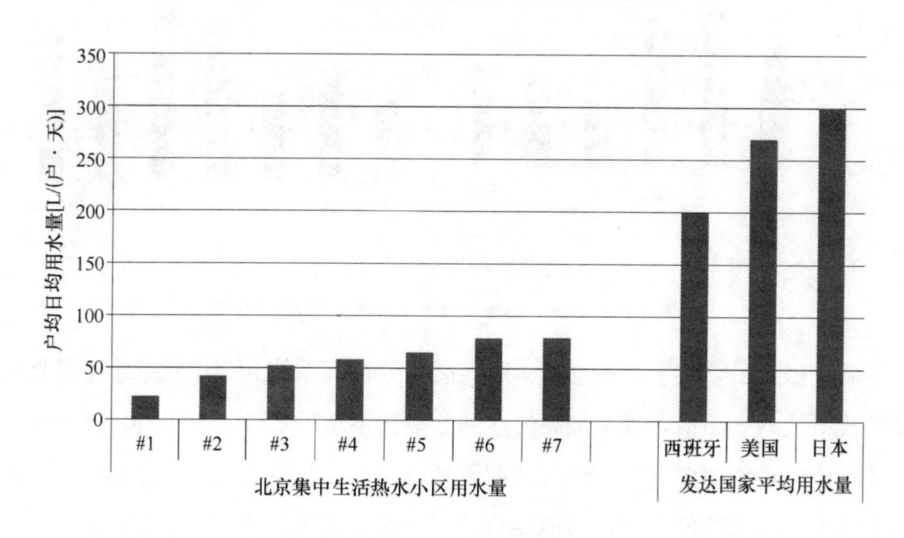

图 4-44　中外户均用水量对比

注：发达国家用水量取国家平均数值。

巨大的个体用水量差异反映出住户对生活热水消费需求的巨大差异，也反映出住户使用模式对热水系统运行的巨大影响。在生活热水系统设计、节能改造时，必须从实际情况出发，考虑用户使用模式所产生的影响才能得到最适宜的方案。

(2) 集中式生活热水系统现状

2012年，清华大学对北京7个集中生活热水系统以及若干户分散式热水器进行了测试调研。所调研集中式系统服务面积在5万～35万m^2之间，小区住户日均户均用水量（以项目总供应户数计算）为20～80L/(户·d)。其中，集中式系统有效热利用率在0.25～0.55之间，供应1t热水需消耗水泵电能4～18kWh/t，消耗燃气8～18m^3/t，单位热水成本为30～60元/t（图4-45和图4-46）。

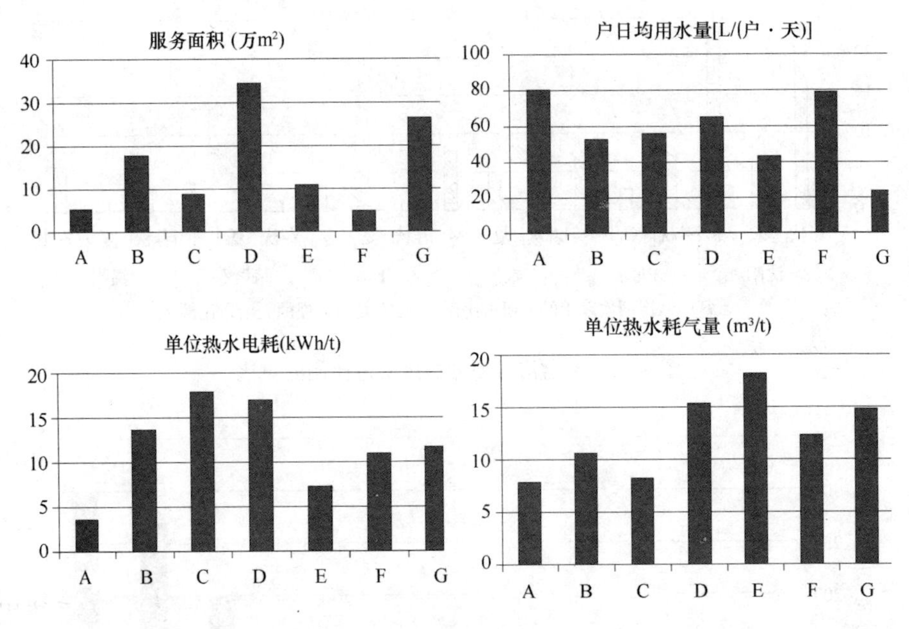

图4-45 北京某热力集团项目集中生活热水系统相关数据

注：数据来源为2011年非采暖季生活热水系统统计数据。

调研数据显示，集中式系统成本明显高于分散式系统。集中式系统中最低成本为分散式系统的3.1倍，成本最高的达到分散式系统的6.4倍。另外，即使不计算所占成本比例最大的燃气费，86%的调研项目仅水费与电费之和就已超过了分散系统的总成本。热水单价方面，考虑住户的经济承受能力，北京目前生活热水平均单价为20元/t。热水售价远低于热水成本，使得集中生活热水系统始终处于亏损运营的状态，热水系统亏损额只能通过冬季供暖的利润来填补。糟糕的经济运行状况，已令热力集团不得不放弃未来继续接管或建设集中式生活热水系统的计划。

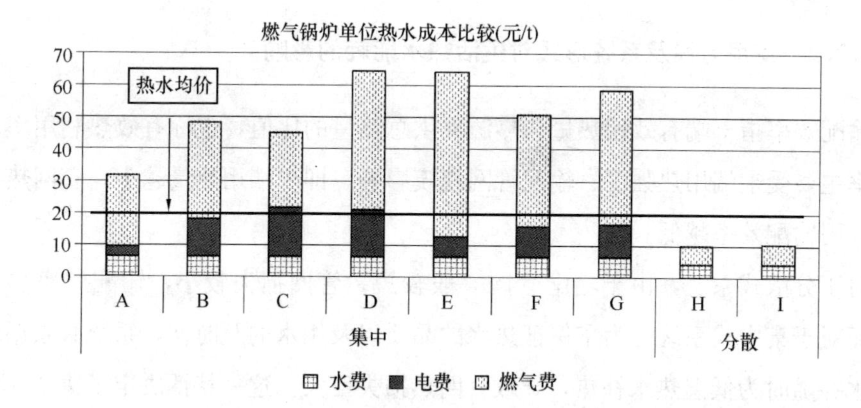

图4-46 集中生活热水系统热水成本拆分

注：1. 集中式系统数据来源于热力集团2010年3月～2010年8月运行记录，分散式系统数据为2012年5月实测结果；

2. 天然气价格2.55元/m³，电价0.86元/kWh，水费6.21元/t（工商业用水），4.00元/t（居民用水）；

3. 图中所示集中式生活热水系统热源为燃气锅炉，分散式系统为即热式燃气热水器，提供50℃热水。

用户体验方面，实地调研的13个用户样本统计如图4-47所示，92%的用户认为集中热水价格偏贵，62%的用户认为二者舒适度差不多，77%的用户表示集中与分散热水在使用前均需放大量冷水，二者在便捷性上差别不大。调研问卷结果表明：相比于分散式燃气热水器，集中式生活热水系统在用户体验方面并无明显优势。加之集中热水单价高于分散式系统成本，调研项目近40%的集中式系统用户放弃集中式热水而使用自装的燃气式分散式热水器，这也进一步加剧了集中式系统的亏损现状。

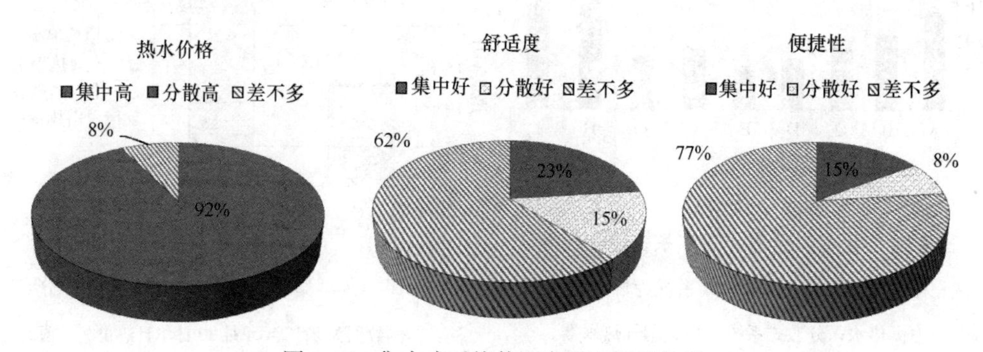

图4-47 集中式系统使用者调查问卷结果

4.7.2 使用习惯及系统形式对生活热水能耗的影响

输配效率指末端有效用热量与热源提供总热量的比值，也称有效热利用率。输配效率主要受末端用热强度、输配管网规模影响，即末端用热量越小，管网热损失越大，则输配效率越低。

对于分散式系统，由于输配管网一般较短，管网损失较小，输配效率往往较高。而对于集中式系统，为了保证热水的品质以及用水的及时性，系统必须循环管网热水并随时为低温热水补热，导致管网热损失巨大。这一特性决定了集中式系统的输配效率低下，是集中式系统耗能、高成本的主要原因。从输配效率角度考虑，集中式系统必然不如分散式系统。

清华大学2012年测试数据显示，分散式燃气热水器的有效热利用率约为0.8，水平较为稳定；集中式系统有效热利用率参差不齐，从0.25到0.55不等，但均远低于分散式系统。即每供给1份热量，仅有0.25～0.55的热量被末端用户实际利用（图4-48）。从典型案例热量拆分可以清晰地看出，项目C、E的末端用热量仅占系统总耗热量38.9%、26.5%；而输配系统散热量占系统总耗热量的58.1%、60.8%，散热量远大于末端用热量（图4-49）。测试数据证明：集中式系统管道热损失巨大，严重影响系统的热利用效率。

一般来说，集中式系统的供水温度较为稳定，管网的沿程散热系数也呈现季节性稳定的规律。因此，末端用热强度、管网散热强度往往可以用末端用水强度、管网总表面积来衡量。考虑系统用户数量后，集中式生活热水系统有效热利用率受

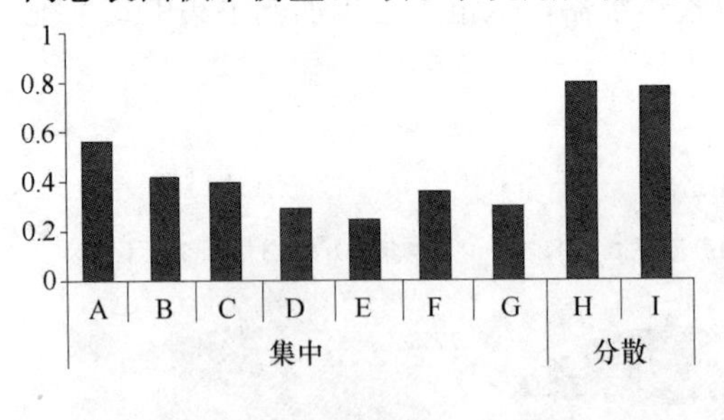

图4-48 集中、分散式热水系统输配效率

注：样本地点为北京；集中式系统为燃气锅炉集中供热水；分散式系统为户式燃气热水器。

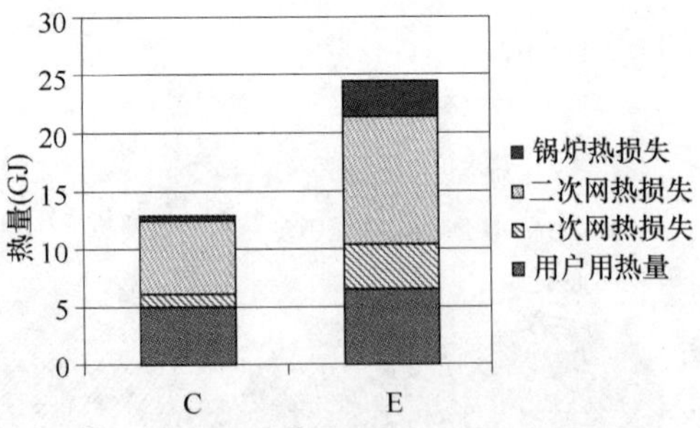

图4-49 典型集中式系统典型日热量拆分

注：案例数据为2012年4月20日单日热量测试值。

"强度"与"规模"的影响可以用"户日均用水量"、"户均管网面积"来表示，如图 4-50 所示。

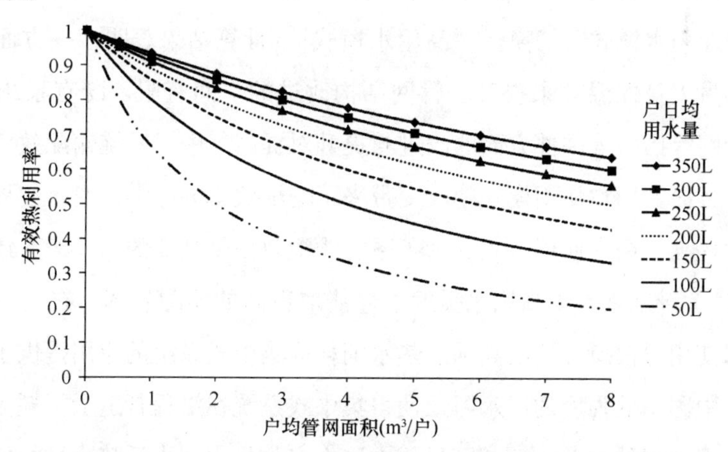

图 4-50　集中式生活热水系统有效热利用率曲线

注：计算条件为，供水温度 45℃，自来水温度 15℃，管道外温 10℃，散热系数 0.33W/(m·K)。

从有效热利用率曲线可以看出，输配效率随户日均用水量的增大而升高，随户均管网面积的增大而降低；且户日均用水量越大，输配效率受户均管网面积的影响越不明显。正常实际工程中，管网会根据小区住户分布而因地制宜地设计，故户均管网面积的变化范围一般较小。从实际调研数据（表 4-21）来看，调研的集中式系统户均管网面积为 2.5～6.0m²/户，即用水量水平不变的情况下，增大户均管网面积对有效热利用率的最大影响为 0.13～0.2。再看用水量方面，从图 4-44 的中外用水量对比可以看出，由于用户使用习惯的不同所导致的用户用水量水平差异非常巨大，最大可从 50L/(户·d)变化至 300L/(户·d)，两者相差 5 倍，其对有效热利用率的影响最大也可达到 0.45。如此看来，用户用水量水平是影响集中式系统输配效率最大且个体差异最大的因素。

实际系统输配效率参数　　**表 4-21**

小区	有效热利用率	户日均用水量(L)	户均管网面积(m²/户)
项目 A	0.56	80	2.7
项目 C	0.40	55	3.3
项目 E	0.27	63	5.6
项目 F	0.36	79	5.1

以项目E为例计算分析不同因素的改变对输配效率的影响（表4-22、图4-51、图4-52）。加强管道保温，将原工况的管道保温加厚20mm；提高用户用水量，从当前的“普通用水模式”切换至“高用水模式”。计算结果表明：一方面，由于系统管道散热量大且保温效果提升、管网结构改进的空间有限，既有系统在加强保温、紧凑管网等措施等硬件方面的改进与提升对提高集中式系统输配效率的作用不明显。另一方面，用户使用模式的改变带来了输配效率的巨大改变，使得输配效率得到了质的提高。用户使用模式成为了系统输配效率是高效的“0.80”还是低效的“0.38”的最关键因素，即高用水强度下才能取得高的输配效率。在美国等发达国家，其热水使用习惯所导致的高强度热水消耗为集中式系统的应用提供了适宜的平台。然而在中国，低强度的用水习惯使得集中式系统在沿程管道上损耗大量热量的同时无法获得理想的收益，造成了目前中国大多数集中式生活热水系统低效、亏损运营的现状。

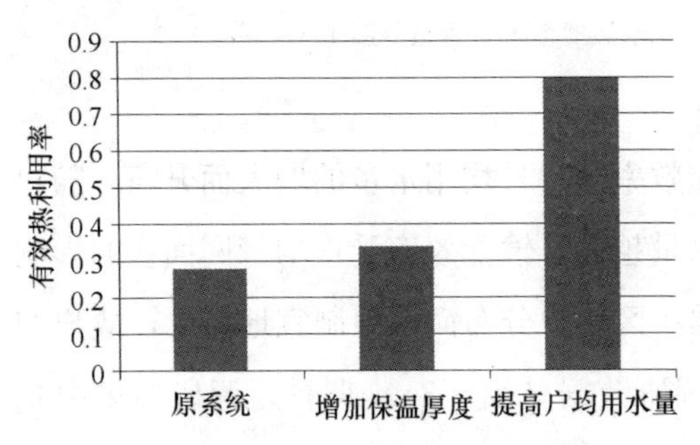

图4-51 各因素对有效热利用率的影响

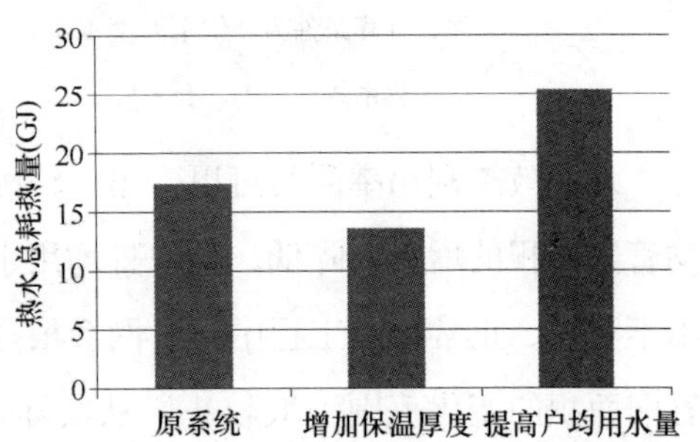

图4-52 热水总耗热量（GJ/d）

各优化措施对系统有效热利用率影响（以项目E小区为例） **表4-22**

优化措施	参数值		有效热利用率	单位热水耗热（GJ/t）	热水总耗热量GJ（以500户计算）
	原系统	改进后			
原系统	—	—	0.28	0.55	17.42
增加保温厚度	20mm保温	40mm保温	0.34	0.43	13.61
提高户均用水量	63L/(户·d)	280L/(户·d)	0.80	0.18	25.34

注：各项优化措施计算结果基于前一项优化基础之上。

但在考虑输配效率的同时又必须注意的一点是：“高用水模式”下的集中式系统的高输配效率是建立在高能耗的基础上的。在“高用水模式”下，近乎“普通用水模式”5倍的热水用量虽然使得热利用效率极大地提升，但同时带来的是46.5%的生活热水能耗升高。“高能效”并不等于“低能耗”。所以，坚决不能通过提高居民用水水平来追求高效率，而是维持目前的用水水平并找到最适宜该水平的生活热水系统形式。

4.7.3　不同热源形式的适用性

对于集中式系统，系统耗能一部分用于加热产热水，一部分用于热水的输配。由于集中式系统在输配效率方面存在的劣势，只有当源侧效率高于分散式系统并且源侧节省的能耗可以填补甚至超过输配损失时，集中式系统才能比分散式系统节能。所以，集中式系统的热源选择必须基于输配效率水平充分考虑热源效率是否能够满足系统要求。

不同热源的分散式热水器能耗如表4-23所示，分散式系统加热1t 40℃的热水所需能耗为8.7～39.7kWh。以此为标尺，考虑不同用水量水平、不同户均管网面积下，假设各类集中式生活热水系统的热源性能发挥至实际最出色水平，计算系统的总能耗。与分散系统相比，总能耗越低则说明该类热源作为集中式系统热源的潜力越大；总能耗高于分散系统，说明在该有效热利用率下，该种热源用于集中式系统的能耗必然高于分散式系统，故不建议作为集中式系统热源使用。

不同热源分散式生活热水系统比较　　表4-23

热　源	电	燃　气	空气源热泵
单位热水能耗	39.74kWh	3.99 m^3	11.66kWh
千瓦时有效电(kWh)	39.74	27.84	8.74

注：1. 热水供水温度40℃，冷水温度10℃。

2. 即热式电热水器，电加热效率0.88；即热式燃气热水器，加热效率0.88，燃气热值35.84MJ/m^3；空气源热泵热水器，热源*COP*为3。

以热泵式集中热水系统为例，计算户均用水量分别为50L/(户·d)、100L/(户·d)、250L/(户·d)时，不同管网面积下的集中式热泵热水系统能耗，如图4-53所示。与电、燃气式分散系统能耗相比，一般情况下，热泵作为集中系统热源时，其能耗低于电和燃气分散系统。而与分散式热泵系统相比，只有在高用水量、小户均管网面积时，热泵作为集中系统热源才具备优势。

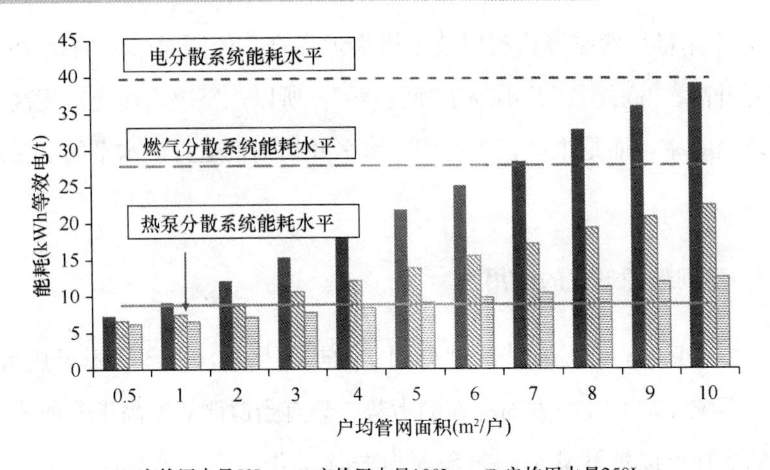

图 4-53 集中式热泵生活热水系统能耗计算结果

同理通过计算分析，各热源适用形式及条件给出以下建议：

（1）仅适用于分散式系统的热源：电加热、燃气。

由于电加热以及燃气锅炉在用于集中式系统与分散式系统时的效率差别不大，集中式系统热源效率优势较小，导致在考虑了有效热利用率之后的绝大多数情况下，以电加热或燃气为热源的集中式系统仅热源能耗便超过分散式系统能耗。所以，电加热、燃气仅适用于分散式系统，不推荐作为集中式系统热源使用。

（2）仅适用于集中式系统的热源：工业余热。

由于工业余热的集中式热源特性，决定其仅适用于集中式系统而无法作为分散式热源使用。工业余热生活热水系统最大的优势在于热源热量免费，但也只有在输配能耗低于加热水所需能耗时才具备优势。

（3）视具体情况而定的热源：热泵。

在不同形式下，热泵的能耗均较低。一般情况下，集中系统的能耗要高于热泵分散系统的能耗，而燃气和电的分散系统能耗要高于热泵集中系统的能耗。在具体的应用中，需根据实际情况选择合适的热泵系统形式。

4.7.4 结论

用户用水量对生活热水系统能耗起着至关重要的影响，差异巨大的居民用水模式深刻地影响着不同类型热水系统的适宜性。集中式热水系统相比于分散式系统，全管网24小时循环所带来的巨大的输配热损失、输配电耗使其输配成本大大提高。尤其是当末端用水量较低时，集中式系统的输配效率将远低于分散式系统，系统经济性也大大降低。

需要特别注意的一点是：生活热水系统节能的关注点应始终保持在“低能耗”上，而不是盲目地追求“高能效”。当实际情况的用户处于“高用水模式”时，采取包括采用集中式系统在内的一切有效的方法来提高系统能效，确实能够达到降低系统能耗的目的。但无论效率多高，相比于同效率下运行于“低用水模式”的系统，“高用水模式”所带来的高能耗是无法被掩盖的。所以对于处于“低用水模式”的系统，不能为了追求集中式系统的“高能效”而鼓励居民提高用水量，而是应该保持当前的用水习惯，选择最适宜当前用水模式的系统形式，从而达到“保证低能耗，追求高能效”的节能目的。

对于生活热水系统热源及系统形式的选择需要根据不同情况具体区分。电和燃气两种热源，用于集中式与分散式相比效率并无明显区别，效率的提升无法弥补集中式系统输配所带来的损失，故仅适用于分散系统；工业余热由于热源来源性质特殊，只能用于集中式系统，不过只有当输配能耗低于加热水所需能耗时才具备节能优势；热泵式热源可根据情况选择集中或分散的系统形式，当用户用水量大、小区规模集中时，热泵作为集中热源有较大节能潜力。

4.8 家电电器节能

2011年，中国城镇住宅中家电能耗为1106亿kWh，折合3407万tce，占住宅总能耗的22.2%，全国城镇住宅单位户的平均家电能耗为460kWh/(户·a)。随着我国居民生活水平的不断提高，住宅电器能耗呈现显著逐年上升的趋势，各类家用电器的拥有率也持续增长，因而如何正确引导家用电器的节能，对于有效控制和降低住宅能耗显得尤为重要。

由于本书其他章节就照明、空调和生活热水的用能将展开深入的讨论，因而本章所讨论的电器主要指在除照明、空调和生活热水外住宅用电设备，例如电冰箱、洗衣机、饮水机、电视机等。

电器能耗的逐年上升是导致住宅总能耗逐年增加的重要原因之一。因此，为了实现住宅建筑的节能目标，如何控制并降低家电能耗是急需讨论的一个问题。针对住宅电器的使用现状，存在以下几个关键性问题在家电节能中起着重要作用。

4.8.1 应逐步提高常用家用电器的能效水平

对于诸如电冰箱、洗衣机、电饭煲这类电器来讲，生活中使用频率很高，使用方式也相对固定，所以不同的能效水平对于耗电量的影响相当显著。因此，提高电器的能效水平就成为降低该类电器耗电量的有效途径。

根据国家一系列“耗电量限定值及能源效率等级”的规定，家用电器的能效等级由此确定。以电冰箱❶、电饭煲❷和洗衣机❸为例，各等级上的电器耗电量差异如图 4-54 所示（依据电器能效等级标准，电冰箱以 90L 冷冻容量、90L 冷藏容量为例，电饭煲以实际加热功率 700W 为例，波轮洗衣机和滚筒洗衣机都以 6kg 的洗涤容量为例进行计算）。可见不同能效等级的电器在能耗上的差别是十分明显的，由图中可见，能效等级为五级的冰箱电耗是能效等级为一级的 2.1 倍，电饭煲一级与五级的差别为 1.4 倍，波轮洗衣机的差别可以达到 2.7 倍，滚筒洗衣机为 1.8 倍。以上述冰箱为例，五级能效的冰箱全年需消耗 468kWh，而一级能效的冰箱仅需 218kWh，可节省 249kWh。

因此，对于此类使用频率较高的常用电器，逐步提高其能效水平，可以有效降低住宅家用电器的用电量，因而宜通过行业规范逐步淘汰高耗能产品，鼓励高能效产品的宣传与推广。

4.8.2 家用电器的待机能耗不容忽视

对于具有待机功能的家用电器而言，处于待机状态下并非没有电耗的产生。相反，实际生活中一些电器的待机能耗在家庭总电耗中占到了不容忽视的一部分，需要引起足够的重视。

下面将以一户家庭的电视机与机顶盒的待机耗电情况为例进行说明。如图 4-55 所示为北京某户家庭主卧内电视机与机顶盒用电量的实测结果。在 2011 年 2 月

---

❶ 《家用电冰箱耗电量限定值及能源效率等级》GB 12021.2—2008。
❷ 《自动电饭锅能效限定值及能效等级》GB 12021.6—2008。
❸ 《电动洗衣机耗电量限定值及能源效率等级》GB 12021.4—2004。

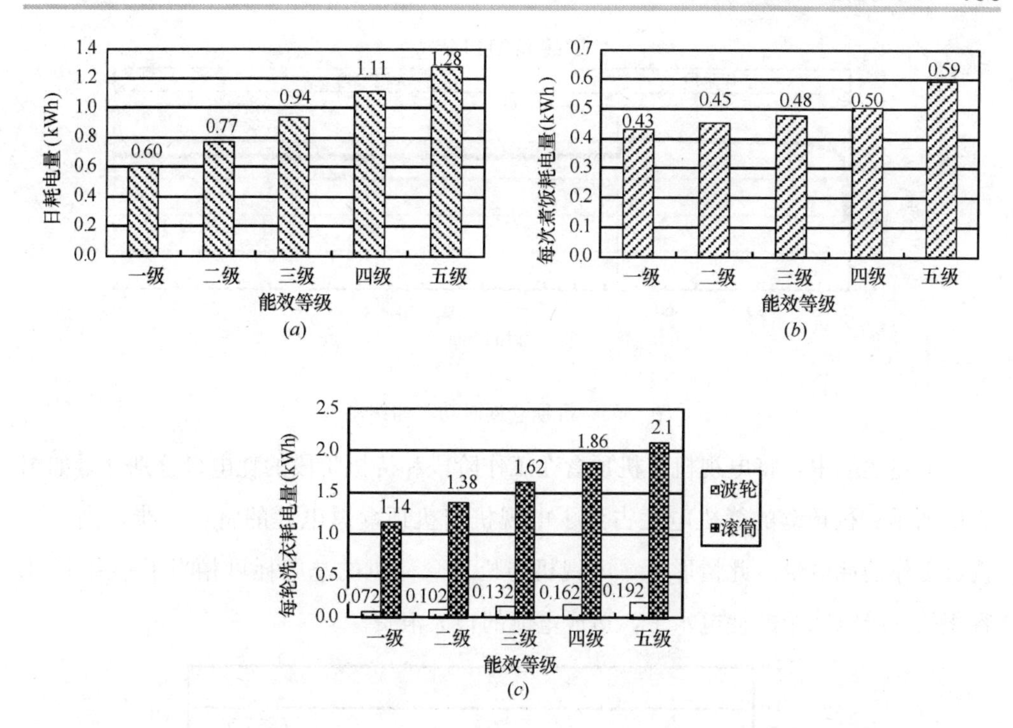

图 4-54　不同能效等级电冰箱、普通洗衣机和电饭煲的能耗差别对比图

（a）不同能效等级电冰箱耗电量对比；（b）不同能效等级电饭煲耗电量对比；（c）不同能效等级洗衣机耗电量对比

期间，该电视机与机顶盒共耗电 24.6kWh。但实际上电视的使用时间很短，平均每天只使用 3h 左右，其余时间均处于待机状态。而总电耗中，电视机耗电只占 46%左右，其余 54%均为机顶盒的耗电量。

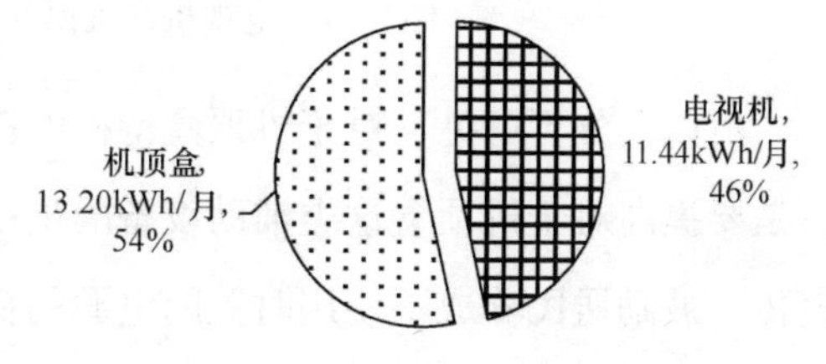

图 4-55　电视机与机顶盒的实测月耗电拆分图

为何机顶盒会消耗如此高的电耗呢？由实际的功率测试可见，机顶盒的用电情况如图 4-56 所示。测试结果显示，机顶盒在待机状况下消耗的用电量与正常工作时差异很小，持续维持在 20W 的水平上。机顶盒等家用电器，虽然其瞬时功率值不是很高，但由于用户通常在不使用时不方便关闭硬电源，普遍使用遥控器关闭而进入待机模式，但实际消耗的电量并未显著下降，因此在不知不觉中将消耗大量的电量，而这种消耗却是无谓的浪费，并未提供任何服务。

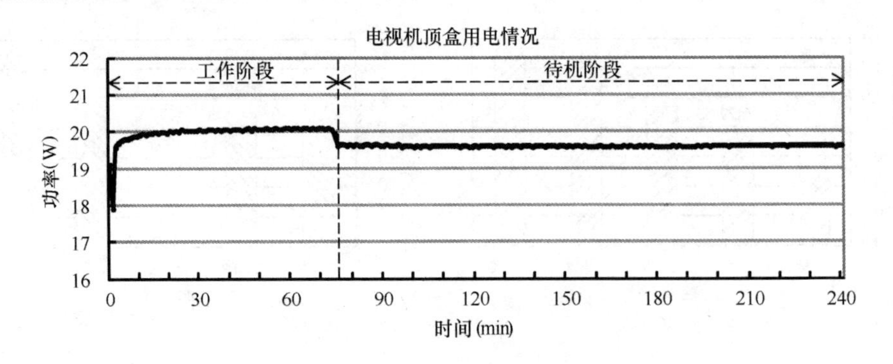

图 4-56 机顶盒逐时功率曲线图

上述案例中，将电视机与机顶盒在工作阶段和待机阶段的耗电量分别计量如图4-57所示。机顶盒的待机电耗占到了电视机与机顶盒总电耗的将近一半，高于电视机工作的耗电量。此情形下，电视机与机顶盒待机的总电耗可相当于一台120L容积的一级电冰箱的耗电水平，造成电能的很大浪费。

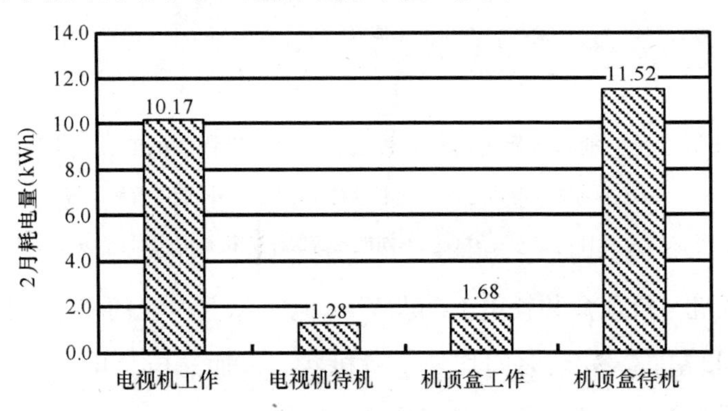

图 4-57 电视机和机顶盒工作与待机阶段耗电量

由以上分析可见，对于机顶盒待机电耗过高这一问题，主要考虑两个方面：其一是要提高对于机顶盒这类辅助设备的生产要求，降低其待机电耗；其二则是大力宣传，鼓励居民养成不使用时关闭电源的良好习惯。

4.8.3 应注重饮水机等电器的节能

自1999年起，具有加热和制冷功能的饮水机逐步进入广大家庭，替代原有暖水瓶等饮水装置，提供了便捷的饮用水。

以一户家庭为例，全天的饮水量为4L冷水和4L热水的情况下，24h开启饮水机，日用电量为 2.2kWh，等同于 180L 的一级冰箱的 3.7 倍左右，因而饮水机的节能问题非常重要。

根据实测结果，电加热、半导体制冷功能的饮水机在无饮用水需求情况下的功率曲线如图 4-58、图 4-59 所示[33]。由图中可见，加热工况下间歇性地启停以维持温度，制冷工况下持续小功率制冷保温。

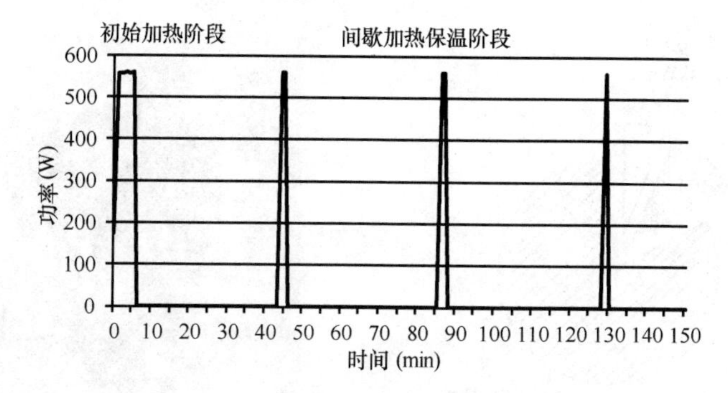

图 4-58　饮水机加热模式用电情况

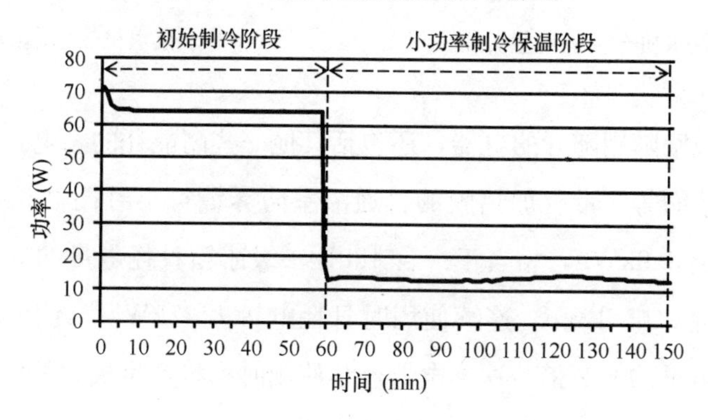

图 4-59　饮水机制冷模式用电情况

因此，上述案例中，如图 4-60 所示，日耗电量的 2.2kWh 实际上只有 11%和 6%是分别用于真正加热和制冷饮用水而需要的电量，而其余部分电耗所产生的热量或冷量则都在非使用时段的待机中散失到环境中了。实际上，一天中热量散失导致的耗电量相当大，约等于一台 180L 一级冰箱日耗电量的 3 倍左右。

因此，为了避免这种热量散失导致的巨大浪费，急需提高饮水机能效等级方面的规范，定义类似电冰箱等电器的能效等级标准，鼓励生产保温性能好的饮水机，以减少热量的散失。如图 4-61 所示，现有饮水机的热水罐通常只有一层保温棉覆盖，如能采取类似热水壶内胆一类的保温措施，可以有效减少散失到空气中的热量，从而很大程度上降低能耗。另一有效途径是鼓励使用者养成随用随开的习惯。为此，很重要的一点就在于在饮水机设计构造上的改进。应增强用户的可控性，如将开关移至前方面板，并有醒目的标示提示水温状况，方便用户随时根据需求开启和关闭。

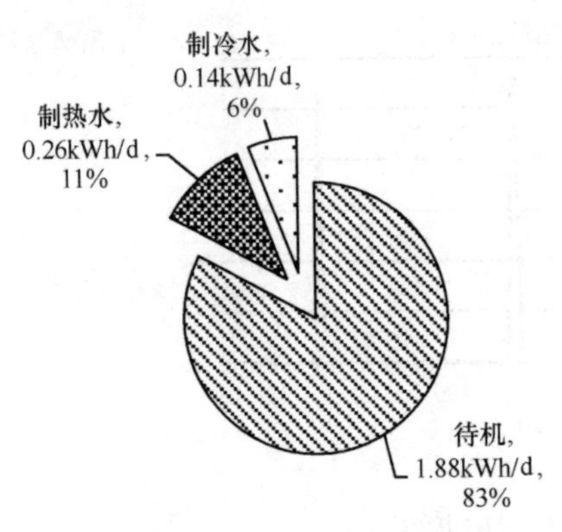

图 4-60 饮水机全天耗电量分拆图

图 4-61 饮水机热水罐的保温情况

对于这类鼓励随用随开的电器，还包括其他一些高能耗的家电，诸如浴室防雾镜、加热马桶垫圈等。带有加热膜的普通浴室防雾镜每小时耗电 0.15kWh，连续使用时日耗电量 3.6kWh，相当于一台 180L 一级冰箱日耗电量的 6 倍；加热马桶垫圈每小时电耗 0.055kWh，连续使用时日耗电量 1.32kWh，约相当于一台 180L 一级冰箱日耗电量的 2.2 倍。这类电器连续使用时都将产生极大的电耗需求，使住宅用电量大幅度上升。因此加强其可控性，鼓励随用随开的使用方式，是降低该类电器能耗的主要方法。

4.8.4 不应鼓励高能耗电器的使用

烘干机、洗碗机、带有加热功能的洗衣机其耗电量非常惊人，这类电器对于我国居民的生活方式来讲，并非是一种普遍性的需求，如果大量普及这类高耗能的电器，将造成我国住宅用电的大幅攀升。

通常情况下，一台普通家用 700W 烘干机进行标准烘干过程的电耗为 1.05kWh，与普通冰箱的日电耗相近；一台容纳六套餐具的家用洗碗机每次洗涤需 80min，耗电 0.7kWh。洗衣机也开始逐步出现热水洗衣、洗烘一体等功能。如图 4-62 所示，为具有烘干功能、热水洗衣功能和普通洗衣机一次洗衣过程（6kg 容量）的能耗的对比。由图可见，采用 45℃热水洗衣的洗衣机，加热过程能耗为 2.72kWh，是洗涤过程的两倍左右，而对于洗烘一体机，由于其烘干过程除了需除去衣物的水分之外，还需要除去洗衣桶内残留的水分，因此烘干过程的时间和能耗都远高于单独的烘干机，一次烘干过程耗电 4.8kWh，是洗涤过程的 3.5 倍。因此，热水洗衣机每次洗衣消耗的电能相当于一台 180L 一级冰箱一周的耗电量，而洗烘一体机每次洗衣消耗的电能相当于该电冰箱工作 10d 的耗电量。

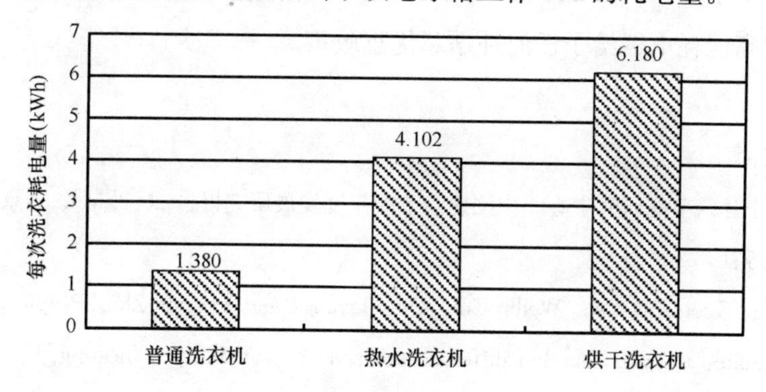

图 4-62 烘干功能、热水功能和普通洗衣机用电情况对比图

因此，对于这类高能耗且呈现非必需性需求的电器，采用不鼓励、不支持的态度控制拥有率的大幅度上涨是降低这类电器能耗的关键措施。对于这类电器，不是通过简单的能效水平来判断其是否节能，而实际上其本身就是一种不节能的电器，即使能效水平再高也不应予以鼓励。如某品牌洗烘一体机[1]，由于其高能效而享受国家补贴，这种情况就很不恰当。总而言之，降低此类电器能耗的方式，主要在于通过准入机制和税收机制，不鼓励不支持此类电器的生产和进口，纵使能效水平再高也不能给予节能方面的补贴；相反，应大力鼓励宣传更加节能的生活方式，例如相比于使用烘干机，采用太阳能晾晒衣服是就一种更加节能和健康的生活方式。

4.8.5 小结

总结以上几点内容，对于城镇住宅来讲，电器能耗占其中很大的一个部分。那

[1] 相关产品节能补贴情况见 http：//www.360buy.com/product/544946.html。

么如何采取节能措施以降低家电能耗，几个关键问题总结如下：

(1) 对于使用频率较高的常用家电，其能效是需要重点关注的问题。

(2) 对于电视机顶盒一类的辅助设备，应增强生产的规范性以降低待机功率，并鼓励不使用时关闭电源的使用方式。

(3) 对于饮水机、防雾镜、加热马桶垫圈一类的电器，可以通过增强其调控性而鼓励采用随用随开的使用方式，同时规范其能效等级以降低能耗。

(4) 对于高能耗并非必需的电器，不支持、不鼓励其生产和进口，控制拥有率的增长是主要手段。同时，不能仅从用能效率水平上去判断这类家电是否节能，更不能对这类高能耗电器给予任何补贴和优惠政策。

本章参考文献

[1] 清华大学建筑节能研究中心．中国建筑节能年度发展研究报告 2009[M]．北京：中国建筑工业出版社，2009.

[2] Juan Yu，Guoguang Cao，Weilin Cui，Qin Ouyang，and Yingxin Zhu. People who live in a cold climate：thermal adaption differences based on availability of heating[J]. Indoor Air，2012，11.（已接收）

[3] 曹彬．气候与建筑环境对人体热适应性的影响研究[D]．北京：清华大学，2012.

[4] 谢艺强．适应性及“五脏应时”理论与室内环境构建的相关性研究[D]．大连：大连理工大学，2011.

[5] 丁秀娟，郑庆红，胡钦华，李奎山．东莞地区居住建筑夏季室内热环境调查分析[J]．建筑热能通风空调，2007，26(5)：82-85.

[6] Nicol J F，Humphreys M A. Adaptive thermal comfort and sustainable thermal standards for buildings[J]. Energy and Buildings，2002，34(6)：563-572.

[7] 王昭俊，李爱雪，何亚男，杨威．哈尔滨地区人体热舒适与热适应现场研究[J]．哈尔滨工业大学学报，2012，44(4)：48-52.

[8] 李哲．中国住宅中人的用能行为与能耗关系的调查与研究[D]．北京：清华大学，2012.

[9] 刘颖，尚琪，贝品联，周作新等．空调相关常见病症的人群分布调查[J]．疾病监测，2004，19(7)：266-269.

[10] 谭琳琳，戴自祝，刘颖．空调环境对人体热感觉和神经行为功能的影响[J]．中国卫生工程学，2003，2(4)：193-195.

[11] 清华大学．国家自然基金重点项目“动态热环境与人体热舒适的基础研究”研究报告，2013.

[12] 李兆坚，江亿．对住宅空调方式的综合评价分析[J]. 建筑科学，2009，25(8)：1-5，38.

[13] 胡平放，江章宁，冷御寒，等．湖北地区住宅热环境与能耗调查[J]．暖通空调，2004，34(6)：21-22，71.

[14] 任俊，孟庆林，刘娅，等．广州住宅空调能耗分析与研究[J]. 墙材革新与建筑节能，2003(4)：34-37.

[15] Long Weiding，Zhong Ting，Zhang Beihong . Situation and trends of residential buildingenvironment services in Shanghai[C]. Proceedings of the 2003(4th) International Symposium on Heating，Ventilating and Air Conditioning. Beijing：TsinghuaUniversity Press，2003：493-498.

[16] 武茜．杭州地区住宅能耗问题与节能技术研究[D]. 杭州：浙江大学，2005.

[17] Chen Shuqin，Li Nianping，Guan Jun，et al. Astatistical method to investigate national energy consumption in the residential building sector of China[J]. Energy and Buildings，2008，40(4)：654-665.

[18] 马斌齐，闫增峰，桂智刚，等．西安市节能住宅夏季能源使用结构的调查和分析研究[J]. 建筑科学，2007，23(8)：53-56，60.

[19] 李兆坚，江亿．我国城镇住宅夏季空调能耗状况分析[J]. 暖通空调，2009，39(5)：82-88.

[20] 陈焰华，祁传斌．武汉香榭里花园水源热泵空调系统设计[J]. 暖通空调，2006，36(3)：82-85.

[21] 程洪涛，张钦，王永红．从朗诗·国际街区看今日住宅节能[J]. 暖通空调，2007，37(9)：123-126.

[22] 清华大学，同济大学，上海大学. 城镇居民生活方式与节能状况调查.

[23] 谷立静．基于生命周期评价的中国建筑行业环境影响研究[D]，北京：清华大学，2009.

[24] 雷飞，胡平放，黄素逸，等．地下水源热泵空调系统的实测以及能效分析[J]. 流体机械，2012，40(2)：57-62.

[25] 国家统计局. 中国统计年鉴 2012[M]. 北京：中国统计出版社，2012.

[26] 江亿，杨秀．我国城镇住宅建筑能耗分析[J]. 城市住宅，2008(6)：78－79.

[27] 谢静超，万旭东，赵耀华等．城市住宅结构及耗能设备节能潜力的调查分析[J]. 节能技术，2009，27(2)：126.

[28] 刘阿琪．住宅太阳能热水系统应用问题分析与评价方法研究[D]. 北京：清华大学，2011.

[29] Viktor Dorer *, Andreas Weber. Energy and CO_2 emissions performance assessment of residential micro-cogeneration systems with dynamic whole-building simulation programs [J]. Energy Conversion and Management . 50 (2009) 648−657.

[30] Residential Energy Consumption Survey 2005.

[31] Hiroshi Yoshino Case Study of a Detached house(D02) in Japan IEA/ECBCS/Annex 53 28 ~30 April, 2010, Vienna , Austria

[32] 上海现代建筑设计(集团)有限公司等. 建筑给水排水设计规范. GB 50015—2003(2009年版). 北京:中国计划出版社, 2010.

[33] 基于实测的家用电器用电模型研究[J]. 建筑科学, 2012.52. 任晓欣, 胡姗, 燕达, 彭琛.

第5章　城镇住宅节能技术

5.1　住宅被动式设计

在实现住宅节能的技术策略中，可以划分为两大部分：一部分是“需求最小化”策略，另一部分是“供给最优化”策略。而对需求的控制完全可以用被动式的方法来完成，“被动式设计”正是充分运用这一方法的例子。被动式设计是一种强调优先利用建筑自身而不通过机械设备系统来满足建筑环境的要求，并实现建筑节能目标的设计策略。对住宅建筑而言，被动式设计策略可以涵盖居住区布局优化、住宅单体设计和居住生活模式等几个方面，在这几个方面都有各自可以实现控制需求、实现需求最小化的措施，把这些措施有机地组合到一起，可以把住宅对能源和资源的日常需求降到最低，从而形成一个实现住宅建筑可持续目标的“被动式技术体系”。

在考虑住宅建筑的被动式设计时，可以从目标导向出发进行优化设计，如图5-1所示。考虑人在住宅中的热舒适状况以及室内光环境、空气品质，可以确立备选的被动式优化策略，包括建筑形体与空间布局优化、围护结构热工优化、遮阳、自然采光优化和自然通风优化等。

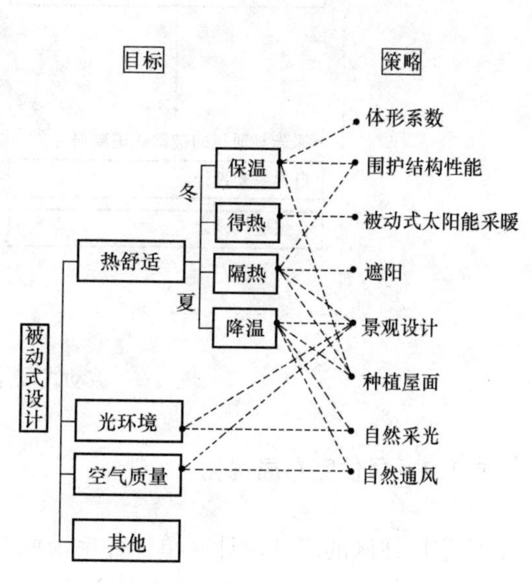

图5-1　住宅被动式设计的目标与策略分析

针对我国不同气候区的特点，对不同地区的住宅建筑需要找出其核心问题，再由问题提出相应的技术原理，进而将其转移为对建筑的空间、造型、立面、材料及设备的选择。

确立了核心问题之后，即可参照图 5-2 所示的设计流程进行被动式设计优化。首先在设计初期，基于小区风环境、热环境和日照性能优化目标对居住区布局进行优化；然后考虑被动式太阳能的利用情况确定建筑朝向，同时在权衡住宅采暖、通风与空调的权衡上对住宅的体形及平面空间关系方面（如阳光间、阳台或露台），选择有利于改善室内热舒适和节约能源的方案。其次，在建筑构件的选择上，对于立面围护结构，需要选择合适的窗墙比、墙体材料以及玻璃材料；在遮阳构件上，需要考虑合适的遮阳形式以及遮阳板的尺寸；在屋面设计上，可以考虑是否进行屋面绿化，在南方地区还可以考虑屋顶的蒸发冷却方法。第三，在住宅建筑的自然采光方面，通过进行采光设计优化选择合适的采光设计；在通风方面，综合考虑风压通风及热压通风，对住宅进行合理的通风布局及设计。

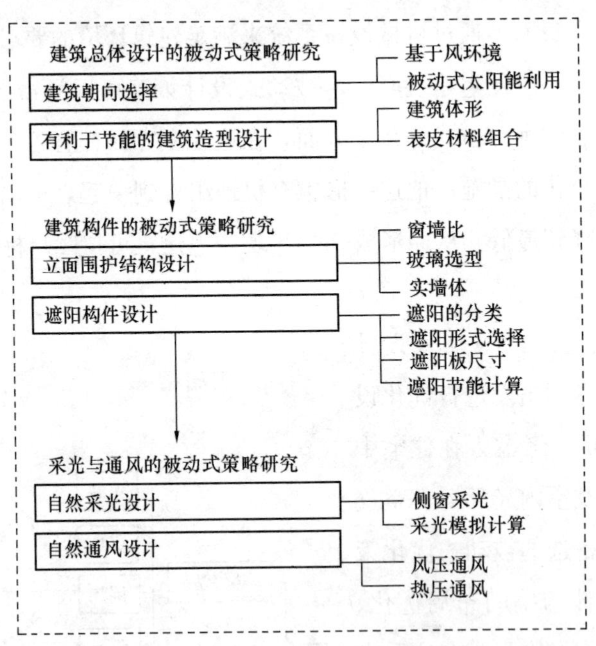

图 5-2 被动式设计优化流程

5.1.1 居住区布局优化

住宅居住区的规划设计对单体住宅节能有明显的影响。因此，住宅居住区的规划应从建筑选址、分区、建筑和道路布局走向、建筑方位朝向、建筑体形、建筑间距、冬季风主导风向、太阳辐射、绿化、建筑外部空间环境构成等方面进行综合研究，以改善居住区的微气候环境，并实现住宅节能。

合理设计居住区的建筑布局，可形成优化微气候的良好界面，建立气候“缓冲区”，对住宅节能有利。因此，居住区规划布局中要注意改善室外风环境，在冬季应避免二次强风的产生，以利于建筑防风，在夏季应避免涡旋死角的存在而影响室内的自然通风。此外，居住区规划中还应注意热岛现象的控制与改善，以及如何控制太阳辐射得热等。

住宅居住区室外空气流动情况对居住区内的微气候有着重要的影响，局部地方（尤其是高层）风速太大可能对人们的生活、行动造成不便，同时会在冬季使得冷风渗透变强，导致采暖负荷增加。例如，据测算在冬季冷风渗透造成的采暖负荷将占总采暖负荷的1/4～1/3；并随着室外来流风速的增加成指数增加。因此冬季防风对于北方采暖地区而言就意味着降低住宅的采暖负荷。

为突出重点并介绍一些新的研究成果，本节从改善居住区风环境、热环境等几个角度介绍一些被动式技术策略。

（1）居住区总体布局与地区风向的关系

首先，住宅居住区进行规划设计时，应考虑不同地区的风向特点，即按照我国不同的风向分区进行区别对待。其基本原则可以简述如下。

1）季节变化型：风向冬夏变化一般大于135°，小于180°。在进行住宅居住区规划时，应参照该居住区所在城市的1月份、7月份的平均风向频率。

2）单盛行风向型：风向稳定，全年基本上吹一个方向上的风。进行住宅居住区规划时，应避免把住宅居住区布置在工业区的下方。

3）双主型：风向在月、年平均风玫瑰图上同时有两个盛行风向，其两个风向间夹角大于90°。例如，北京同时盛行北风和南风，其住宅布局应与季节变化型相同。

4）无主型：全年风向不定，各个方位的风向频率相当，没有一个较突出的盛行风向。在此情况下，可计算该城市的年平均合成风向风速，考虑住宅居住区的规划布置。

5）准静风型：静风频率全年平均在50%以上，有的甚至超过了75%，年平均风速仅为0.5m/s。静风以外的所谓盛行风向，其频率不到5%。根据计算的结果，污染浓度极大值出现的距离大概是烟囱高度10～20倍远的范围内，因此生活居住区应安排在这个界线以外。

(2) 冬季防风的处理方法

对于严寒、寒冷地区或冬季多风地区，住宅居住区在考虑冬天防风时可采取以下具体措施：

1) 利用建筑物隔阻冷风，即通过适当布置建筑物，降低风速。建筑间距在1∶2的范围以内，可以充分起到阻挡风速的作用，保证后排建筑不处于前排建筑尾流风的涡旋区之中，避开寒风侵袭。此外，还应利用建筑组合，将较高层建筑背向冬季寒流风向，减少寒风对中、低层建筑和庭院的影响。

2) 设置风障。利用建筑物隔阻冷风，宜封闭西北向，同时合理选择封闭或半封闭周边式布局的开口方向和位置，使得建筑群的组合避风节能。可以通过设置防风墙、板、防风带之类的挡风措施来阻隔冷风。以实体围墙作为阻风措施时，应注意防止在背风面形成涡流。解决方法是在墙体上做引导气流向上穿透的百叶式孔洞，使小部分风由此流过，大部分的气流在墙顶以上的空间流过。

3) 避开不利风向。我国北方城市冬季寒流主要受西伯利亚冷空气的影响，所以冬季寒流风向主要是西北风。故建筑规划中为了节能，应封闭西北向。同时合理选择封闭或半封闭周边式布局的开口方向和位置，使得建筑群的组合避风节能。

(3) 改善住区夏季及过渡季通风的方法

要改善夏季、过渡季居住区室外的风环境，进而改善室内的自然通风，首先应该在朝向上尽量让房屋纵轴垂直建筑所在地区夏季的主导风向。选择了合理的建筑朝向，还必须合理规划整个住宅建筑群的布局，才能组织好室内的通风。一般建筑群的平面布局有周边式、自由式和行列式等几种。为了促进通风，建筑群布局应尽量采取行列式和自由式❶，而行列式中又以错列和斜列最佳。

居住区规划布局宜将住宅建筑净密度大的组团布置在夏季主导风向的下风向，将建筑密度小的组团布置在夏季主导风向的上风向。在立体布置方面，应采取“前低后高”和有规律地“高低错落”的处理方式。当建筑呈一字平直排开而体形较长

---

❶ 从建筑防热的角度来看，行列式和自由式都能争取的较好的朝向，使大多数房间能够获得良好的自然通风和日照，其中又以错列式和斜列式的布局为好。

时（超过30m），应在前排住宅适当位置设置过街楼以加强自然通风。

根据日本学者Ryuichiro YOSHIE等的风洞实验实测值和研究结果，在相同容积率情况下，住宅建筑的高度越高，建筑覆盖率越小，通风效果越好，1.5m高度处平均风速越高。建筑覆盖率减少50%，1.5m行人高度的平均风速可提高90%。在容积率需要保证的情况下，居住区宜向高层方向发展，降低建筑密度，提高通风效果。

居住区的迎风面积比[1]是决定通风阻塞比的关键参数，而通风阻塞比与居住区组团内的平均风速有良好的相关性，是决定居住区风环境好坏的关键性参数。按迎风面积比的规定性指标要求设计，是保证居住区达到风速要求和热岛强度控制要求的基本前提。为了促进通风，居住区的建筑迎风面积比应小于或等于0.7。

为了促进通风，应推广采用首层架空的建筑形式，在增加行人活动空间的同时，提供必要的通风可能性，提高通风性能。因此，在迎风面的居住区的围墙不应都是密实不通风的，建议围墙的可通风面积不小于40%。当然，地块最北侧建筑出于冬季防风考虑，不宜采用首层架空形式。

从促进通风、提高小区内的平均风速比的角度，按重要性和影响大小的角度排序，建筑迎风面积比>首层架空率>建筑群平均高度控制>建筑覆盖率。

（4）改善居住区夏季热环境的策略和方法

为了降低建筑小区室外热岛强度、提高室外热舒适，规划设计中常采用的经验做法有：

1）为至少50%的非屋面不透水表面（包括停车场、人行道和广场等）提供遮阳；或50%的非屋面不透水表面采用浅色、适当反射率（反射率α控制在0.3～0.5）的地面材料。

2）屋面尽量采用适当反射率（$0.3 \leqslant \alpha < 0.6$）和低反射率的材料，建筑物表面颜色尽量为浅色。适宜条件下推荐采用植被屋顶、蓄水屋顶。

3）利用适应当地气候条件的树木、灌木和植被为非屋面不透水表面提供遮阳。

4）室外绿化应注重树木、草地等多样化手段及与水景设计的有机结合。

5）利用模拟预测分析夏季典型日的热岛强度和室外热舒适的手段比较、优化

---

[1] 建筑物、构筑物在计算风向上的迎风面积与最大可能迎风面积的比值。

规划设计方案。

6）居住区内休憩场所宜布置在夏季的风场活跃区，景观小品宜布置在夏季的弱风区。居住区室外活动场地和人行道路地面宜有雨水渗透与蒸发能力，渗透面积比一般不低于60％。

对于塔楼和板楼等居住区形式，改善室外热环境的经验如下：

1）塔楼居住区热环境主要受太阳辐射和通风状态两种因素的影响，塔楼居住区的点状布局对不同风向的适应性优于板楼居住区。

2）塔楼高度的升高可降低地面的辐射得热量，从而改善居住区热环境，而塔楼间距的变化对居住区热环境的影响不大。

3）在建筑高度、建筑密度与容积率三个规划指标中，建筑高度对塔楼居住区的影响最为显著，建筑密度次之，而容积率与热岛强度和平均SET*❶无直接关联。相同容积率的前提下，高层高低密度的布局方式可获得更好的室外热环境。

4）塔楼居住区的绿化植物根据居住区中热不舒适区域的位置进行布局，可将绿化的降温功效发挥至最佳。绿化覆盖率越高，居住区热岛强度和平均SET*越低，居住区热环境状况越好。高绿化覆盖率的另一优势在于同一绿化布局可以兼顾不同风向下的热环境改善任务。

5）位于目标居住区上游的地块、道路以及水体会对目标居住区的热岛强度产生影响。此影响在距离边界50～80m以内的区域较为显著，超过这一范围后该影响显著减弱。

（5）居住区布局优化中常见问题

常见误区如下：

1）小区布局形成贯通通风风道，在冬季引风进入居住区、并使外来风速增速、降低室外热舒适度并增加了建筑采暖负荷，造成建筑能耗增加。如图5-3和图5-4所示，我国北部某沿海城市为了争取水景，设置了宽阔的入口和住区中央绿带，未能有效阻挡冷风侵入小区，避开冬季不利风向。同时住区中央绿带周边建筑多为高层，导致了较为严重的冷风侵入。对于该小区，首先应合理选择封闭或半封闭周边

---

❶ 标准有效温度，衡量室外环境热舒适的指标，指的是理想等温环境中相对湿度为50％时，人体穿着和实际运动量相对应的服装，使得人体表面温度、表面湿度和实际环境一致时的理想环境温度。

式布局的开口方向和位置，使得建筑群的组合避风节能，同时结合景观在贯通通风风道设置风障，阻隔冷风。

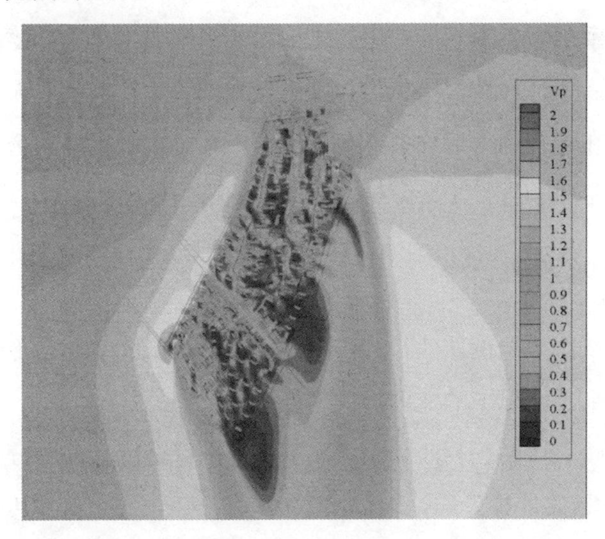

图 5-3　北风向下——小区风速放大系数（来流风速为 5.6m/s）

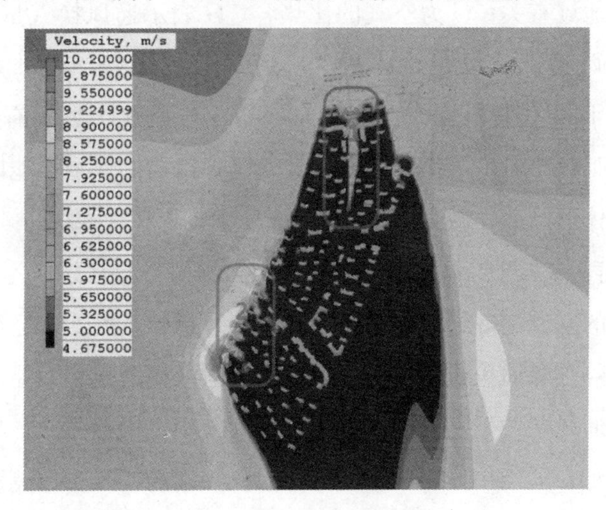

图 5-4　北风向下——小区大于 5m/s 区域（来流风速为 5.6m/s）

2）小区密度大的组团在夏季主导风向的上风向，密度小的组团在夏季主导风向的下风向，导致整个区的通风不畅；建筑高度过于规整、对齐、高度一致，阻挡了过渡季和夏季的自然通风或建筑高度南高北低，阻挡夏季与过渡季的自然通风，带来室外热舒适和冬季负荷增加；缺乏首层架空，夏季人行高度气流流动不畅通。

3）不恰当的景观设计也会对居住区微气候产生不利影响。如植物绿化过于密集，建筑不同朝向的绿化品种选择失当，在冬季阻挡日光进入房间，在夏天过密减少风的流动。夏季用来遮荫的落叶树的树枝在冬季可减少建筑需要的太阳能；而如果在建筑物南立面选择种植常绿植物，反而会减少了建筑物冬季太阳辐射，带来建筑的能耗增加；在建筑物附近种植景观乔灌木，其对太阳辐射的透过，对空气的流动影响需要在夏冬两季进行平衡分析，并不是越密越好。

5.1.2 住宅单体设计

住宅建筑的单体节能设计的目标是降低采暖需热量、空调需冷量，减少人工照明，提高非空调采暖情况下的室内舒适度。

为了降低采暖负荷、提高非采暖情况下的室内舒适度，需要分析一下住宅建筑采暖需热量指标Q_h的计算公式，即$Q_h=\Delta T\cdot(K\cdot A+C\cdot G)$。其中，$K$表示建筑围护结构传热系数，与建筑物保温有关，$A$表示建筑围护结构面积，$\Delta T$表示室内外平均温差，与地域有关；$C$为空气的比热容，$G$表示通风换气量，换气量越大，采暖能耗越高。两边都除以建筑体积，得到$q=\Delta T\cdot(KF/V+CG/V)=\Delta T\cdot(K\cdot\varepsilon+C\cdot n)$，即单位体积需热量与体形系数$\varepsilon$与换气次数$n$有关。可以看出，降低我国住宅采暖耗热量的关键，是改善建筑围护结构的保温性能以降低建筑物冬季需热量，降低体形系数，减少换气次数，合理控制室内外温差。

对于夏季而言，空调负荷的绝大部分是太阳辐射得热，以及室内外温差负荷。考虑到我国住宅的空调制冷绝大部分都不是连续运行的，因此住宅被动式设计的关键是做好遮阳、隔热和通风设计，一方面增强围护结构的隔热性能，增强自然通风能力，改善自然通风条件下室内的热舒适，减少使用空调的时间；另一方面减少夏季太阳辐射得热量，适当提升围护结构的保温隔热性能，减少空调制冷能耗。

以下分别从体形系数、阳光厅等几个角度，介绍一下单体建筑的被动式技术策略。

（1）体形系数

体形系数的定义为单位体积的建筑外表面积。它直接反映了建筑单体的外形复杂程度。体系数越大，相同建筑体积的建筑物外表面积越大，也就是在相同条件下，如室外气象条件、室温设定、围护结构设置条件下，建筑物向室外散失的热量也就越多。减少建筑需热量是实现住宅采暖节能最根本的要求。建筑体形系数也是影响单位建筑面积采暖能耗的重要因素，在北方尽可能建造小体形系数的建筑，严格控制各种别墅和其他小体量建筑的建设，也是采暖节能的重要措施。实验证明，建筑物体形系数每增加0.1，建筑物的累计耗热量增加10%～20%。当围护结构保温性能达到一定程度时（体形系数与传热系数之乘积小于0.15），降低采暖需热量的主要矛盾就转到通风换气所造成的热损失上。这时，推广可有效控制通风换气量的通风换气窗，就成为采暖节能的关键。

因此，寒冷地区的节能住宅单体外型应追求平整、简洁，如直线形、折线形和曲线形。在小区的规划设中，对住宅形式的选择不宜大规模采用单元式住宅错位拼接、不宜采用点式住宅，不宜采用点式住宅拼接。因为错位拼接和点式住宅都形成较长的外墙临空长度，增加住宅单体的体形系数，不利于节能。

对于非寒冷地区，如夏热冬冷地区、夏热冬暖地区，自然通风是减少空调使用时间，改善室内热舒适的有效策略。因为人们更乐意生活在有着较好自然通风的环境中，而不是密闭的空调环境里。因此，在建筑单体方案设计时，不仅要求建筑物单体形状利于防晒、遮阳，减少太阳辐射得热，还需考虑在室外气温低于室温时如何有效促进住宅自然通风。例如在夏季夜间，如何利用自然通风或者是围护结构本身的散热来减少空调时间，降低空调能耗。在南方地区，适当减少楼间距，首层架空，选择合适的建筑进深，都有利于住宅室内穿堂风的形成，提高非空调情况下室内热舒适，减少空调使用时间。

值得指出的是，冬季保暖与夏季遮阳、通风对建筑外形的要求在某些地方是存在矛盾的，如冬季的保温节能设计要求建筑外形尽可能的简单、紧凑，而夏季的节能设计则力求通过一些复杂的立面设计、结构设计来满足建筑物遮阳、自然通风的需求。因此，在建筑单体方案设计时，应该通过详细的建筑能耗模拟分析权衡两种设计所产生的节能效果，来确定最终的建筑单体方案。

（2）阳光间

建筑内外、庭院内外不能相互隔绝，应根据建筑用地的方位和周边环境状况，配置具有趣味的过渡空间或半户外空间。设置这样的缓冲空间，给人以宽大空间的感觉，可缓解住户的心理压力，同时还可以降低建筑热负荷。例如，中庭、阳台、露台、太阳房等开放性空间，可以让阳光、空气直接进入，同时与内部空间建立了良好的连续性。这些空间的外围护结构采用玻璃等材料，可随着季节的变化将其转化为内部空间或外部空间。这不仅实现了空间的连续性，还可起到降低建筑热负荷的作用。因此，合理的阳光间设计是将被动式太阳房理念和住宅节能设计相结合的重要环节。

被动式太阳房是指不依靠任何机械动力通过建筑围护结构本身完成吸热、蓄热、放热过程，从而实现利用太阳能采暖目的的房屋，一般而言可以直接让阳光透过窗户直接进入采暖房间，或者先照射在集热部件上，然后通过空气循环将太阳能送入室内。按照结构的不同，被动式太阳房可以分为五类：直接受益式、集热墙式、附加阳光间式、屋顶池式和卵石床蓄热式。

被动式阳光间可以认为是直接受益式太阳房或附加阳光间的一种太阳屋的空间形式。具体说，就是在南立面设置较大面积的玻璃，太阳光直接照射屋内地面、墙面或家具表面，吸收的太阳辐射能量一部分以对流的方式加热室内空气，一部分通过辐射与周围物体换热，剩下的以导热形式传入材料内部蓄存起来。在夜间或白天没有日照的时候，所蓄存的热量释放出来，使房间依然能维持一定的温度。这种方式结构简单，使用方便，但是由于窗户面积较大，夏季可能造成较大的冷负荷，同时白天光线过强容易引起眩光，并使室内温度波动较大。因此需要配置保温性能较好的玻璃、安装保温窗帘。同时需要设置遮阳构件或设计强化自然通风措施，以避免夏季冷负荷过大。而附加阳光间的形式，则是在房间的南侧有一玻璃罩着的阳光间，阳光间与主体房间由墙或窗隔开，主要用于养花或栽培，热量通过隔墙上的开口，由空气带入主体房间。但要注意由于附加式阳光间的玻璃面积较大，冬季散热较多、夏季得热过多，需要分别采取保温或隔热、通风措施。

除了单独的阳光间之外，对于冬季较为寒冷的住宅，其南向的厅或卧室，均可参照上述模式进行被动式太阳得热房的设计。如果有可能，还应适当增加南向外墙、隔墙以及楼板的蓄热性能，铺设一些卵石、青石、水体或其他的蓄热构造方式，形成蓄热构造，白天获得更多热量，蓄存起来夜间墙体释放，调节室内温度波动，改善室内热舒适。

(3) 自然通风设计

住宅设计中通常希望有效利用风压来产生自然通风，因此首先要求建筑有较理想的外部风速。为此，住宅设计应着重考虑以下问题：建筑的朝向和间距、建筑群布局、建筑平、剖面形式、开口的面积与位置、门窗装置的方法及通风的构造措施等。为了促进住宅风向情况下的自然通风效果，一些具体的措施如下：

可开启外窗面积不小于房间地表面积的5%。卧室、起居室、书房及厨房均具有与室外相通的外窗，可开启面积应不小于整窗面积的25%。当开口宽度为开间宽度的1/3～2/3，开口大小为地板面积的15%～25%时，室内通风效果最佳。

房间进深与层高的比值应满足：单侧通风的房间小于2.5，形成穿堂风的房间小于5。

房间开窗位置对室内自然通风也有很大的影响。由于窗扇的开启有挡风和导风的作用，所以门窗如果装置得宜，能增加通风效果。当风向入射角较大时，如果窗扇向外开启成90°，会阻挡风吹入室内。此时，应增大开启角度，将风引入室内。中轴旋转窗扇可以任意调节开启角度，必要时还可以拿掉，导风效果好。房间内如果需要设置隔断，可做成上下漏空的形式，或在隔断上设置中轴旋转窗，以调节室内气流，有利于房间较低的地方都能通风。

住宅室内空间（平、剖面）布置和不同功能房间的合理使用，也应该尽量有利于自然通风。例如，当建筑东西朝向而主导风向基本上以南向为主时，可以考虑锯齿形的平面组合或开窗方式。这时东西向外墙不开窗，起到遮阳的作用，凸出部分外墙开窗朝南，以引入主导风入内。当住宅南北朝向而主导风向接近东西向时，可以考虑把住宅房间分段错开，采用台阶式的平面组合，使得原来朝向不好的房间变成朝东南或者南向。

可以结合室外庭院、内楼梯和坡屋顶综合设计，改善住宅自然通风。如图5-5所示，建筑师在住宅室内外分别设计了一个应对夏季、过渡季主导风向的公共庭院和烟囱，来促进自然通风。南方地区住宅楼的露台、阳台，用在内隔断或外廊等处的落地窗、漏空窗、折门等，都是有利于通风的构造措施。

中央楼梯、坡屋顶设计则可以综合地利用风压、热压、文丘里效应促进自然通风。

住宅地下空间尤其是地下车库的自然通风问题需要引起重视，这可以和住宅屋顶的无动力风帽结合起来设计，解决地下车库的空气品质问题，减少风机运行时间，降低能耗。

（4）遮阳设计

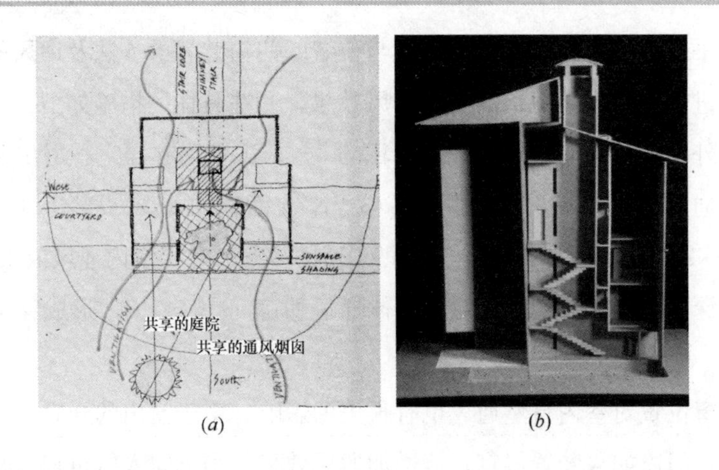

图 5-5　住宅利用共享庭院及楼梯间进行自然通风

(*a*) 平面设计；(*b*) 楼梯间剖面（模型）

遮阳的主要目的是为了夏季减少太阳辐射直接或间接进入室内，降低空调能耗，改善室内的环境。外窗、外墙和屋顶等部位均可设计遮阳。常见的遮阳产品有内遮阳、水平外遮阳、垂直外遮阳、挡板式外遮阳、外置卷帘遮阳等。各种常见遮阳产品的特点和适用性如表 5-1 所示。

常见遮阳产品的特点和性能　　　　**表 5-1**

遮阳形式	构　成	特　点	适用性
水平外遮阳	实心板、栅型板、百叶等	适宜于遮挡从窗顶上面射来的太阳光	低纬度地区或夏季建筑南立面
垂直外遮阳	实心板、栅型板、百叶等	适宜遮挡从窗侧面射来的阳光	建筑东、西方向
挡板式外遮阳	实心板、栅型板、镂空金属板等	适宜于遮挡平射过来的阳光和漫散射辐射，影响室内视线	建筑东、西方向和低纬度地区
外置卷帘遮阳	织物卷帘、金属卷帘、金属等	同上，体量小、外观简洁，控制灵活	同上
内遮阳	织物帘、金属百叶等	经济，调节灵活，方便安装和拆卸，遮阳效果不如外遮阳	住宅建筑

一般居住建筑，阳光照射时间短，而且射入房间的面积少。按国际上的惯例通常认为固定的遮阳构造成本低且维修费用低，节能效果是可靠的，而活动式遮阳因

为不能保证使用者正确使用而一般不予认可，但近年来由于活动式遮阳使用上有适应季节变化的灵活性，采用活动式遮阳方案的住宅增多起来。因此，我们鼓励设计者使用固定遮阳的同时也鼓励使用活动式遮阳。

需要注意的是，遮阳板的位置安装正确与否，对房间的通风及热环境的影响较大。首先遮阳设施对房间通风有阻挡作用，资料表明，一般装有遮阳的房间，其室内风速降低22%～47%左右。室内风速的减弱程度和风向与遮阳的安装有很大关系。其次，水平遮阳板面受太阳照射后，会产生热空气上升，为了避免这股热空气被导入室内，水平遮阳板应离开墙面一定的距离安装，使大部分热空气能够沿墙面排走。

（5）建筑单体设计中的被动技术应用误区

建筑单体设计中也往往存在着一些误区，在设计实践中，最突出的主要是不合理的保温设计、不合理的自然通风设计、通风外墙的错误选取以及不合理的遮阳设计等。

1）保温设计存在的误区主要表现为：①认为墙体保温设计的越厚越好。在夏热冬暖或夏热冬冷地区，建筑运行过程中外围护结构不仅要兼具保温同时还应起到隔热作用。当室外温度低于室内温度时，需要增强室内散热，墙体保温设计的过厚，倒反而阻碍了室内外的传热，使室内的热量不容易散发出去，导致空调负荷增加；而且当设计的墙体保温达到一定的厚度后，保温层厚度的再增加对耗能量的减少所起的作用就非常小了。如果设计人员此时再一味地追求墙体的保温层厚度，反而会使材料成本、施工难度、运营维护等成本增加，而实际的节能效果并未得到显著的提高。②认为墙体的传热系数达到规定指标即可，而忽视墙体本身的热惰性指标，特别是夏热冬暖地区的墙体设计。③忽视建筑类型而盲目选取保温设计。针对不同的建筑类型，如住宅，公建中的办公建筑，商场建筑，旅馆建筑，应该采取不同的保温设计策略，需要综合考虑冬夏的采暖和空调负荷。

2）自然通风设计中的问题最主要体现在不合理的内外开口大小以及位置：在炎热地区，窗台高度高于人体坐着时的高度，在寒冷地区或者高层建筑，窗台高度反而低，使得室内的自然通风舒适度降低；错误理解建筑用窗开口率与用窗尺寸，使得建筑外窗的通风面积未能满足设计时的有效通风面积，导致室内气流量严重不足；不合理的房间隔断破坏贯穿建筑前后的穿堂风，不合理的开窗位置导致室内通风不畅，或者主要活动区没有直接处于通风路径之中，以及过大的建筑进深导致室内空气流动不畅，室内空气品质恶劣，等等。

3）不合理地使用通风外墙：住宅建筑中，在夏热冬冷和夏热冬暖地区，夏季太阳辐射强烈、炎热时间相对较长的气候条件下，采用通风外墙能够起到明显的节能和改善室内热舒适度的效果，但某些设计师对住宅建筑散热特性和当地气候特征认识不充分，在北方寒冷地区住宅建筑上采用通风外墙，以期提高建筑保温隔热效果。殊不知北方地区冬季气候寒冷，外墙保温已经足够厚，而且住宅建筑本身窗墙比不大，在室内散热量也不多的情况下，再增加通风外墙，反而会使墙体材料成本、施工难度、运营维护等成本增加，而实际的节能效果也未得到显著提高甚至由于冷桥的问题导致保温性能大大降低。更重要的是，通风外墙会带来冷桥的问题，对于寒冷和严寒地区，通风外墙会导致外墙传热系数增加20%～30%，而且干挂的外墙材料越重，冷桥越明显。例如北京某高性能住宅，设计传热系数是0.3W/(m^2·K)，但是因为通风外墙需安装金属框架外挂石材，结果实测的外墙传热系数是0.40W/(m^2·K)，增加了30%，保温效果得不偿失。而对于夏热冬暖、夏热冬冷地区而言，通过设计通风外墙，特别对于东西外墙而言，可以提升夏季隔热效果20%左右，这时通风外墙的保温层和外墙面的空隙一般应该在7cm左右。

4）外遮阳设计中也存在如下一些问题：①误认为外窗遮阳系数越小越好，可减少室内太阳辐射得热：外窗的遮阳系数对住宅建筑能耗起着一定作用，尤其是在夏季，遮阳系数小能节省20%～30%左右空调能耗。但对于冬季有采暖的地区，存在着在设计中普遍采用遮阳系数特别小的玻璃的误区。遮阳在夏季对降低能耗起得作用越大，在冬季就对增加能耗起的作用越大，需从总体上而言要寻求一个平衡点，此时对于住宅而言，应该寻求一种可变的遮阳设置，夏季遮阳，冬季打开。目前北京新居住建筑节能标准提倡的双层封闭式阳台加内遮阳的方式是一种很好的尝试，夏季封闭阳台内层，打开阳台外层，外层加装遮阳装置；冬季内外阳台都封闭，收起遮阳装置，形成阳光间，措施简单可行，节能效果优异，可以借鉴。②外窗相当于建筑的“眼睛”，是室内人员与外界大自然沟通的桥梁，选择不当遮阳形式或遮阳系数过小，会降低室内天然采光，使得室内天然采光照度不能满足需求，因此也需要从采光与遮阳两个方面综合考虑，从中寻求一个平衡点。

5.2　内置百叶中空玻璃

所谓内置百叶中空玻璃是将百叶帘安装在中空玻璃内，通过磁力控制闭合装置和升降装置来完成中空玻璃内的百叶升降、翻叶等功能。普通中空玻璃封闭空气间层虽然热阻较大，但通常采取窗口遮阳板、加设窗帘、百叶或采用各种镀膜玻璃等遮阳措施，而使用外百叶或窗帘遮阳，除要适应室外风压和雨水的考验外，还需经常维护和清洗，比较麻烦。内置百叶中空玻璃不仅可以解决以上问题，而且通过调节百叶状态便可达到阻隔太阳辐射入室内和调整室内采光度的双重目的，可以在不同的季节达到动态双向节能的效果，其综合节能性能将会优于很多现有的其他节能方式。

5.2.1　技术特征

我国南北方、东西部地区气候差异很大。在严寒地区，室内外温差大，热能损失占主导地位，外窗的保温是关键。而在夏热地区，夏季南方水平面太阳辐射强度可高达1000W/m^{2}以上，强烈的太阳能辐射透过室内，将严重影响建筑室内热环境。因此，建筑用窗主要是通过降低热传导与对流，控制室内热能向室外流失，以较低的传热系数实现其保温性能。通过降低对太阳能的遮蔽，控制阳光直射的辐射导热，减小遮阳系数实现隔热。所以，玻璃窗的节能性应以传热系数K和遮阳系数SC共同进行评价。

（1）保温性能

内置百叶中空玻璃的传热系数由K=2.0W/(m^2·K)至K=2.9W/(m^2·K)，百叶垂直状态时大大低于百叶收起状态，满足了《公共建筑节能设计标准》GB 50189—2005中4.2.2-1-2表中窗墙面积比≤0.5值的要求，又满足4.2.2-2～5中的窗墙面积比≤0.7值的要求。

当百叶垂直状态时传热系数K=2.0W/(m^2·K)；当百叶水平状态时传热系数K=2.7W/(m^2·K)；当百叶收起状态时传热系数K=2.9W/(m^2·K)。内置百叶中空玻璃当百叶在垂直状态的传热系数大大低于百叶收起状态时的传热系数，当窗的内外温差较大，致使中空玻璃内外的温差也较大，空气借助冷辐射和热传导作用，首先在中空玻璃的两侧产生对流，然后通过中空玻璃整体传递过去，形成能量的流失，而在中空玻璃百叶垂直状态下能够有效地降低中空玻璃内的气体对流与传导，从而降低能量的对流与传导损失，达到比中空玻璃更好的保温性能。

（2）遮阳性能

百叶中空玻璃的遮阳系数由 Sc＝0.18～0.90，百叶垂直状态时满足《公共建筑节能设计标准》GB 50189—2005 中有遮阳系数要求的所有地区使用。当百叶垂直状态时遮阳系数 Sc＝0.18，当百叶水平状态时遮阳系数 Sc＝0.83，当百叶收起状态 Sc＝0.90。百叶水平和收起状态时的遮阳系数为玻璃的遮阳系数，但当百叶垂直时遮阳系数 Sc＝0.18（图 5-6～图 5-8）。太阳能直接透射比为 0.16，说明了当百叶垂直状态时室内还有一定程度的可见光，能有效地阻挡夏季强烈的太阳辐射，而阻止了阳光直射到室内，改善室内的光环境，从而降低室内温度，减少建筑空调能耗。

图 5-6 百叶放下并调整为不透光角度

图 5-7 百叶放下并调整为透光模式

百叶中空玻璃集保温、隔热、隔声、安全和装饰性于一身，为建筑用窗、室内装饰隔断提供一种新的多功能产品，特别是通过调整百叶角度实现传热系数和遮阳系数可控的目的，保温性能和遮阳性能适合我国各地应用。

图 5-8 百叶卷起模式

（3）热工性能分析

由于内置百叶中空玻璃内部的百叶等部件需能够灵活运转，而且考虑到玻璃在窗框型材槽口上的安装尺寸等因素，一般玻璃总厚度在 25～35mm，且中空玻璃间层的为

20mm左右为宜。选用一款（3＋20＋3）mm的中空玻璃作为研究对象，其中玻璃均为普通透明玻璃，铝合金百叶间距为11mm，百叶宽度为15mm。如图5-9所示。

福建省建筑科学研究院王云新采用Window6软件计算上述玻璃模型，在标准的计算边界条件下，不同颜色的百叶、不同的填充气体以及不同的开启角度条件下的热工性能，并在此基础上进行热工性能影响因素分析和适应性研究。

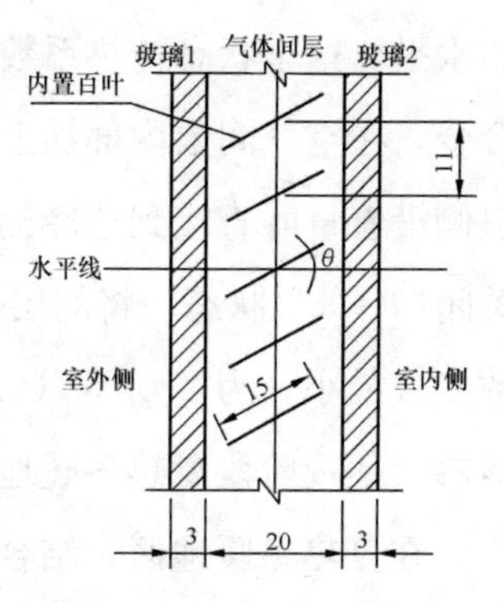

图5-9 内置百叶中空玻璃

1）百叶开启角度对热工性能的影响

内置百叶中空玻璃的工作状态一般有两种，即百叶收拢状态和百叶放下状态，而百叶放下时又分为全开（$\theta=0°$），半开（$0°<\theta<90°$）及关闭（$\theta=90°$）。图5-10表示了白色遮阳百叶（以下简称A百叶）状态与遮阳系数Sc、可见光透射比τ_V以及传热系数K的关系。

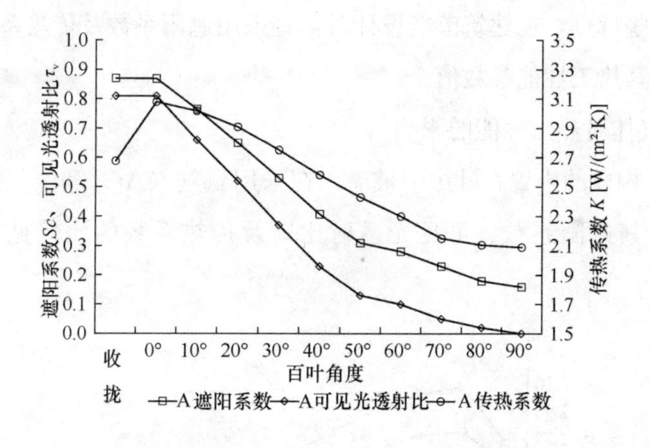

图5-10 玻璃热工性能与百叶状态的关系

由图5-10可以看出，玻璃的遮阳系数、可见光透射比均随着A百叶的关闭而减小，其中遮阳系数变化范围从0.88～0.16，基本上涵盖了普通透明玻璃、吸热玻璃、热反射镀膜玻璃及Low－E镀膜玻璃的遮阳系数的取值范围，完全能够满足夏热冬暖地区隔热的需要，并且能够随着隔热需要进行调整，灵活方便；可见光透射比变化范围从0.81～0.003，可以从普通透明玻璃的透光效果变到基本不透光，这就完全能够同时满足了人体对自然光的健康需求及私密性要求。

同时，玻璃的传热系数在百叶收拢状态下为2.68W/(m²·K)。当百叶下垂，在全开(θ=0°)时为3.07W/(m²·K)，相当于(6+12A+6)mm普通透明中空玻璃的水平，这个状态传热系数会比前一状态有所增大，这主要是由于百叶的材料为铝合金，在空气间层内部加上百叶之后，相当于在空气间层架起了“热桥”，热量会从热侧沿着百叶直接到达冷侧。随着百叶的旋转，百叶的“热桥”作用慢慢削弱，直到关闭(θ=90°)状态，将间层分割成为两个空腔，使得传热的作用减到最小，传热系数变成最小，为2.08W/(m²·K)，接近了(6Low－E+12A+6)mm玻璃的水平，能够满足现阶段夏热冬暖地区的就能要求。

在夏热冬暖地区，结合大多数人的生活习惯，不论是公共建筑还是居住建筑，在夏天需要隔热，百叶通常是开启一定的角度，遮阳系数和可见光透射比均可根据需要进行控制调整；在冬季需要保温，百叶在白天可以收拢，不但可以获得良好的采光，还可以降低传热系数，夜晚可以完全关闭百叶，不但可以避免室外的光污染，还可以使得传热系数降到最低，具有很好的适用性。所以，综合考虑内置百叶中空玻璃的这些特点，在建筑节能设计时，宜采用遮阳系数及传热系数变化范围中的最小值作为其热工性能参数值。

2）间层气体对热工性能的影响

对A百叶构成的内置百叶中空玻璃，在采用氩气（Ar）和空气作为间隔层气体的条件下，其遮阳系数、可见光透射比以及传热系数的比较见（图5-11、图5-12）。

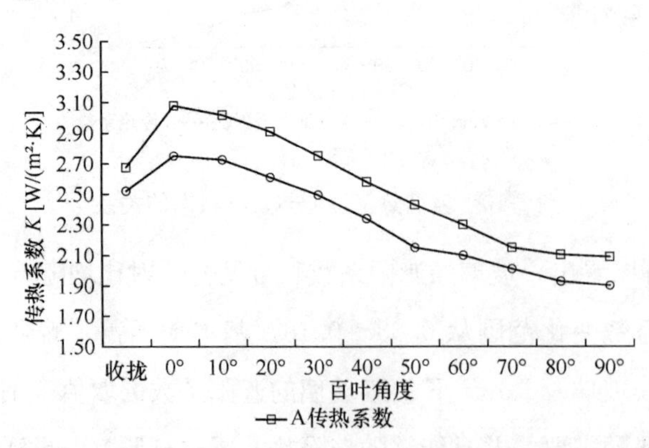

图5-11 Sc和τ_V与间层气体种类的关系

从图5-11可以看出，在A百叶玻璃中，采用空气和氩气作为填充气体后，其遮阳系数曲线基本重合，主要是由于采用惰性气体后，玻璃的二次传热会受到细微影响，但其对遮阳系数产生的影响可以忽略不计；两种填充气体对可见光透射比曲线的影响也很小，两条曲线几乎完全重合。这就说明不同的填充气体对遮阳系数、可见光透射比没有影响。

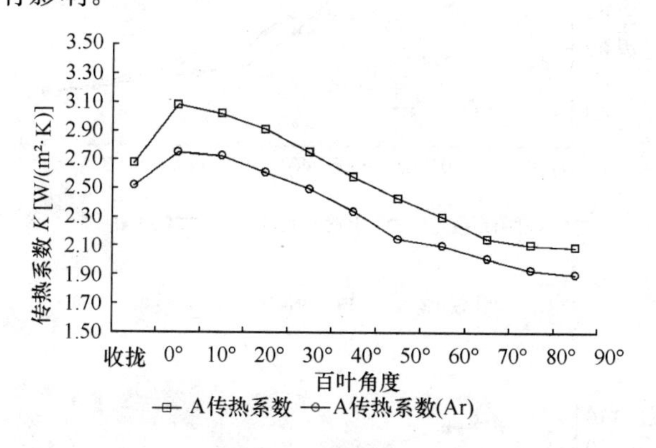

图 5-12　K 与间层气体种类的关系

图 5-12 中 A 百叶玻璃采用惰性气体后，传热系数有明显改善。从传热系数曲线来分析，填充氩气后，传热系数会降低 9%左右，能够进一步提高了其节能效果。

3）百叶颜色对热工性能的影响

除了以上的 A 百叶外，再选取 2 种不同颜色的百叶进行计算分析。几种百叶的参数如表 5-2 所示，分别对其在不同百叶开启状态下进行计算，得出遮阳系数 Sc 与百叶颜色的关系（见图 5-13）和传热系数 K 与百叶颜色的关系（见图 5-14）。

几种百叶的参数　　**表 5-2**

编　号	颜　色		前反射	后反射
	前　面	后　面		
A	白色	白色	0.70	0.70
B	浅色	浅色	0.55	0.55
C	浅色	深色	0.70	0.40

在图 5-13 中，由于 C 百叶颜色介于 A 百叶、B 百叶之间，所以其曲线也在中间位置；在收拢状态时，A、B、C 百叶玻璃实际上都是普通透明中空玻璃，其遮阳系数相等；当百叶垂下后全开（$\theta=0°$）时，A 百叶玻璃遮阳系数要优于 B 百叶

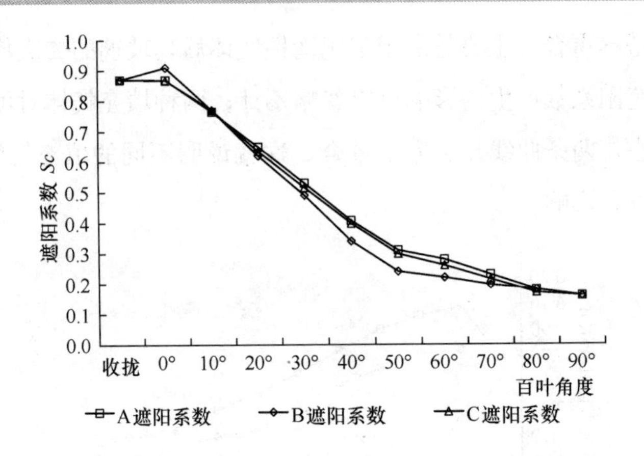

图 5-13 Se 与百叶颜色的关系

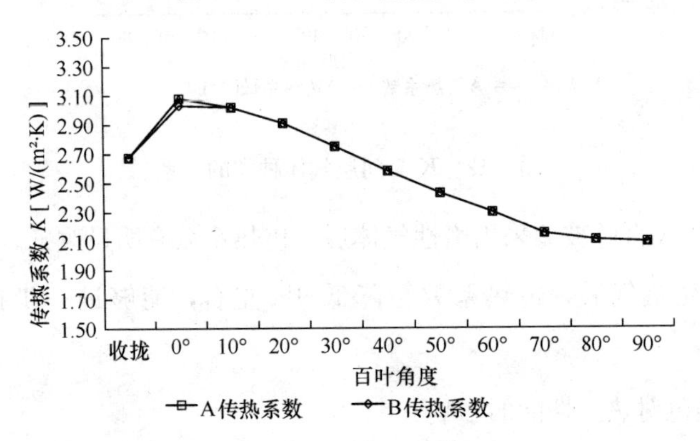

图 5-14 传热系数 K 与百叶颜色的关系

玻璃，百叶旋转大约在 $\theta>12°$ 以后，B 百叶玻璃遮阳系数要优于 A 百叶玻璃，最后在关闭（$\theta=90°$）状态时遮阳系数数值相等。这是主要是因为百叶在 $\theta<12°$ 时，A 百叶为白色，吸收的太阳辐射能量较少，其温度会低于 B 百叶，通过“热桥”作用传入室内的热量少一些，所以遮阳系数比 B 百叶低；百叶在 $\theta>12°$ 时，太阳光线会经过百叶多次相互间的反射传到室内，由于 B 百反射比较低，所以经反射到达室内的热量就少，同时由于“热桥”作用的削弱，使得遮阳系数比 A 百叶低。

虽然不同颜色百叶的遮阳系数在某些开启角度时会有所区别，但其差异并不明显，且由于其遮阳系数的可调范围是一样的，所以在使用内置百叶中空玻璃时，可以按照个人的喜好选择颜色不同的产品，其遮阳性能基本没有影响。

图 5-14 中 A、B、C 百叶玻璃的三条传热系数曲线仅在全开（$\theta=0°$）状态时有

细微差异，其余状态的传热系数基本相同，这说明百叶的颜色对内置百叶中空玻璃的传热系数没有显著影响。

因此，在夏热冬暖地区，内置百叶中空玻璃性能优越，热工性能调节范围大，完全能够满足现阶段节能要求和自然采光的需要，在建筑节能设计时，宜采用遮阳系数及传热系数变化范围中的最小值作为其热工性能参数值。

内置百叶中空玻璃中选用不同的填充气体，会影响传热系数，不影响遮阳系数及可见光透射比。在内置百叶中空玻璃中，对于同一材质的百叶，采用不同的颜色对其热工性能影响不大，节能效果无明显差异。

5.2.2　技术适应性

一般认为，通过门窗的能量损失约占建筑能耗的50%，通过玻璃的能量损失约占门窗能耗的75%～80%，这部分能耗中，既包括通过窗户本身的保温性能不良（传热系数 K 值过大）引起的房间冷热负荷，也包括窗户遮阳性能不良导致不能有效阻隔或利用太阳辐射热而形成的房间冷、热负荷。

对于北方地区，由于冬季漫长首先重视降低窗户 K 值是正确的，同时为了争取冬季充分利用太阳辐射得热，房间外窗的遮阳系数就需要提高，但目前北方地区外窗大量采用的Low-E玻璃外窗，有效降低了整窗的 K 值，重点解决了温差作用下窗户玻璃保温的问题，但也因为Low-E玻璃的遮阳系数偏低且不可调节，对于冬季日照充沛的北方地区反而限制了房间的太阳辐射得热，因此这类地区的南向外窗玻璃的最佳做法是采用内置百叶多层玻璃。一方面可以通过增加的玻璃层数甚至玻璃空气间层充惰性气体等措施确保窗的保温要求；另一方面可以通过调节百叶获得昼间太阳辐射热，夜间关闭百叶增加玻璃的保温功效。对于寒冷和严寒地区，在严格实施较高节能率要求的情况下，依靠内置百叶调节争取利用太阳辐射得热是性价比较高的技术措施。需要指出的是，如果采用了3层以上的多层玻璃，内置百叶应设置在靠近室内侧的中空玻璃层内。

对于南方地区，其中华南地区的外窗主要是解决漫长的夏热季节的遮阳问题，而对窗玻璃的保温性能要求不高，此时内置百叶中空玻璃以其遮阳系数可调节作用完全可以适应这一要求；对于中部地区的外窗则既要重视外窗的夏季遮阳，也要重视冬季的保温。

因此，各地对于建筑门窗节能性能的要求不一致的是窗户的传热性能（K值），而要求一致的是遮阳性能，都要求外窗在冬季的遮阳性能低，在夏季遮阳性能高，只有可调节的遮阳装置能够满足这种季节性变化，甚至日变化、时变化的调节需要。从这一角度来看，内置百叶中空玻璃制品是适合各类气候区的一项节能产品。

5.2.3 应用前景

目前我国南方地区如广东、福建、江苏、上海等地近年来尝试推广采用内置遮阳中空玻璃制品（Sealed insulating glass unit with shading inside）来解决窗口遮阳可调问题，所采用的内置遮阳帘主要有百叶帘和日夜帘，但国内外大量推广的还是内置百叶中空玻璃，欧美等国家称之为 Between Blinds Glass（简称 BBG），如图 5-15 所示。

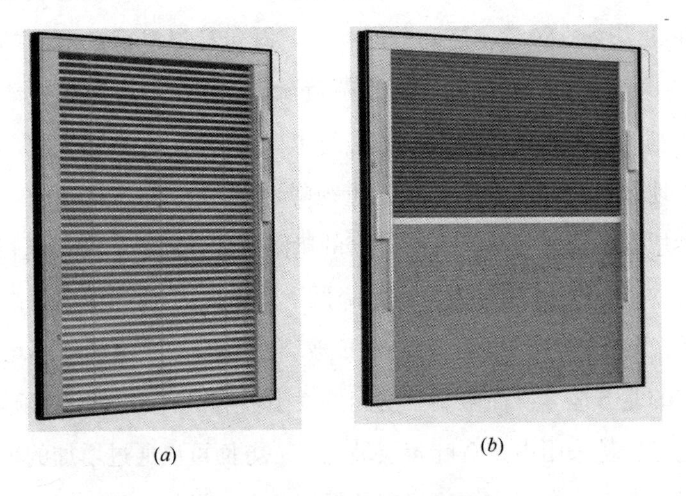

(*a*) (*b*)

图 5-15 内置遮阳中空玻璃制品

(*a*) 内置百叶中空玻璃；(*b*) 内置日夜帘中空玻璃

BBG 在欧美、日本等国家已有 20 多年的应用经验，目前我国的 BBG 产能正在增加，质量水平还需要进一步加强，所执行的标准是《内置遮阳中空玻璃制品》JG/T 255—2009，国际上以美国的 CMECH 为代表的一批国际品牌的产品、生产技术等也正在向我国建筑节能行业输入。预计未来的 3～5 年通过提高国内的产能和建筑节能标准对窗玻璃节能性能要求的进一步强化，内置百叶中空玻璃将会得到快速普及。

5.3 屋面隔热技术

南方地区，由于纬度较低，太阳辐射相当强烈。对于顶层房间而言，夏季在太阳辐射和室外气温的综合作用下，围护结构外表面在太阳辐射作用下温度高达70～80℃，屋顶作为一种建筑物外围护结构所造成的室内外传热量，大于任何一面外墙。因此，提高屋顶的隔热性能，对提高顶层房间抵抗夏季室外热作用的能力显得尤其重要，这也是减少夏季空调的耗能，改善室内热环境的一个重要措施。蒸发降温屋面、种植屋面、通风屋面是非常有效的屋面隔热措施。

5.3.1 蒸发降温屋面

蒸发冷却屋顶降温技术可通过如下手段实现：1）在屋顶的表面淋水、喷水；2）在屋顶的外表面贴附能够蓄水的多孔材料，利用水分在多孔材料内部迁移和表面上的蒸发消耗太阳辐射热实现屋顶降温。

图5-16所示为广州某宿舍屋顶铺设加气混凝土砌块作为蓄水多孔材料的降温效果，在晴天条件下测的外表面温度变化，与干燥的水泥屋面相比，饱和蓄水后的加气混凝土砌块表面第一天的温度降幅为10℃，第二天由于水分的减少温降效果仍能保持5℃，在南方地区的夏热季节也正是雨水丰沛时期，屋面的加气混凝土层会不断得到天然降雨的补充，从而实现持续的蒸发降温效果。

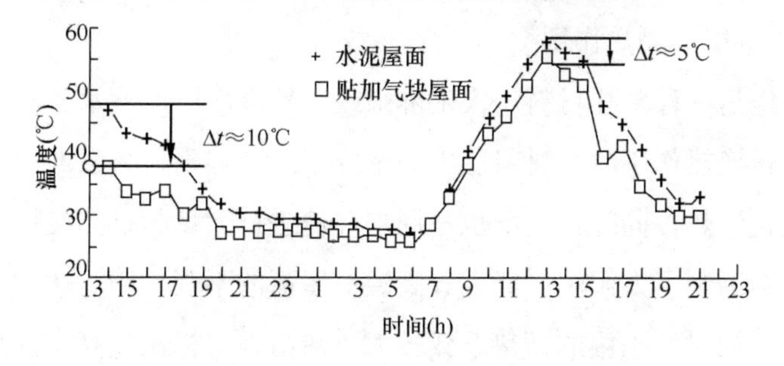

图5-16　加气混凝土砌块蒸发冷却屋顶降温效果

对于玻璃屋顶则采取淋水或喷水降温方式，特别是住宅建筑的中庭上盖的玻璃屋顶采用该技术不但可以获得显著的降温效果，还可以大大降低轻钢结构的热胀量，避免玻璃边部密封胶的开裂。

5.3.2 种植屋面

绿化是人类改变环境尤其是微环境的重要手段，而将绿化应用到屋顶隔热上也是一种理想的被动节能方式。在提倡可持续性发展的建筑和规划中，可推行并广泛使用。种植屋面作为一种生态设计形式引起越来越多的研究者和设计者的注视。

佛甲草（Sedum lineare）属于蔷薇类目景天科景天属，茎高10～20cm。佛甲草在我国自然分布面很广，在阳光充足或阴湿地方都能生长。它具有耐寒、耐旱、耐高温能力强，覆土薄，节水能力强等优点，是我国南方地区建筑屋顶绿化中主要选择的草种之一。

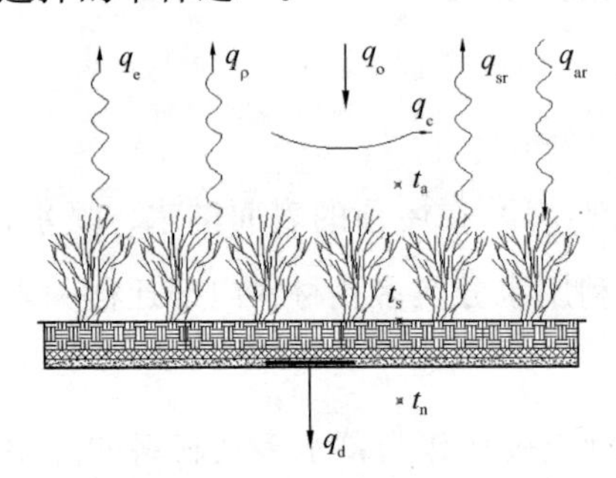

图5-17 种植屋顶植被层与周围环境进行能量和物质的交换过程

(1) 佛甲草种植屋面隔热机理分析

1）植被层的隔热作用

种植屋顶植被层与周围环境进行能量和物质的交换过程见图5-17。

影响这些能量状况的因素有太阳入射条件、植物光学特性、植物几何结构和叶面积指数、环境温度、环境风速、空气湿度等。其中，植物的光学特性主要表现在植物对不同太阳光谱的波段的入射具有不同的吸收、反射和透射能力，对可见光的吸收率高，而对红外辐射的吸收率低。

2）种植土壤层的隔热作用

土壤本身也是一种多孔材料，人工淋雨或天然降雨以后蓄水。当受到太阳辐射和室外热空气得换热作用时，材料层中的水分逐渐迁移到材料层的上表面，随着蒸发带走大量气化潜热；同时，土壤也与周围环境进行大量的显热交换。前者所消耗的热能，有效地遏制了太阳辐射或大气高温对屋面的不利作用，达到了蒸发散热冷却屋顶的作用。同时，土壤的蓄热系数较大，热惰性指标比较高，提高了屋顶的热稳定性，使得温度峰值得以衰减和峰值延迟。

(2) 佛甲草种植屋面构造做法

佛甲草屋顶绿化一般有两种做法：一种是直接在屋顶上种植；另一种是SGK佛甲草种植模块。

直接在屋顶上种植佛甲草的隔热屋面构造自下而上一般分为：抹灰层、结构层、找坡层、找平层、防水层、保护层、蓄水层、疏水层、滤水层、营养层、种植层，见图 5-18。SGK 佛甲草种植模块隔热屋面构造自下而上一般分为：抹灰层、结构层、找坡层、找平层、防水层、保护层、SGK 种植模块，见图 5-19。相关技术指标参见表 5-3、表 5-4。

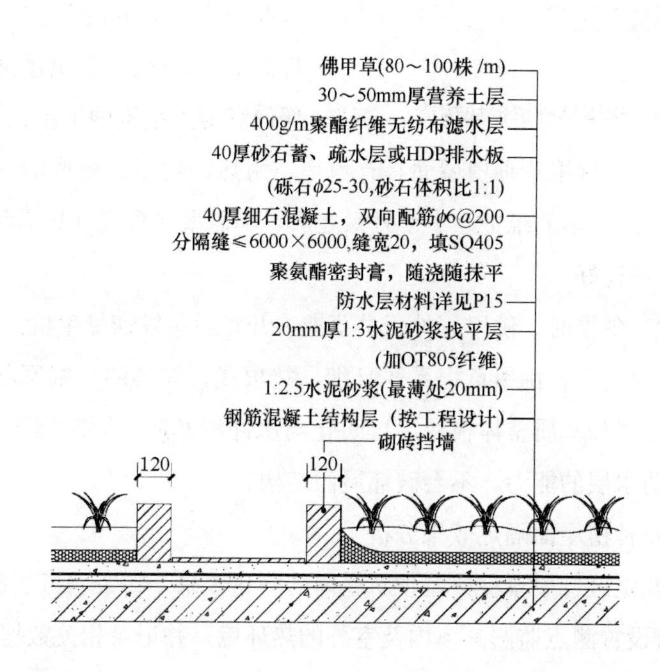

图 5-18　佛甲草种植屋面构造

营养层/复合种植土技术指标　　**表 5-3**

轻　质	30～40kg/m²	pH 值	6.5～7.5
保水	体积含水率 60%	无机物含量	≥98%
疏松透气	孔隙度 70%		

针叶形佛甲草技术指标　　**表 5-4**

极限耐寒能力	200 天无补水不死亡	生长高度	80～100mm
耐热	耐盛夏 42℃高温	单株株径	60～80mm
耐寒	耐−20℃严寒	种植密度	80～100 株/m² (20～25 株/模块)
耐瘠	无须施肥		

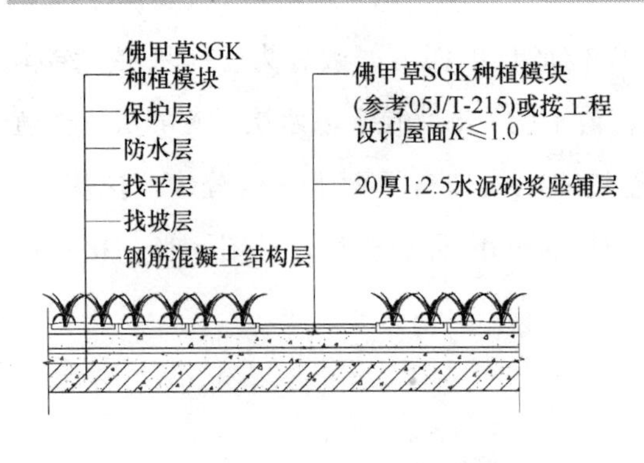

图 5-19 佛甲草种植模块构造

(3) 佛甲草种植屋面的技术特点

1) 价格低。无论在建设费用和维护费用方面，佛甲草种植屋面都远低于屋顶花园。

2) 重量轻。佛甲草种植模块使用厚度为 2～3mm 的基质，每平方米重量为 20～30kg，不积蓄雨水，可适用任何混凝土结构的平屋顶。

3) 管理简单。佛甲草种植屋面具有耐旱、耐热、耐寒、耐瘠的特点，因此佛甲草种植初期加以科学的维护（半个月）之后，不需太多管理（只需除杂草和做好排水），自然声场良好。

4) 季节性。冬季时，佛甲草处于枯草期，开春后萌发恢复生机。

5) 根系无穿透力。佛甲草根系弱且细，扎根浅，80％的草根网状交织分布在基质内，形成草根和基质整体板块，可防止雨水冲沙基质，同时因为其根系细弱，没有穿透屋面防水层的能力，不会破坏屋面结构。

(4) 佛甲草种植屋面隔热效果分析

为研究广州地区佛甲草种植屋顶对室内的隔热效果，2007 年 7、8 月在华南理工大学 27 号楼设置测点监测其室内及室外的热环境，并记录相关数据。

27 号楼位于北纬 23°9′22.98″，东经 113°20′26.13″。北面 42m 处有一人工湖，南面紧邻一高约 20m 的山丘，西面是 4 层高宿舍，东面是 6 层教学楼，周边建筑如图 5-20 所示。

27 号楼为 7 层教学楼，原屋顶有做大阶砖架空隔热，后加种佛甲草植被。栽种一年，草株高约 15cm。为对比原屋顶与加种了佛甲草的种植屋顶，在建筑南向屋顶清除一与七楼教室对应的植被，恢复原大阶砖屋顶。对比有种植佛甲草与没有种植佛甲草的两个教室内的热环境。测试屋顶构造如图 5-21 和图 5-22 所示。

通过对佛甲草种植屋顶和无种植屋顶的室内热环境在晴天无雨气候下自然通风、机械调风、密闭三种工况，以及雨后工况下，对室内空气温度、室内空气湿度、各构造层的温度、室内外风速的测试，得出不同室内工况下佛甲草种植屋顶与大阶砖隔热屋顶的隔热规律及隔热效果。

图 5-20　27号楼周边建筑

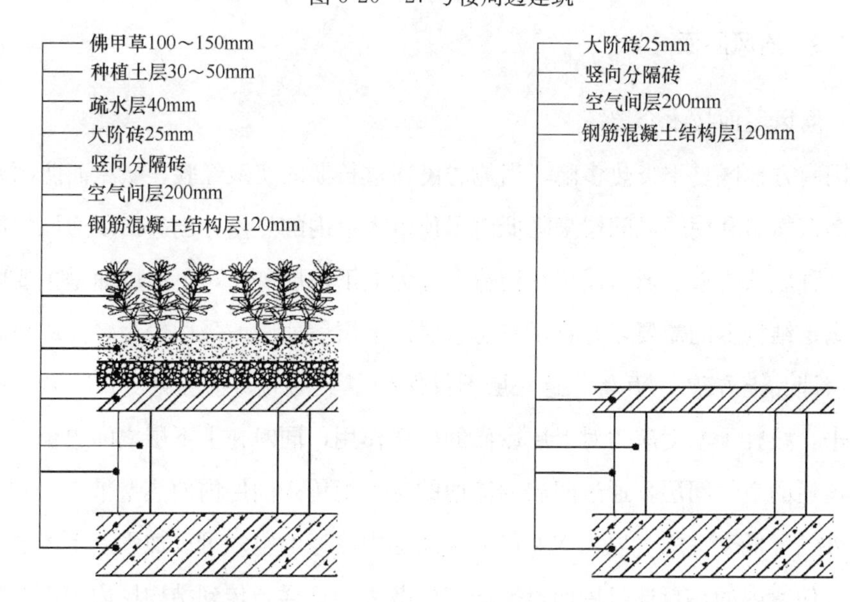

图 5-21　有种植佛甲草屋顶构造

图 5-22　无种植佛甲草屋顶构造

三种工况房间屋顶内表面温度比较（℃） 表 5-5

	无种植屋顶房间				有种植屋顶房间			
	屋顶内表面温度		房间空气温度		屋顶内表面温度		房间空气温度	
	全天	使用时间	全天	使用时间	全天	使用时间	全天	使用时间
工况一	31.1	31.6	31.6	32.5	30.8	31.2	40.0	32.5
工况二	30.7	31.3	31.4	32.5	29.4	29.7	31.2	32.3
工况三	32.2	32.4	33.0	33.5	30.2	30.3	32.4	32.8

由表 5-5 可看出，无论是室内空气温度还是屋顶内表面温度，有种植屋顶房间降温效果均优于无种植屋顶房间，三种工况下有种植屋顶房间的室内空气温度及屋顶内表面温度都比无种植屋顶要低。工况三（房间密闭）下的种植屋顶降温效果最好，工况二（机械调风）次之，工况一（自然通风）效果最不明显。屋顶内表面降温效果较室内空气温度降温效果更为明显，全日平均温差在工况三可达 2.18℃，而室内空气温度效果较小，全日平均温差只有 0.84℃。三种工况下全日屋顶内表面温度降温程度均比工作时间低，原因是晚上种植屋顶的降温效果比白天要差，在工况一还出现晚上有种植屋顶房间的屋顶内表面温度比无种植屋顶房间高的情况。

5.3.3 通风屋面

（1）通风屋面技术介绍

我国南方地区夏季炎热多雨，当地居民通过长期的实践经验，从屋面防雨漏开始，逐渐探索出利用通风间层来降低由屋顶传入室内的热量，创造出了通风间层隔热屋面这种屋顶构造。通风屋顶在构造上分为上下两层屋面，下层屋面是主要的屋面，它满足结构上的需要，并且设有防水层。上层屋面一般采用较为轻薄的材料如大阶砖（即黏土方砖）、瓦等，这一层不仅保护了下层的防水层免受日晒和暴雨的直接冲击，减轻了温度应力对下层屋面的破坏作用，同时在上下层之间也留出了与室外相连通的空气间层，通过间层内流通的空气把传入间层内的热量带走。到了夜晚，室外气温低于室内气温，在通风屋顶间层内流通的空气可以加强上下两层的对流换热，使室内的热量通过屋面迅速向室外散去。这样，传到结构层内表面的热量就少了，内表面温度就不那么高了，其向室内辐射的影响和向室内空气传热量也就减少了。

图 5-23 为常见几种架空通风屋面的构造形式。

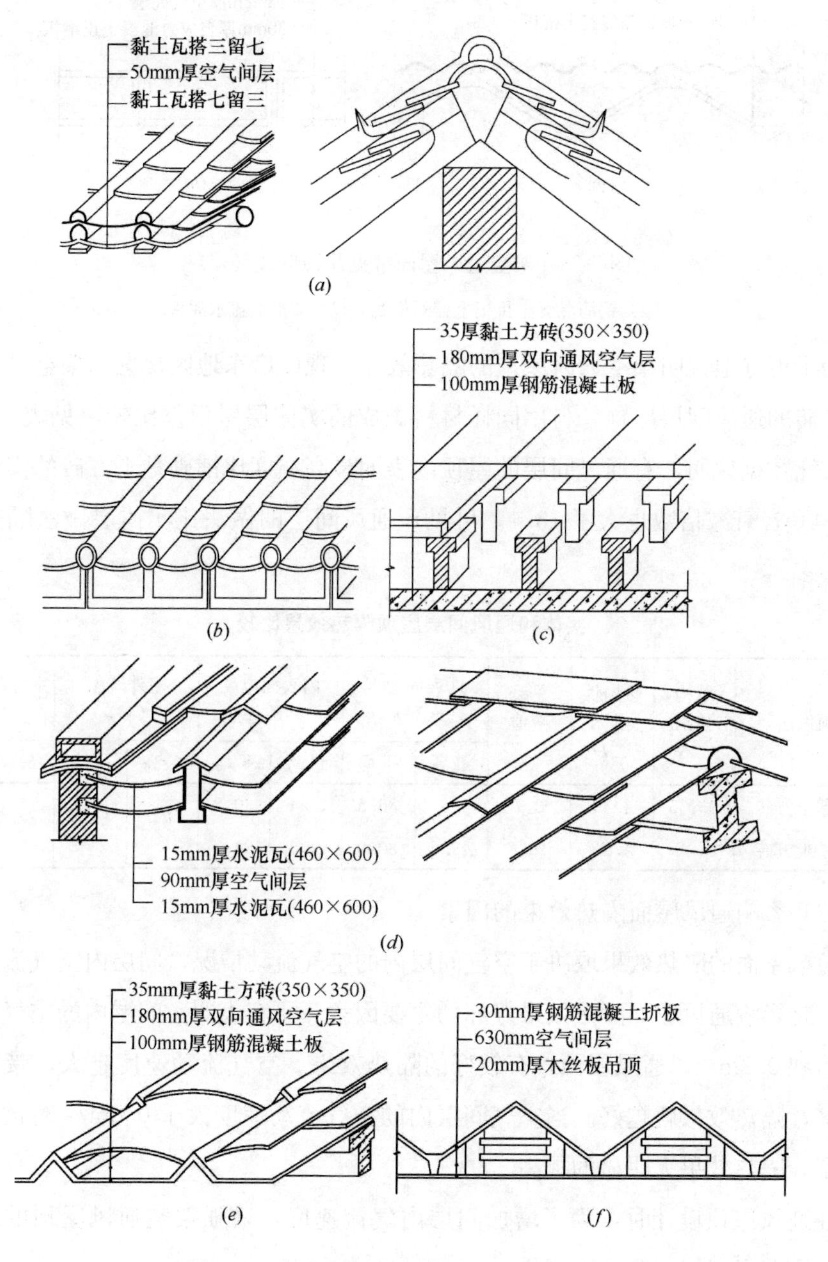

图 5-23　架空通风屋面常见几种形式（一）

（*a*）双层架空黏土瓦；（*b*）山型槽板上架空黏土瓦；（*c*）钢筋混凝土板上架空黏土方砖；（*d*）双层架空水泥大瓦；（*e*）斜槽瓦上空细蛭石水泥筒瓦；（*f*）钢筋混凝土折板下吊木丝板；

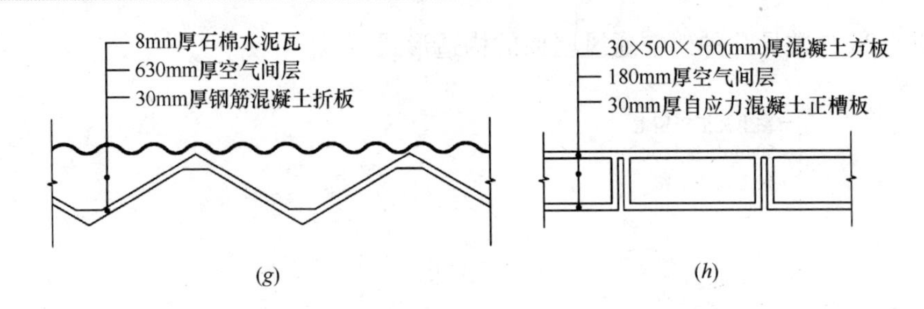

图 5-23 架空通风屋面常见几种形式（二）

(*g*) 钢筋混凝土折板上盖石棉瓦；(*h*) 槽板上盖水泥板

为了更好地说明架空通风屋顶的隔热效果，现以广东地区常见的架空黏土方砖即大阶砖的通风间层屋顶，与用同样材料做成的实体层屋顶作比较，见表 5-6。表中的实测数据说明，有通风间层的屋顶内表面最高温度比铺砌黏土方砖的实体屋顶低 11.4℃，衰减倍数也大了 13.1。可见，通风间层的做法比实体层做法隔热效果要好很多。

实体和通风间层屋顶隔热效果比较 **表 5-6**

屋顶做法	结构热阻 $\sum R$	热惰性指标 $\sum D$	总衰减值 ν	外表面温度（℃）		内表面温度（℃）		室外气温（℃）		室外综合温度（℃）	
				最高	平均	最高	平均	最高	平均	最高	平均
铺砌黏土方砖	0.135	1.44	3.7	56	36.5	37.6	30.8	34	29.5	62.9	38.1
架空黏土方砖	0.11	1.22	16.8	49.6	30.9	26.2	24.7				

(2) 影响通风屋面隔热效果的因素

通风屋面的隔热效果取决于空气间层内的空气流动情况，间层内空气流动速度的大小是影响通风屋面隔热效果好坏的主要因素。研究表明：间层内的空气速度应至少达到 0.2m/s，通风屋面才有较好的隔热效果。空气流动速度越大，带走的热量越多，隔热效果就越好。当空气间层内的空气流动速度大于 0.8m/s 时再增加气流速度，隔热效果无明显的提高。

在通风屋顶设计时，为了增加间层内气流速度，增强架空通风屋顶的隔热效果，要充分考虑以下几方面因素：

1）增大空气间层进出口之间的风压差以提高间层内风速

空气间层内的空气流动情况则由间层的进出口之间的风压差决定。产生风压差的动力来自风压和热压。而风压比热压扮演更为重要的角色。同样的风力下，通风口朝向的偏角越小，间层的通风效果越好，故应尽量使通风口面向夏季的主导风向。而目前广州地区多数早期居住建筑都设置女儿墙，这极大地削弱了间层内气流的流通性，不能充分发挥架空通风屋面的隔热作用。

2）空气间层的高度

空气间层的宽度往往受结构的限制而固定，在相同宽度条件下提高空气间层的高度有利于加大通风量，但高度加大到一定程度之后，其散热效果渐趋缓慢，空气间层高度一般以20～24cm为宜。对于平屋顶而言，间层高度取上限为宜。通风口的形式一般情况下采用矩形截面。

3）通风间层内的空气阻力

室外空气流过空气间层时会有摩擦阻力和局部阻力。为了降低这些阻力，间层内表面不宜太粗糙，要将残留在空气间层内的砖头和泥沙清除干净。同时为了降低局部阻力，进、出风口的面积与间层横截面的面积比要大，若进、出风口有启闭装置时，应尽量加大其开口面积，并尽量使装置有利于导风，以减小局部阻力，增大间层内通风量，从而提高屋面的隔热性能。

4）通风间层内气流的组织方式

间层内气流的组织方式有：从室外进风，从室内进风，室内与室外同时进风等，而以室外进风为主要气流组织方式。为了加强风压的作用，可采用兜风檐口的做法。选择一个合理的气流组织形式，有利于改善屋面的热工性能。

（3）改善通风屋面隔热效果的措施

1）架空通风屋面与种植屋面组合

种植屋面就是对屋顶进行绿化处理，它能够改善建筑的保温隔热效果，反射、吸收太阳光辐射热，屋顶绿化还能够有效缓解“热岛效应”（据介绍，植物的蒸腾作用可以缓解热岛效应达62%），改善建筑物气候环境，净化空气（屋顶绿化比地面绿化更容易吸收高空悬浮灰尘），降低城市噪声，能够增加城市绿化面积，提高国土资源利用率，能够改善建筑硬质景观，提高市民生活和工作环境质量等。

采用架空通风屋面与种植屋面组合的方式，不仅能有效降低屋顶内表面温度最大值，而且能改善种植屋面内表面温度夜间过高的缺陷，但这种措施增加了屋顶的自重，同时也增加了初投资和日常管理工作。

2）架空通风屋面构造的改进

夏季室外热量主要是通过日照辐射以及表面对流等方式传递到建筑表面，吸收的热量一部分通过上层板下表面以辐射方式将热量传递到下层上表面，还有一部分则以对流方式将热量传递到流动空气层中。下层表面接受到的热量一部分以辐射方式传向上层面板，一部分则以对流的形式传递到中间空气层，由流通的空气将热量带走，还有一部分则通过热传导流入室内。从屋顶的热量传递过程中可以看出，上下板间热量传递的方式主要是上下板间的辐射传热以及上下面对中间空气层的对流传热，小部分的热量是通过中间空气层的导热传递的，而其中辐射传热所占的比例是最大的，约占总传热量的70%以上，因此如何降低辐射传热成为改善该屋面热工性能的一个重要方面。

3）增强面层外表面的反射能力

屋顶外表面采用白色反射系数大的材料，减少吸收太阳辐射热，降低了外表面温度，减少了传热量，使面砖下壁面温度减低，辐射传热量就减少了，相应地也使屋顶内表面温度减低，向室内辐射传热也就减少了。如湖南省建筑设计院等单位的实测表明，刷白后屋面的降温效果显著，内表面温度最高值相差达3.6℃。

4）增大面层热阻，降低面层下表面温度

此项措施主要是在面层下表面增加一隔热层，以降低面层对结构层的辐射温度，从而减少传入室内的热量。隔热层材料选取一些导热系数较小的多孔材料，如挤塑聚苯板、膨胀珍珠岩等。而对于位置的选择，结合实验得出的结论，将其设置在面砖下表面。若在结构层外表面铺设隔热材料，虽然也能取得减少热量传入室内的效果，但却不利于结构层的夜间散热。

引用广东工学院1975年实测数据来说明隔热材料的铺放位置对屋顶隔热性能的影响，见表5-7。两屋面内表面最高温度相同，但屋面一的内表面平均温度较低，其原因就是屋面一在夜间易散热，而屋面二的隔热材料阻止了结构层夜间热量向室外传递。

屋顶通风空气层不同位置试验资料 **表5-7**

屋顶外表面形式		屋面一 膨胀珍珠岩在空气层上方	屋面二 膨胀珍珠岩在空气层下方
室外气温(℃)	最高	34.4	—
	平均	29.5	—

续表

屋顶外表面形式		屋面一 膨胀珍珠岩在空气层上方	屋面二 膨胀珍珠岩在空气层下方
外表温度(℃)	最高	65.6	61.0
	平均	37.5	36.4
内表温度(℃)	最高	35.0	35.0
	平均	30.7	31.1
外表至内表衰减倍数 ν		6.5	6.3
外表至内表延迟时间 ξ		3.0	4.0
内表最高温度出现时刻		16：00	17：00

①增加通风间层的对流换热面积

可以将通风间层用水泥砂浆薄板分隔成多层，这样就可以增加同室外空气的对流换热面积，带走更多的热量，而且薄板本身也有一定的隔热能力，因此，向基层的辐射传热量减少了，延迟时间也比单腔的长了。但由于空气间层高度有限，分隔层数增多，势必使得每层空腔的高度过小，引起间层内气流不顺畅，造成屋面夜间散热能力的下降，可适当增加空腔即通风间层的高度，则隔热效果可进一步提高，但这种构造也增加了屋面的荷载，加大了结构的承受力。

表5-8是广东工学院1975年的试验数据，可以看出，增加空气层的分层，有效降低了内表面温度最大值，却增加了平均值，主要是由于空气层被分隔多层后，层高降低，层内空气不流畅，降低了结构层热量的散失。

屋顶通风空气层分层试验资料 **表5-8**

屋顶外表面形式		空气间层无分层	将空气间层分为两层
室外气温(℃)	最高	34.4	34.4
	平均	29.3	29.5
外表温度(℃)	最高	58.4	59.1
	平均	35.6	36.6
内表温度(℃)	最高	36.7	34.6
	平均	31.0	31.6
外表至内表衰减倍数 ν		2.0	7.5
外表至内表延迟时间 ξ		1.0	5.0
内表最高温度出现时刻		14：00	18：00

②其他措施

通风屋面一般以坡屋顶较理想，目前住宅楼很多情况以平屋顶为主，并且基于安全考虑，常在屋顶设置女儿墙，这也降低了通风屋面的隔热能力，最主要是对夜间散热影响较大。应在女儿墙的下部，正对间层的进、排风口留有通风洞，以免女儿墙挡风和降低间层通风隔热的效果，而此时若在通风洞上设置挑檐，则通风效果更理想，分析表明，带挑檐的通风屋面节能效果显著，其结论如下：

对于通风屋面，随着空气间层厚度的增加，节能率和间层内的空气流速增加。当通风屋面加上挑檐后，空气层厚度的增加对间层内空气流速影响很小，但节能率仍然渐增加；

当屋面加上挑檐后，间层内空气流速剧增，这意味着挑檐可以节省更多能耗。模拟结果显示，挑檐长度 0.2m 就足够了；

空气间层出口的挑檐并不必要，同等长度的挑檐，空气间层越厚，兜风越好。

5.4 分体空调室外机的优化布置

5.4.1 引言

随着人们生活水平的提高，分体式空调已在城市家庭中普及，而且正在向农村市场推广。以前室外机通常安装于外墙支架上，这样既不美观又不安全（图 5-24），然而随着建筑技术的发展，空调室外机的安装位置及安装方式日益受到重视，因为这不仅关系到建筑物及城市市容的美观问题，同时关系到使用者居住环境的舒适、节能、安全等问题。

图 5-24 住宅建筑室外机立面

目前在住宅设计中，建筑师为了保证建筑的美观，常会将空调室外机设计安装于凹槽中，并设计百叶进行遮挡。有限的凹槽空间和周围的遮挡物导致室外机散热效果恶化，对系统性能产生不利影响。如何合理布置室外机和优化其周围热环境是值得深入探讨的问题。

5.4.2 分体机安装形式[1]

空调室外机一般安装于建筑立面上，室外机常见的立面安装形式具体有(图 5-25)：

(1) 裸装式

裸装式即将室外机直接安装于建筑立面上，周围不设任何遮蔽物。由于空调室外机易造成立面视觉上的杂乱，现很少采用此种方式。也有一些建筑将室外机裸装于视觉上不明显的地方，如建筑凹口内侧墙、街道窄巷内等，以上安装环境与完全裸装相比较为狭窄，通风条件稍差。

(2) 吊笼式

一般安装于阳台或外墙的悬吊安装架上，以铁花或百页进行外观修饰。这种安装方式操作较简便，但遮蔽性较差，另外在阳台上安装还可能影响视野，因而较少应用。

(3) 挡板式

挡板式即在室外机上部、下部或两侧安装挡板，挡板凸出于建筑外立面，主要用于规范室外机的大体安装位置。挡板构成的线条元素在视觉上占主导，从而一定程度上弱化了室外机对视觉的影响。此种方式对于室外机的遮蔽作用较小，并排安装对回排风有一定影响。

(4) 假阳台式

模仿阳台造型而设计的空调机位，由水平底板和透空栏杆构成，室外机放水平底板上，栏杆起外饰作用。这种安装方式可以创造造型丰富的立面，适如仿西式古典风格的建筑，通透的构件对于室外机的散热也是较为有利的。

(5) 凹槽式

凹槽式机位凹进建筑内部，一般外加构件遮挡，建筑立面较平整统一，因此成为建筑师设计立面时常用的手法之一。将室外机置于凹槽式的构件中，多与飘窗、

图 5-25 住宅建筑室外机立面

(*a*) 裸装式；(*b*) 吊笼式；(*c*) 挡板式；

(*d*) 假阳台式；(*e*) 凹槽式；(*f*) 其他

阳台结合，开敞面用可透风的饰板进行装饰，如穿孔钢板、铝合金通风百页、铁花饰栏、不锈钢饰栏等，削弱不同型号的室外机间的视觉差异，建筑立面也较整齐统一。室外机的散热情况取决于室外机左右两侧、上盖板和前挡板的有无以及构件形式。

除了上述几种形式外，还有一些其他形式，如为了装饰而设置的百叶、栏架等空调机位，一般位于内院或屋顶。

5.4.3 空调室外机摆放方式对空调能耗的影响

由于暴露式的安装会大大影响建筑立面美观，建筑师为追求建筑整体美感，往往对室外机位采取“隐藏”、“遮挡”等设计方法。这样的安装方式虽顾及到建筑立面整体效果的统一协调，但是对于安装于其中的空调室外机的正常运行带来严重影响：1）导致夏季室外机回风、排风不畅，回风温度升高，制冷效果不明显，空调的耗电量增加，严重影响空调的正常工作和寿命；2）散热困难使室外机周围环境温度上升；3）有些用户为保证空调良好运行，选择将空调室外机安装在凹槽之外，虽提高了空调室外机工作效率，但使立面显得凌乱无章。

空调设备的运行效率及能耗不仅与设备本身有关，还与室外机周围的环境温度有密切的关系。进入室外机的空气温度越高，为达到同样的制冷效果，压缩机会做更多的功；而压缩机做功越多，室外机向外释放的热量就越多，从而导致室外机附近的空气温度变高，形成恶性循环，空调效率将大大降低。室外机进风温度每上升1℃时，空调能效比 *COP* 下降 3%[2]。当进口温度超过 43～46℃时，可能引发压缩机的安全保护，造成空调设备运行中断。

5.4.4 改善措施及方法

(1) 空调室外机安装条件

对一般的分体式空调器室外机，其周围的遮挡物主要是前面的格栅或百叶、后墙及侧墙。这些遮挡物都会导致空调室外机排出的热风会有一部分短路回流到室外机的进风中（图 5-26），会导致空调室外机冷却能力的下降，从而导致机组性能的下降。我们定义这部分热风返回量占室外机总进风的比率为热风返混率，可以简化地认为热风返混率基本与机组制冷性能下降比率相同。

1）与遮挡物的间距

模拟中空调机组容量为 1HP，出风速度为 2.6m/s，室外干球温度 35℃。

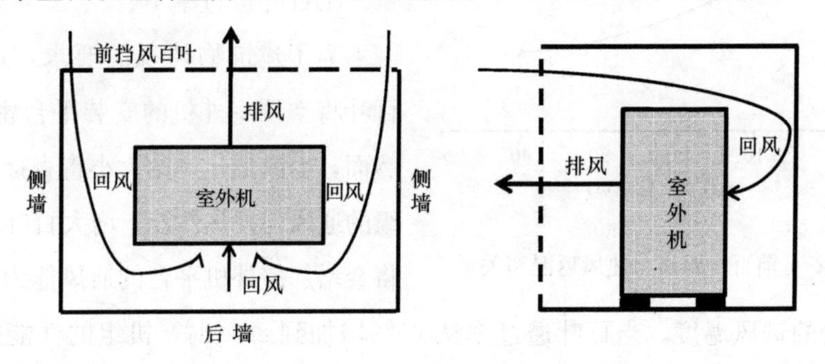

图 5-26　分体机送排风示意图

①后墙

从安装便利考虑，机组离后墙的距离不能太远，否则机组的回风就会受到后墙的影响，造成回风不畅。试验中只有后墙作为遮挡物，改变室外机与后墙间的距离，使其回风的空间逐渐增大。随着后墙距离的增加，系统的性能有所改善，当后墙距离为 10cm，热风返混率为 12%；当增加到 40cm 时，热风返混率为 6%（图 5-27）。

②侧墙

侧墙与室外机的间距增加到40cm，机组性能下降可以忽略（图5-28）。

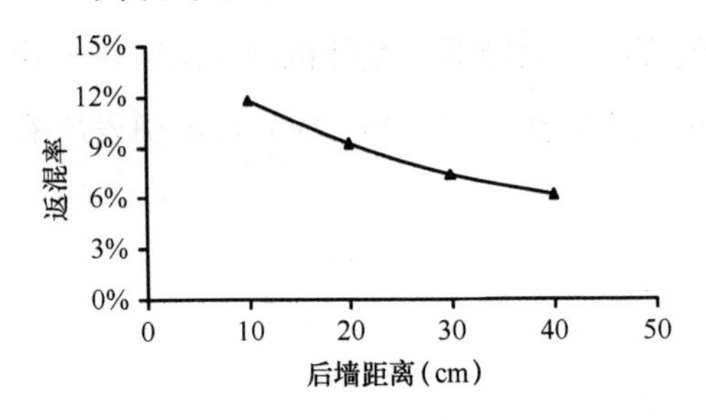

图5-27 后墙距离与热风返混率关系

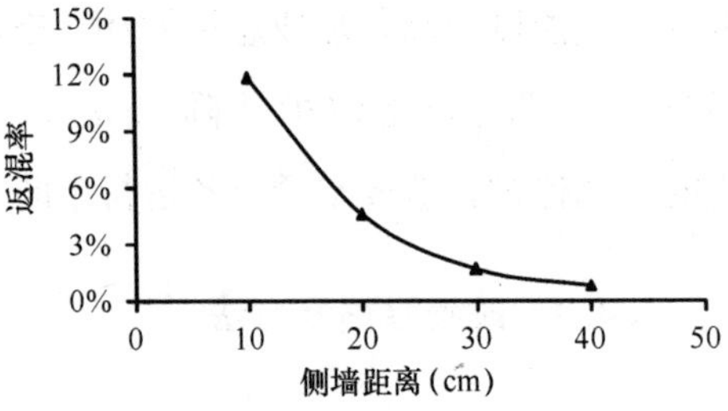

图5-28 侧墙距离与热风返混率关系

③百叶

从建筑物美观角度考虑，往往在室外机出风处增加百叶窗，百叶的阻挡会造成出风的反射，使局部的环境温度升高，导致空调系统冷凝效果降低。前百叶与出风口间距40cm，热风返混率约为6%（图5-29）。

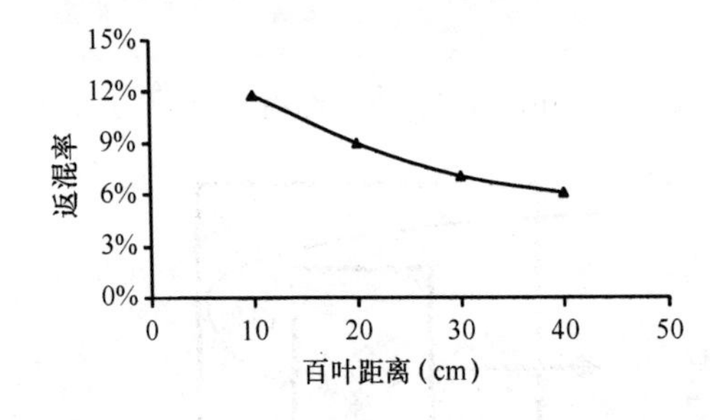

图5-29 前百叶距离与热风返混率关系

2）百叶的透过率及倾角

①百叶透过率

为了建筑物外观的要求，通常采用百叶将空调室外机的安装平台密封起来。然而，百叶透过率的大小将直接影响到机组的通风与换热性能。增大百叶的透过率将会增加室外机平台的通风能力，能有效降低盘管的进风温度。当百叶透过率从20%增加到80%时，机组的性能提高了约79%。为了满足该机组正常运行的要求，百叶的透过率应该不小于60%（图5-30）。

②百叶倾角

当百叶向下倾斜时，室外机的返混率随百叶倾角的减小而减小；当百叶向上倾斜时，室外机的返混率随百叶倾角的增大而减小，但效果不明显；百叶向上倾斜时室外机的返混率要好于百叶向上倾斜时室外机的返混率（图5-31）。然而，在实际设计室外机位时要考虑防雨的功能，向上开启的百叶会使雨水进入室外机位。

在设计百叶时，百叶角度最好为水平或略微向下倾斜，可以较好的起到导风的作用，同时对气流的回弹较小减少了气流“短路”的情况。

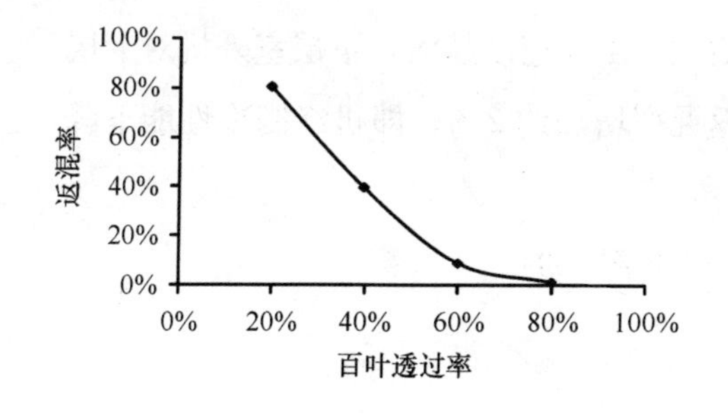

图 5-30　百叶透过率与热风返混率

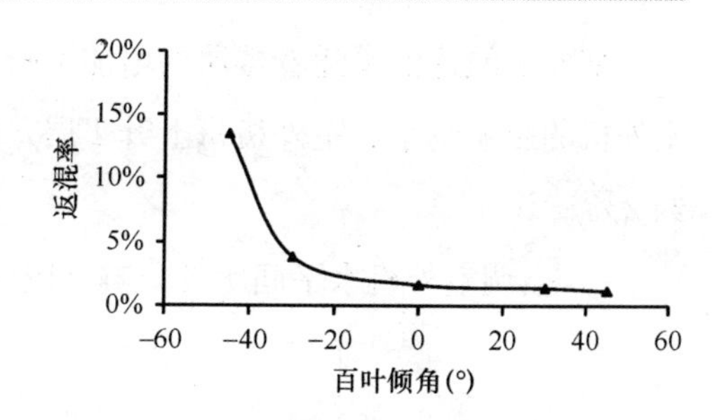

图 5-31　百叶倾角与热风返混率

（2）空调室外机之间的影响

空调室外机释放的热量将使周围环境的空气温度上升，从而引起热量和空气的自然向上流动，造成上部楼层的外部环境空气温度升高，室外机回风温度升高。此外，空调室外机释放的热量还会被同层其他室外机吸走。因此，应充分重视上升的热量和空气流动现象，并且尽量减小其不利影响，则将有利于保证空调有效地发挥制冷能力和减小能源的消耗。

模拟建筑为 10 层，层高为 3m，室外为静风，每层布置一台室外机，空调机组容量分别为 1HP、1.5HP、2HP，对应室外机出风速度分别为 2.6m/s、3.2m/s、4.0m/s，室外机尺寸：长×宽×高＝900mm×750mm×300mm，室外平台尺寸：长×宽×高＝1500mm×1000mm×600mm，室外机与百叶、后墙、侧墙距离分别为 100mm、200mm、300mm。

1）上下层空调室外机之间的影响（图 5-32）

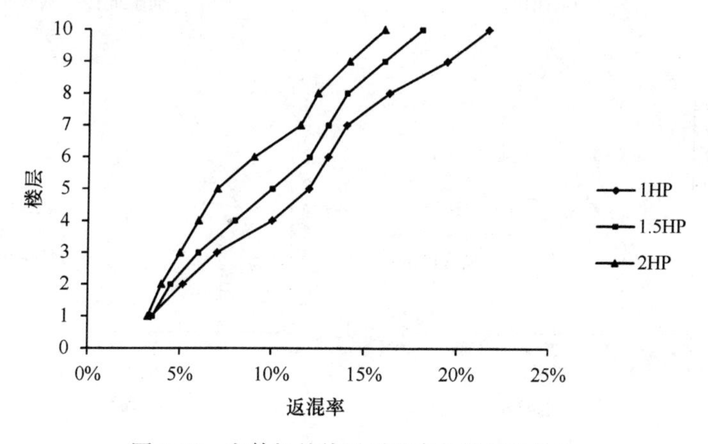

图 5-32　室外机的热风返混率与楼层的关系

室外机的返混率随着楼层的增加不断增大，出风速度越大，下层室外机对上层室外机的影响越小。室外机每上升1层，返混率增加约2%，即机组制冷性能下降约2%。

2）空调室外机水平间距的影响（图5-33和图5-34）

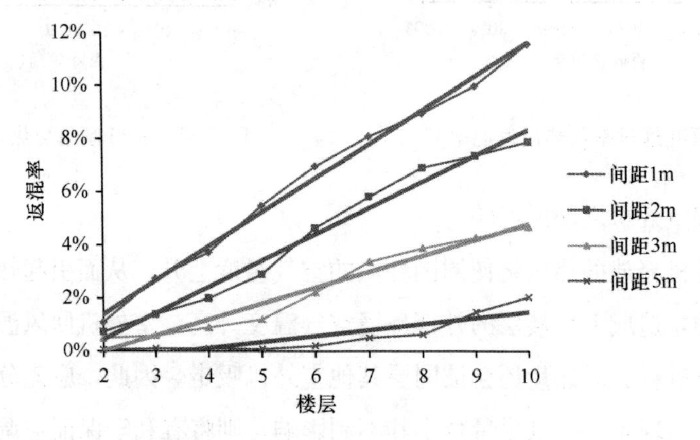

图5-33 水平间距对室外机返混率影响曲线图

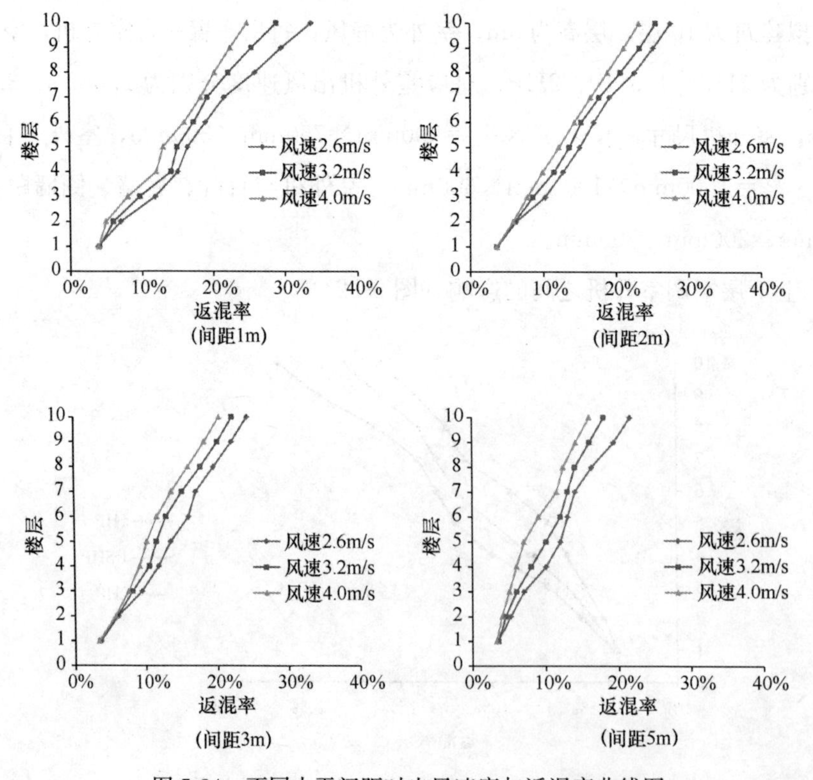

图5-34 不同水平间距时出风速度与返混率曲线图

水平间距越大，同层室外机之间的相互影响越小，下层室外机对相邻上层室外机的影响也越小。水平间距分别为 1m、2m、3m 和 5m 时，楼层每增加 5 层，返混率分别增加约 7.0%、4.6%、2.2%、1%。当水平间距大于 5m 时，空调室外机相互之间基本没有影响。

（3）小结

为了满足空调的高效运行，主要改善方法及措施如下：

1）安装室外机与周围遮挡物的间距不小于 30cm；根据项目实际情况，建议可将室外机位左右两侧围护面用开放式的百叶、镂空栏杆等装饰性通透构件来代替实体墙，扩大凹槽内热量向外扩散的途径。

2）挡风百叶的透过率应该不小于 0.6。

3）挡风百叶倾斜角度最好为水平或略微向下倾斜。

4）室外机水平间距为 1m 时，室外机每上升 5 层，返混率会上升到 17%，即机组制冷性能下降约 17%；室外机水平间距为 2m 时，室外机每上升 5 层，机组制冷性能下降约 15%；室外机水平间距为 3m 时，室外机每上升 5 层，机组制冷性能下降约 15%；室外机水平间距大于 5m 时，室外机每上升 5 层，机组制冷性能下降约 10%。

5.4.5 案例介绍 1

某住宅位于北京市区，建筑高度为 66m，地上 22 层，地下 2 层（图 5-35）。为了保证建筑的美观性，该住宅楼的空调室外机安装形式属于凹槽式，摆放形式有 2 种：1 台室外机 1 个机位和 2 台室外机 1 个机位。室外机与侧墙的距离为 0.3m，与后墙及前百叶的距离均为 0.1m，前百叶透过率为 85%。

该建筑属于精装修，空调已经提前为用户安装好。为了优化空调室外机布置方案并保证用户将来使用的舒适稳定性，需要对针空调室外机不同摆放形式的热环境进行模拟分析。

图 5-35 北京市某住宅建筑

模拟结果表明室外机热回流现象明显（图 5-36），1 台室外机 1 个机位时的热回流情况明显优于 2 台室外机 1 个机位时，所以应该尽量保证 1 台室外机一个机位，避免出现多台室外机放置于1个机位。对于1台室外机1个机位的情况，六～十层的空调机组容量应增大10%，十层以上的增大20%；对于2台室外机1个机位的情况，五层以下的空调机组容量应增大10%，六～十层增加20%，十层以上应增大30%，以保证所有用户的需求。

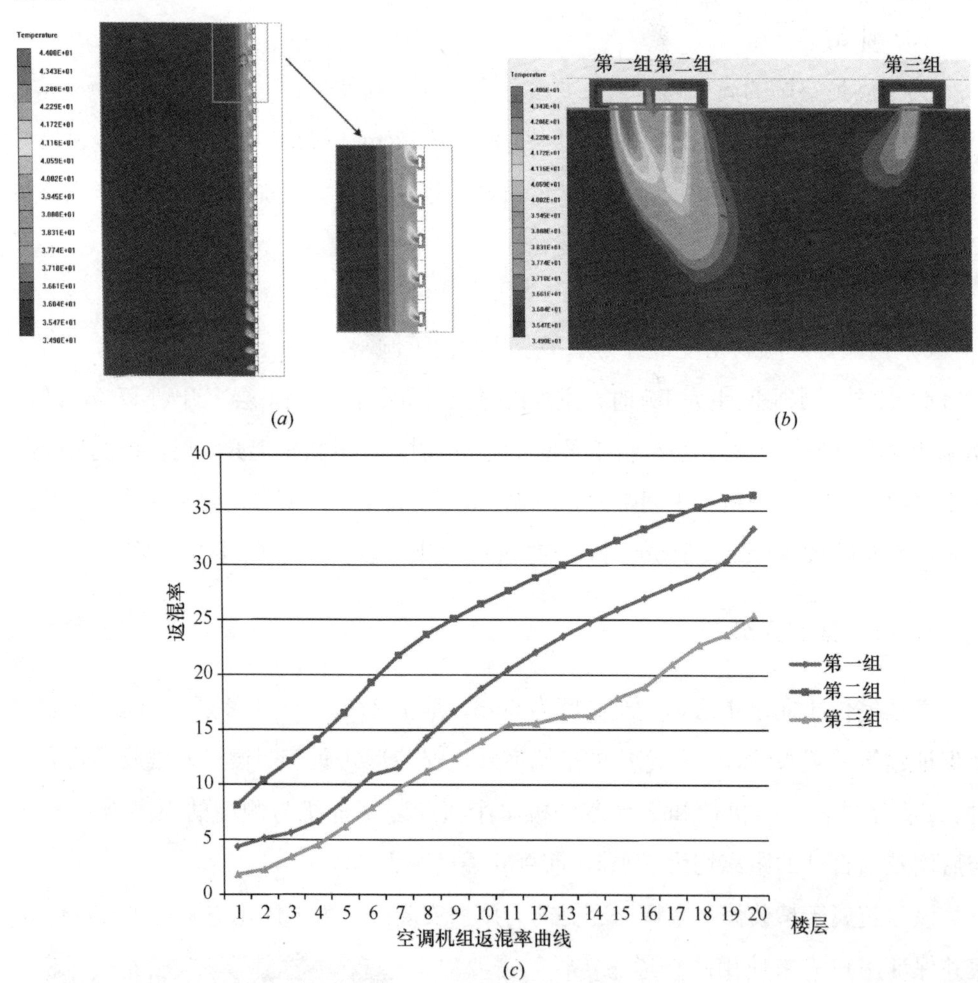

图5-36　北京市某住宅建筑室外机热环境模拟分析

(a) 垂直温度场；(b) 水平温度场；(c) 空调机组返混率曲线

5.4.6　案例介绍2

某住宅位于北京市区，建筑高度为56m，地上18层，地下1层。空调室外机安装形式属于凹槽式，摆放形式为：室外机隔层交错摆放，水平间距为4m。室外机与周围遮挡物的距离均为0.3m，百叶透过率为80％。

由于室外机间距较大和隔层摆放的设计，室外机之间的相互相影响有所改善，返混率约下降到常规逐层布置室外机方式的一半（图5-37）。

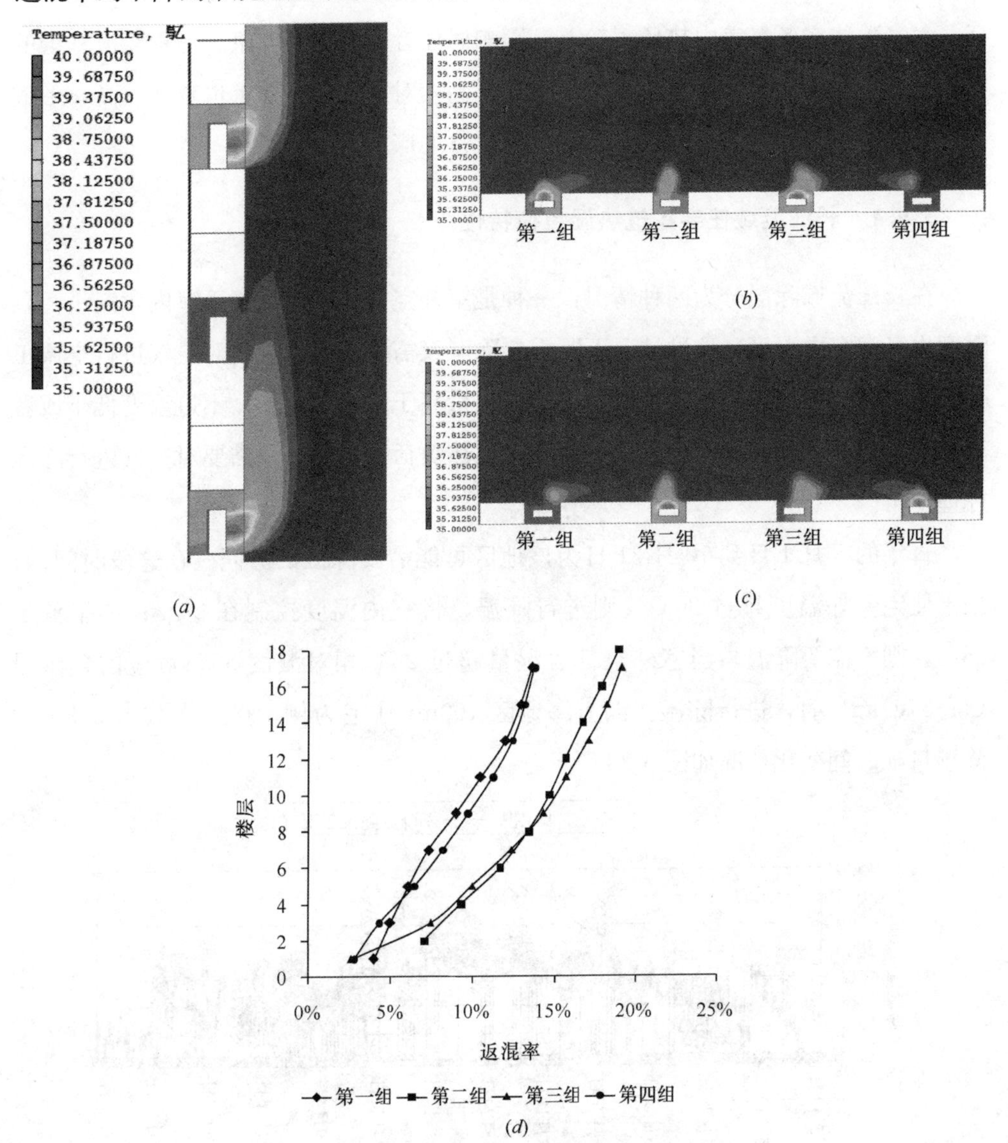

图5-37　北京市某住宅建筑室外机热环境模拟分析

（*a*）局部垂直温度分布；（*b*）奇数层水平温度场分布；

（*c*）偶数层水平温度分布；（*d*）四组空调机组返混率曲线

5.5 适合于长江流域住宅的采暖空调方式

长江流域属于夏热冬冷地区，潮湿期长，住宅采暖、空调、除湿与通风需求并存，大多数住宅冬夏室内热环境较差，影响居住者的舒适和健康。随着经济社会的不断发展，长江流域人民生活水平的显著提高，对室内环境要求也越来越高，形成了对高效、节能的建筑室内热湿环境控制设备的广泛需求。

5.5.1 长江流域住宅建筑热湿负荷特性

在长江流域除湿分为两种情况：一种是室外空气的含湿量高于室内含湿量，且温度也高于室内温度，这种情况下既需要除湿又需要降温，需要对空气进行空调工况处理；另一种情况就是，室外空气的含湿量高于室内含湿量，不过温度低于或者等于室内温度，新风只有湿负荷，而没有显热负荷，这时，只需要对空气进行除湿处理即可。

每年的5月1日到10月31日为该地区可能需要除湿的时间。在这段时间内，如果住宅室外温度超过26℃，则进行降温，将室内温度控制在26℃；如果低于26℃，则不需要降温。当室外空气含湿量超过26℃相对湿度55%对应的含湿量(11.54g/kg)时，进行除湿。以上海地区100m^{2}住宅为例，换气次数为0.5h^{-1}，除湿量随时间变化情况如图5-38所示。

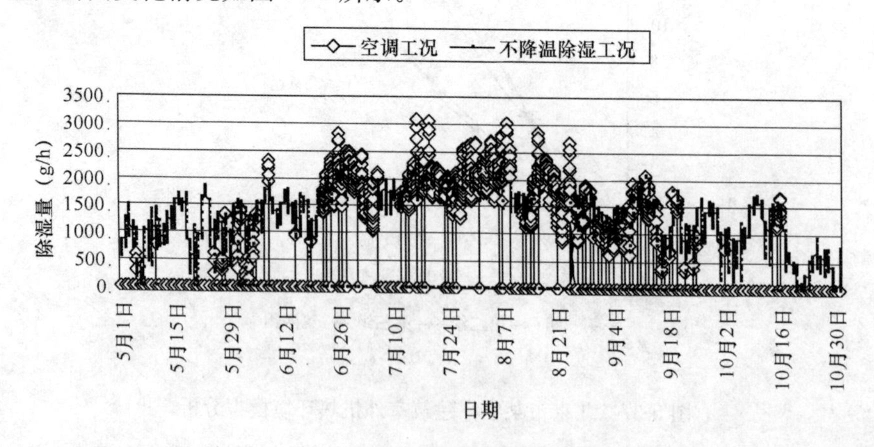

图5-38 上海地区除湿量随时间变化情况

从全年的不降温除湿量和空调除湿量的统计结果来看（图5-39和图5-40），从

5 月 1 日到 10 月 31 日，不降温除湿量占总除湿量的 46%，而不降温除湿的时间占到需要除湿时间的 63%，这说明不降温除湿在除湿量和除湿时间上都占有较高比例，这也就意味着很多情况下室内仅需要除湿而不需要降温，即可满足人体对于环境的要求。

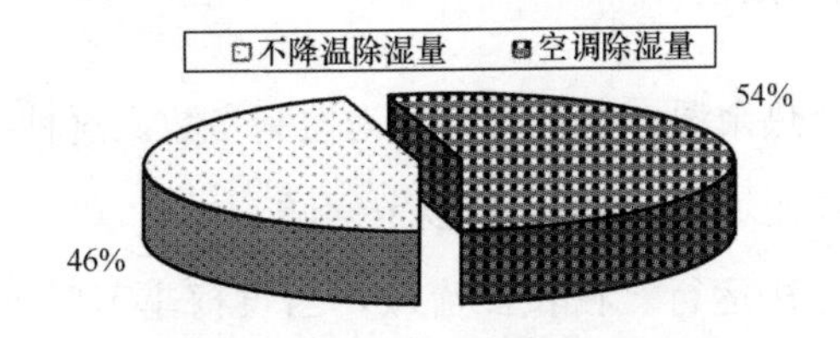

图 5-39　全天开空调的全年除湿量

图 5-40　全天开空调的全年除湿时间

对于很多住宅建筑，其白天由于业主外出、工作等原因，空调利用率较低，而主要在夜间开启空调。对于这样的建筑，不降温除湿和空调除湿的计算结果如图 5-41～图 5-43 所示。

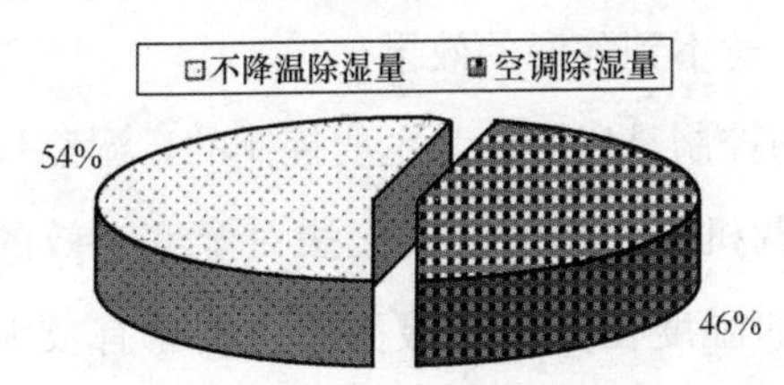

图 5-41　只有夜间开空调时的全年除湿量

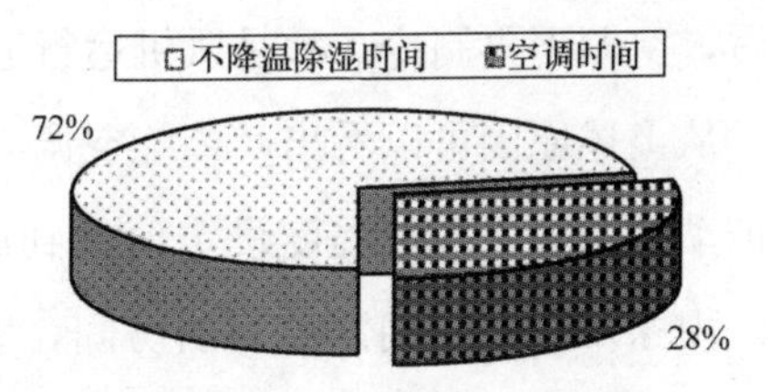

图 5-42　只有夜间开空调时的全年除湿时间

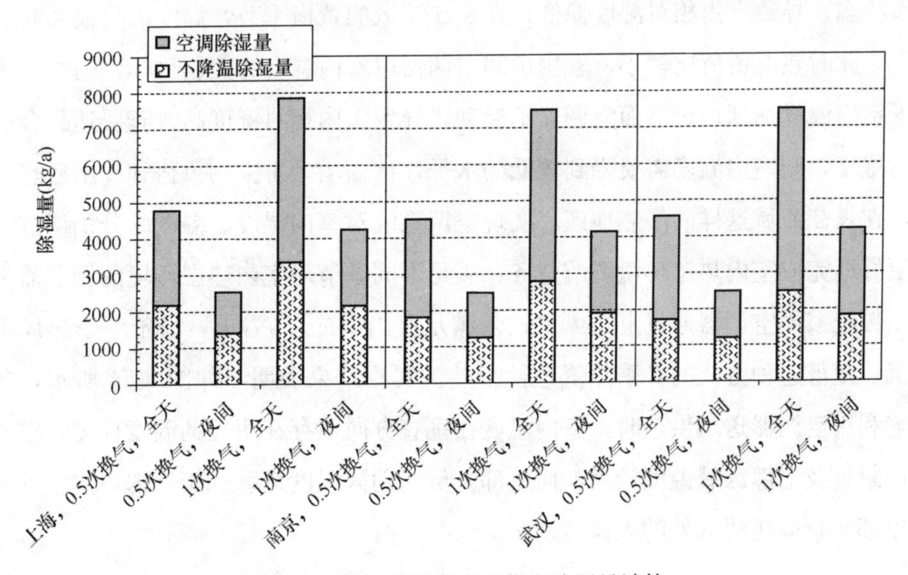

图 5-43　长江流域各地区住宅除湿量计算

从对于长江流域如上海、南京、武汉等城市的除湿量计算结果来看，其全年不降温除湿和空调除湿量接近，在不同的换气次数和空调开启时间下的结果的规律一致。

5.5.2 传统户式空调器温湿度调节的局限性

传统的房间空调器采用送风处理室内余热余湿，并且以温度为控制参数。这种空调器在使用时，特别在湿热地区（如长江流域），容易出现以下问题：

（1）湿度高而温度不高时，除湿功能无法运行。在长江流域，当黄梅季节时，由于室外温度低湿度高，此时空调器没有达到启动温度，压缩机不运行而风机运行，从而使室内湿负荷无法处理。

（2）空调系统在间歇运行的除湿量小于稳态运行时的除湿量。夏季制冷时，空调同时降温除湿，但由于室内空调控制是由温度控制的，因此当室内温度达到设定值后，空调不再制冷，只是风机运行通风而达不到除湿的效果。

从上述原因可以看出，传统空调方式的控制是以温度为主要控制的，湿度仅仅是被动的调节，而且温度设定值达到后空调机组停运时，就无法对湿度有效的控制。由家用房间空调器控制的房间，室内的湿度在不同热湿负荷比下具有较大差异。在夏季高温时，显热负荷比较大，则房间空调器为了降低房间温度，一直处于工作状态，导致室内相对湿度偏低；在长江流域的黄梅季节，温度不是很高而湿度较大，此时热湿负荷比较小，家用房间空调器以室内温度为控制目标，则在很多情况下室内温度达到设定值而空调器不启动，导致室内相对湿度高；若要达到合适的相对湿度，则室内温度需要降到较低的水平，从而增大了空调负荷和冷不适感。因此，在长江流域这样的湿热地区，实现空调系统对室内温度、湿度的分别调节有助于更好地完成室内热湿环境调节任务，满足不同季节对室内热湿环境的调节需求。

传统家用空调器通过上送风方式来满足室内供冷/热需求，由于冬季热风不易下沉，使得这种方式的冬季热舒适性很差。实测结果表明，如图 5-44 所示，冬季住宅利用空调器送风供热时，室内温度在垂直方向上存在明显的温度梯度：空调送风口附近及上部区域温度较高，而底部人员活动区温度显著低于顶部，热空气聚积在顶部，难以送达低处的人体活动区。

(*a*)

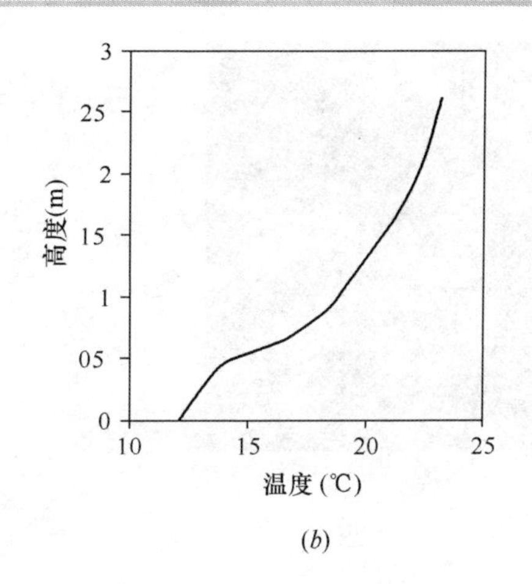

(*b*)

图 5-44　住宅冬季房间空调器采暖方式温度梯度

(*a*) 住宅用空调器；(*b*) 室内温度梯度

5.5.3　适用于长江流域住宅的采暖空调装置

(1) 适用于长江流域住宅的室内末端方案

从现有房间空调器的局限性可以看出，冬季应用上送热风方式会导致室内热舒适性较差，寻找长江流域冬季住宅合适的采暖末端方式是满足该地区住宅冬季采暖需求的重要任务。与上送热风的方式相比，利用下送热风的方式可在一定程度上改善室内热舒适性。目前也已有冬季下送热风的房间空调器产品，夏季仍采用上送冷风的方式，冬季则通过下送热风来适当改善热舒适性。

针对现有空调器冬季送热风方式存在的不足，在长江流域住宅室内热湿环境调控中，应用辐射地板等辐射末端方式，也是一种有效的解决途径：冬季利用辐射地板供热，通过辐射、自然对流等方式换热，热舒适性明显优于送热风方式，垂直方向温度梯度显著减小，如图 5-45 所示。

从上述分析来看，辐射地板末端方式是冬季供暖的一种适宜末端形式。在满足冬季室内供暖需求的基础上，辐射地板可作为冬夏统一的室内末端形式；夏季可利用辐射地板供冷来承担室内温度调节任务，冬季利用辐射地板供暖；也可只在冬季利用辐射地板供暖，而夏季仍利用送风方式作为末端热湿调控手段。目前也已有企业开发出冬季制取热水供给辐射地板而夏季仍制取冷风的空调器。

基于长江流域住宅建筑的热湿负荷特性及常规户式空调器在除湿工况下、冬季

(a)

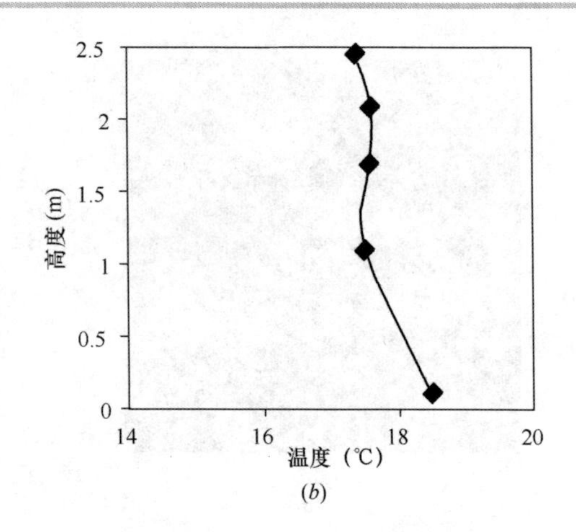

(b)

图 5-45 长江流域住宅冬季辐射供暖方式温度梯度

(a) 辐射地板敷设；(b) 温度梯度实测结果

供热工况下的不足，亟需开发相应的新型热湿环境调控设备来满足长江流域住宅的冬夏室内环境调节需求。从室内热湿环境调控过程的任务来看，新型的热湿处理装置应满足以下需求：夏季有效排除室内热湿负荷，满足降温除湿需求；黄梅季等时间段内对空气进行有效除湿，满足除湿不降温的需求；冬季工作在热泵工况下制热运行，满足住宅分散采暖需求。同时，应尽量提高装置在不同工况运行时的能效，在满足长江流域住宅热湿环境调控需求的基础上将建筑能耗控制在合理的范围内。

(2) 适用于长江流域住宅的采暖空调方案

作为公共建筑集中空调系统的一种可行方式，温湿度独立控制空调系统通常利用新风来承担室内全部湿负荷满足湿度调节需求，并通过相应的室内干式末端来调节室内温度，实现了较好的热湿环境调节效果，显著提高了空调系统的运行能效。从温湿度独立调节的空调理念出发，针对长江流域住宅的特点，可设计新型的热湿环境调控装置，满足其室内热湿环境营造需求。与应用于公共建筑的温湿度独立控制系统相比，住宅的情况存在明显不同：人们长期以来都习惯于开窗通风引入新鲜空气，即使在有空调的情况下，也难以改变人们的这种生活习惯。因此，应用于住宅的温湿度独立控制系统不宜采用机械方式引入新风，新风依然按人们的生活习惯由开窗通风的方式引入，也就是说，空调处理装置不需对新风进行处理，而只对室内回风进行降温或除湿。

1) 夏季制冷除湿工作过程

图5-46给出了一种利用两个压缩机构成的双蒸发器住宅空调机组夏季工作原理，其中制冷循环的冷凝器为风冷且串联设置，制冷剂从冷凝器经过冷凝后，分成两部分并经由两个节流装置分别进入两个蒸发器，两个蒸发器工作在不同的蒸发温度下：蒸发器1工作在较低的蒸发温度下，用于对室内回风进行降温除湿处理，承担室内湿度调节任务；蒸发器2工作在较高的蒸发温度下，可制取冷风满足室内温度调节需求，也可制取冷水（16～20℃）供给室内辐射地板末端，利用辐射末端来实现室内温度调节。压缩机1、2分别用来对蒸发器1、蒸发器2出口的制冷剂压缩，并利用冷凝器1、冷凝器2冷凝。

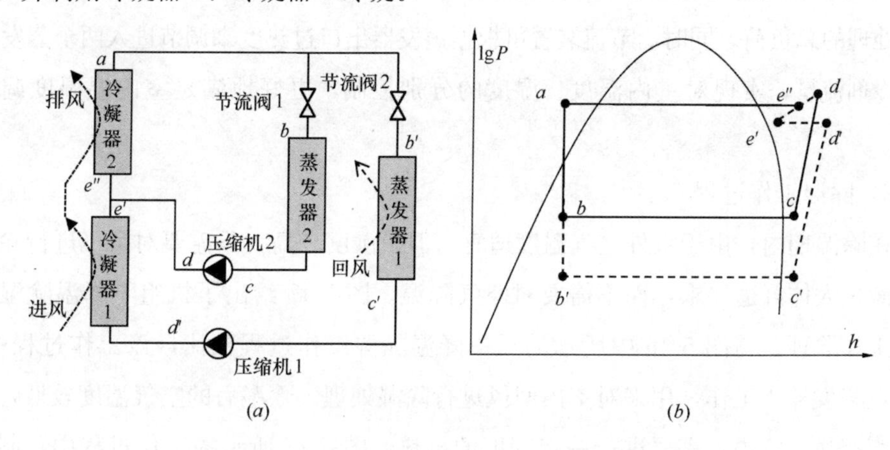

图5-46 双蒸发器住宅空调机组夏季工作原理

(*a*) 装置工作原理；(*b*) 压焓图表示

夏季运行时，蒸发器1负责对室内回风进行降温除湿，满足室内湿度调节需求；蒸发器2则用来承担温度调节任务，可制取高温冷水或冷风。由于蒸发器1、2工作的蒸发温度不同，相应的压缩机1、2工作的压缩比（制冷剂冷凝压力与蒸发压力之比）也会有所差异。以采用R22制冷剂为例，室外侧冷凝温度为45℃时，以蒸发器1、2的蒸发温度分别为5℃、14℃为例，压缩机1、2工作的压缩比分别为2.96和2.26，即低蒸发温度的蒸发器1对应的压缩机1工作的压缩比要比蒸发器2对应的压缩机2高出30%以上。因而，由于两个蒸发器的工作任务不同，使得相应的压缩机特性也会有所差别，在实际装置设计、部件选取时，应对这两个压缩机按照需求分别选取。

同时，夏季制冷除湿工况时，由于住宅室内湿负荷通常所占比例较小，仅占总负荷的10%～20%左右，因而蒸发器1承担的冷量比例要明显小于蒸发器2。以室外侧冷凝温度为45℃（对应的室外温度约为35℃）为例，蒸发器1承担的冷量比例为0.3时，双压缩机空调机组的*COP*为4.6（蒸发器1、2的蒸发温度分别为5℃、14℃，制冷循环热力完善度为0.55）。对于常规的住宅空调器，满足相同的供冷量需求时，尽管其蒸发温度可高于图5-46中蒸发器1的蒸发温度，但常规空调器制冷循环的*COP*约为4.0。因而，与常规住宅空调器相比，通过设置双蒸发器、双压缩机来实现室内温湿度分别调节，可使得制冷循环的能效得到一定程度的提高。

当机组在部分负荷运行时，机组的压缩机可采用变冷剂流量技术，从而调节机组所处理的总负荷。同时，节流装置可根据蒸发器出口过热度来调节进入两个蒸发器的制冷剂流量，实现对室内温度、湿度的分别控制，更好地满足室内温湿度调节需求。

2）除湿工作过程

在除湿期内，由于室外空气温度适宜，但是湿度较高，只需要对空气进行除湿即可满足人体舒适要求，而不需要对空气降温。图5-47给出了机组不降温除湿工况的工作原理。与图5-46中所示的夏季降温除湿工作过程相比，该工作过程中，机组仅蒸发器1工作，用来对室内回风进行除湿处理。除湿后的空气温度较低，不适宜直接送入室内，需要进行一定程度的再热。图5-47所示的工作过程中，制冷循环设置过冷器，从冷凝器流出的制冷剂再流经节流阀前首先经过过冷器过冷；除湿后的空气则经过过冷器对冷凝器出口的制冷剂进行过冷，而空气经过过冷器后温度升高，作为送风送入室内。

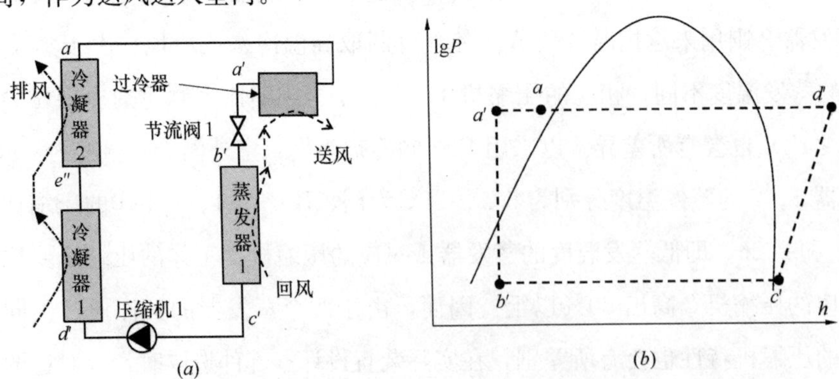

图5-47 新型住宅空调机组除湿工作原理

(*a*) 装置工作原理；(*b*) 压焓图表示

通过在蒸发器1所属的制冷循环中设置过冷器，使得经过蒸发器除湿后的低温空气与冷凝器出口的制冷剂换热，一方面可实现对除湿后空气的再热，满足室内湿度调节需求并避免送风过冷；另一方面可对冷凝后的制冷剂过冷，有助于改善制冷循环的性能。同时，这种利用过冷器再热送风的方式，避免了利用冷凝热再热等再热方式造成的冷热抵消，不会导致能量浪费。

3）冬季供热工作过程

考虑到住宅冬夏采暖空调需求及该装置冬夏运行的特点，推荐采用辐射地板作为冬夏统一的室内末端装置：夏季制取高温冷水通入辐射地板调节室内温度；冬季制取低温热水供给辐射地板满足采暖需求。在冬季供热工况下，对于住宅来说，不需要运行空调装置来实现加湿，仅需制取低温热水（35～40℃）实现低温采暖。对于图5-46所示的新型住宅采暖空调装置，冬季运行时，蒸发器1所在的制冷循环支路不运行，仅运行蒸发器2所在循环。通过四通阀切换，图5-46中蒸发器2转换为冷凝器，制冷循环工作在热泵工况下。

对于采用空气作为夏季运行的冷却介质和冬季运行热源的空气源热泵冷热水机组而言，夏季制冷运行时制备16℃左右的高温冷水，蒸发温度约为14℃；冷凝温度为45～50℃（室外干球温度约35℃），R22的压缩比范围为2.1～2.5。冬季制热运行时，需要的热水温度为35℃时，冷凝温度为38～40℃；蒸发温度一般在2～3℃（室外干球温度7℃），此时R22的压缩比为2.6～2.9，略高于制冷工况。表5-9给出了以R22为制冷剂的空气源热泵装置，在夏季制备16℃高温冷水和冬季制备35℃低温热水时的压缩比和性能参数的计算结果。可以看出，夏季相对制冷量 φ_0 为1.0的机组（蒸发温度16℃、冷凝温度45℃），在冬季制热设计工况下，其相对制热量达到0.75～0.80。从长江流域住宅的冬夏负荷特性来看，冬季采暖负荷单位面积指标（W/m^2）要明显小于夏季空调负荷，因而按照夏季空调需求设计的该新型住宅采暖空调装置，冬季运行时可满足采暖需求。

单级压缩空气源热泵运行工况与性能（制冷剂为R22） **表5-9**

运行模式	制冷运行（16℃高温冷水）			制热运行（35℃低温热水）		
外温条件	外温＝35℃			外温＝7℃		
性能参数	压缩比	$COP_{制冷}$	相对制冷量	压缩比	$COP_{制热}$	相对制冷量
	2.2～2.5	4.6～5.5	0.9～1.0	2.6～2.9	5.0～5.4	0.75～0.80

从以上对长江流域住宅室内热湿环境的特性及适用装置的分析可以看出，该区域的住宅室内环境调节过程中，具有采暖、除湿、空调等多种需求，需要开发相应的新型设备来实现对其室内热湿环境的有效调控。本节提出的新型热湿环境调控装置，可实现夏季室内温湿度独立调节、黄梅季等潮湿季节除湿以及冬季低温采暖等多种热湿调节过程，为利用冬夏统一的冷热源设备、末端装置来解决长江流域住宅的室内环境控制提供了有益参考。从长远来看，仍需要对该地区的住宅环境进行深入研究，对相应的新技术、新装置不断完善优化，开发出适宜的热湿调控装置，更好地满足长江流域住宅的冬夏采暖空调需求。

5.6 太阳能生活热水系统

太阳能生活热水是我国目前最广泛的太阳能应用方式，也是住宅建筑太阳能应用的最主要方式。二十多年来，我国住宅太阳能热水器在很多省市广泛应用，早在2008年，我国总太阳能集热面积就已经超过1.25亿m^2，成为世界上太阳能热水器应用规模最大的国家。在太阳能热水器住宅应用的初期阶段，我国主要是分户独立系统为主的方式，每户都有独立的集热器、储水箱以及设置在储水箱中的辅助加热器。系统以自然循环方式运行，辅助加热器则采用一些自动或手动的方式控制。这种方式投资低、运行管理简单，也可以保证较好的效果。随着全社会对发展可再生能源的高度重视，大量新建住宅小区开始在在新建时就同时设计安装太阳能热水器。当楼层较高，屋顶面积很难满足一户一套的分户独立式系统，要充分利用屋顶面积，最大限度地满足各户的需求，集中式太阳能热水器就成为各地新建住宅太阳能生活热水系统发展的主要方向。然而，不少集中式太阳能生活热水系统案例的实际运行节能效果差强人意，部分系统的能耗甚至高过常规能源热水器。什么因素影响了太阳能热水系统的节能效果？怎样才能真正使住宅太阳能生活热水系统产生预期的节能效果？本节对此进行一些初步分析。

5.6.1 分户独立的太阳能生活热水系统的实际能耗

首先看看目前非常成熟和广泛使用的分户独立式太阳能生活热水系统的实际用能或节能效果。表5-10为在某住宅小区实测的四户独立式太阳能热水器的使用状况和能耗状况。这四户安装的太阳能热水器型号相同，安装方式相同，并且都采用安装在储水箱内的电加热器辅助方式。

四户独立式太阳能生活热水用户用电情况与使用方式　　表 5-10

用户	测试期间耗电（kWh）	测试期间用水量（m^3）	单位用水量的耗电量（kWh/m^3）	辅助电热控制方式	洗浴时间	洗浴频率
A	740	15.5	47.7	自动，全天恒温	早上	每天一次
B	65	4.2	15.5	手动	晚上	每周两次，根据是否有热水决定
C	315	14.7	21.4	手动	夏季早上 冬季晚上	—
D	1025	27.1	37.8	自动，全天恒温	早上	每天一次

从表 5-10 中可以看出，尽管每户的太阳能热水装置都相同，但实际的辅助电加热量占热水热量的比例，也就是相对耗电量的差别很大，用户 B 获得很大的节能效果，而用户 A 实际的用电量比不用太阳能的电热水器还高。为什么会是这样的结果？观察表中用户 A 和 B 的差别，可以看到主要是洗浴时间不同。用户 A 每天在早上洗澡，此时前一天储存的太阳能热量基本上已经通过储水箱散尽，所以实际的热量都是靠辅助电加热提供，再加上其他时间水箱的持续散热导致辅助电加热器经常地补热，因此实际用电量竟高于常规的电热水器。而用户 B 是每天晚上洗澡，正好使用一天采集的太阳能热量，而辅助电热器仅在下午和晚上开启，只有当全天阴天时才会真正使用。

上述比较表明太阳能热水器的真正节能效果与热水的使用方式和辅助加热器的控制方式很有关系。为了进一步定量分析，设置了表 5-11 所示的六种不同的热水使用方式和电辅助热水器的运行模式。

模拟的六种生活热水使用模式和辅助电热控制模式　　表 5-11

模　式	洗澡时间	洗澡频率	电辅助热水器控制模式
1-A	水温最高时洗澡	每天	手动
1-B	下午 9 点洗澡	每天	手动
1-C	早上 6 点洗澡	每天	手动
2-A	水温最高时洗澡	每两天一次	手动
2-B	下午 9 点洗澡	每两天一次	手动
2-C	早上 6 点洗澡	每两天一次	手动

在此基础上模拟一周内不同太阳能条件、各使用模式太阳能生活热水系统的补热电耗，见表5-12。

不同使用模式和天气状况下太阳能生活热水的用电量　　表5-12

用水模式＼太阳能条件	丰富	一般	贫乏
1-A	1.0kWh	10.8 kWh	25.4 kWh
1-B	5.1 kWh	15.3 kWh	27.6 kWh
1-C	13.0 kWh	21.9 kWh	30.4 kWh
2-A	0	1.1 kWh	9.5 kWh
2-B	0	4.3 kWh	13.1 kWh
2-C	1.5 kWh	8.0 kWh	14.7 kWh

从模拟结果可以看出：相同的气象参数下，不同使用模式对太阳能热水系统的能耗影响巨大。而且太阳能条件越差，不同用水模式导致的系统能耗相差也越大，有时用电量甚至超过常规的电热水器。

模拟分析结果进一步表明，太阳能生活热水器的实际耗能量完全取决于热水的使用方式和辅助加热源的控制方式。极端地讲，如果完全根据太阳能热水情况，"有热水就用，没用热水就不用"，则辅助加热装置就永远不用投入，生活热水实现"零能耗"；而不顾太阳能热水器的实际状况，坚持按照每天早上太阳出来之前洗澡的方式，就很难使太阳能热水器产生节能效果。而根据使用方式合理地设定辅助电加热器，在不使用热水的期间不开辅助加热器，从而减少储水箱漏热造成的损失，也对实际用能量有重要影响。

5.6.2　集中采热的太阳能热水器

集中采热的太阳能热水器是为了提高屋顶空间的利用率，使更多的住户能够使用太阳能热水。并且可以平衡末端用户需求，使所有的太阳能热量都得到有效利用，不至于像分散独立式系统那样，一户的热水用不完，而另一户不够用，只好依赖于辅助加热。图5-48是典型的集中式太阳能生

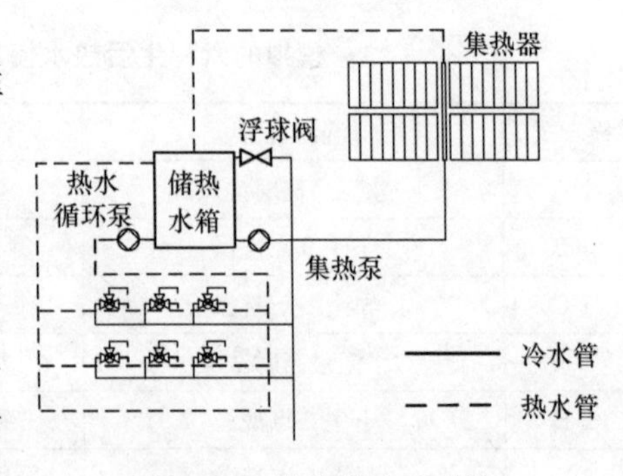

图5-48　传统集中式系统

活热水系统。集热器、蓄热水箱、水箱内的电辅助加热都和分户独立系统相同，只是规模放大，与分户独立系统不同的有两点：(1) 从蓄热水箱连接到各用户的热水管连接方式。因为管道距离长，为了避免长期放冷水，造成浪费，设置成循环系统，通过图5-48中的“热水循环泵”驱动，使热水在蓄热水箱和各个用户间循环。因为每个用户使用热水的时间不同，所以循环泵需要全天连续运行。(2) 增加分户计量装置。为了促进节水节热，每个用户入口安装热水表，根据实际的热水用量收取费用，作为辅助加热用电、循环泵用电、水费以及日常维护费。为了收费公平，就要使得任何时候的热水温度都不能太低。所以辅助加热器的控制目标是随时保证水箱出口的温度不低于要求值，无论此时有无用水量。

尽管这种集中式系统是在分户独立式系统原理上很小的改动，但是实际运行效果却产生巨大变化：

(1) 由于是按照热水用量收费，任何时段价格相同，于是不再有用户根据天气状况决定是否洗澡（如表5-10中的用户B），阴天、晴天热水用量变化不大；洗澡时间的选择也不再根据太阳能热量采集情况，而是完全由生活习惯决定，于是早上洗澡的用户增多。这样，由于水量计量收费的原因，用户用热水总量有所减少，反映出用户的省钱意识；但热水使用时段的改变却导致辅助加热量的比例大幅度增加。

(2) 热水循环长期连续运行成为新的耗电环节，同时循环管道散热也大幅度增加。在前一天阴天的夜间，尽管没有从集热器得到热量，也没有热用户使用热水，循环泵持续运行、循环管持续散热、电辅助加热器还要不断加热，以维持热水箱的出口温度。

上述两点的结果是造成运行电耗大幅度增加，尤其当末端用户热水用量较小时，循环水泵持续运行，辅助加热器断续工作，而电加热得到的热量又都消耗在循环管网上。一些案例的调查结果表明，当用户热水用量较小的系统（由于入住率低）系统的总耗电量甚至高于采用普通电热水器的用电量。这种太阳能系统成为高能耗系统。一些小区的物业管理部门因为电费远高于收缴的热水费，不得不关闭系统，停止供应热水。当然也有使用这种系统得到较好的节能效果（比完全用电加热省能）的案例，系统得以持续使用。观察这类案例，突出的特点是末端使用量大，循环水管散热量相对较小。也有规定使用时间，夜间12:00到午间12:00不供应热水的案例，这也能减少电加热比例，但给末端用户带来不便。本书第4.7节讨论了集中式生活热水系统的种种实际问题，这些问题在图5-48这种集中式太阳能热水系统中也完全存在。

要使集中采集的太阳能生活热水系统能够继承分户独立式可适应不同用户使用模式之优点，又能提高集热器的利用效率，充分发挥“集中”的好处，就必须对系统形式进行改进。

5.6.3　一种改进了的集中集热太阳能生活热水系统

图5-49为目前已经在一些新建住区出现的新式系统。与图5-48的经典方式比，有如下几个显著特点：

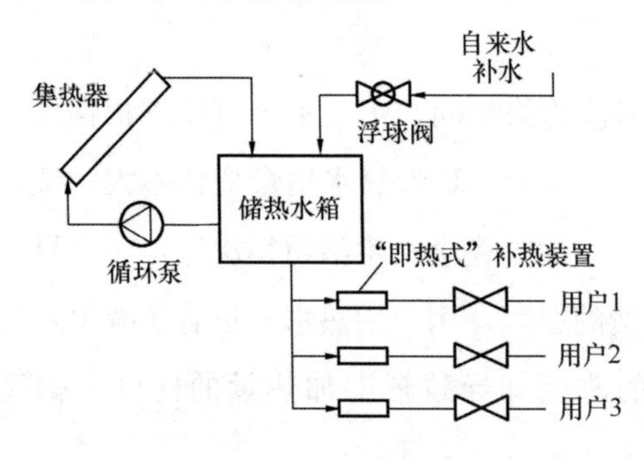

图5-49　某新建住区集中式系统

(1) 集中采热、集中蓄热，但蓄热水箱中不再安装辅助加热器，每个用户供水末端之前安装“即热式”燃气热水器。当从热水箱供应的水温度够高时，直接使用，即热式燃气热水器不工作；当来水温度不够高，不满足使用要求时，即热式热水器启动，把水加热到要求温度。这样，燃气辅助加热器提供的热量完全用在最终使用的热水上，而不会再应付水箱散热和循环管网散热。

(2) 取消循环管和循环泵，蓄热水箱中的水以单管方式依靠蓄热水箱的高差直接送到各个末端用户。由于末端有即热式辅助加热，所以不存在“放冷水”的问题，开始使用时辅助加热器自动开启，当热水到达末端用户时，辅助加热器自动关闭，随时可以满足使用者需要。

(3) 按照进入各用户的水量收费（不论水温多少），用于上交水费和系统维护。

(4) 在蓄热水箱出口处安装温度传感器，同时把温度信号传送到各户显示。用户可随时了解太阳能系统水温状况。

有了上述改进，系统运行状况有了根本的变化。节约型用户会观察太阳能系统的水温，在温度够高时及时洗澡，在阴天时减少洗澡次数。这样他们的辅助加热器很少启动，充分使用了太阳能热水，效果比分户独立系统时还好（因为辅助加热器的热量不会从水箱散失)；而在经济上不太在意的用户，其生活方式并不受到影响，任何时候都可以得到温度合适的热水，只是当太阳能热水温度低的时候不仅要承担辅助加热的燃气费，与常规的即热式燃气热水器相比，还需要多付出太阳能热水与自来水费用的差价。这些使用者如果安装分户独立的太阳能热水器也是这种使用模式的话（如表 5-10 中的用户 A），实际付出的费用可能比现在使用集中式时还高。当采用分户独立的太阳能热水系统时，这种类型的使用者很可能没有意识到在清晨洗澡会增大费用，不去考虑自己的生活习惯对能耗的影响。而采用这种集中式后，每次用热水时看到太阳能系统的供水温度，就会意识到水温的不同造成费用的差异。这样，更多的用户会改变自己的生活习惯，尽可能选择水温高时多用水，水温低时少用水，太阳能热量得到充分利用，辅助加热器的使用自然趋近最小量。这一系统方式可以充分照顾到各种不同类型使用者的需求，任何时间有热水需求都可以得到满足。同一系统，适应各类不同需求的用户。

除了使系统满足各种生活习惯，并促使使用者尽量按照节约型模式使用外，这一方式还避免了循环泵电耗、并大幅度减少了循环管散热。夜间无用户使用时，循环管温度逐渐降低到室温后，就不会再有散热损失，而常规的热水循环系统却要通过水的循环维持循环管内持续的高温，造成巨大的散热损失。对于入住率较低的大型公寓楼，这一损失可以占到系统提供的总热量的一半以上。

这一方式是作者在南昌某商品房小区调研时发现的系统方式。系统获得较好的运行效果和经济收益（物业管理者）。向使用者进行满意程度调查，得到最多的意见是认为收费方式不合理：为什么太阳能系统来的凉水要比自来水贵。这反映出这样的系统确实已经调动起用户对能耗和费用的关注，这是分户独立的太阳能热水系统所不具有的特点。用户的这一问题确实有道理，但也可以认为因为多出的费用是用于维护维修系统，而这些水也确实经过了太阳能系统，经过了就应该缴费，至于为什么水温低是由于用户选择的时间不对。为了使得费用负担方式更合理，减少用户抱怨，还可以在每户进入即热式加热器之前的水管上再加一路自来水供水管。当用户需要热水，而显示的太阳能热水温度又偏低时，可以关闭太阳能供水管，打开自来水管，系统完全工作在常规的燃气热水器模式下，这就不会再有任何抱怨。然而无论如何都不能根据太阳能热水系统的水温来收费，因为这样做不仅使收费变得非常复杂，并且太阳能热水的价格就会与燃气热水器自行制备的价格相差无几，太阳能热水得不到充分利用，这个系统也就不能获得预想的效果。

5.6.4 结论

太阳能热水系统的使用效果和节能效果与使用者的生活习惯和节能意识密切相关。对于分户独立式系统，各户之间互不干扰，每户的效果由每户的用法决定。保证了各户的独立调节性，各户自行支付辅助能源费用，这些都是独立系统的优点；但不能共享太阳能集热器，导致集热器的效能不能充分发挥，以及系统的过度复杂（对大型公寓来说）和占用空间过多，则是分户独立系统的问题。

采用集中式系统后，分散方式系统复杂和空间占用过多的问题都得到解决，但马上就出现集中式的普遍问题：不能适应各种末端不同的需要；计量收费方式如何鼓励使用方式上的节约；系统形式如何使用末端节约型使用模式。本书第4.2节专门讨论了住宅采暖空调的集中与分散方式的区别，本节则从住宅太阳能热水系统分析了同样的问题。

理想的集中式系统应该是：同时支持和适应各个末端使用者的各种不同需求和各种不同的生活方式；通过简单可行的计量手段又能促进末端使用者的节约意识、促进他们的节约型使用方式。在满足前面两点要求的基础上，充分发挥集中式系统高效、共享资源的优势、减少或避免集中式必须增加的输配系统的能耗和各种损失。本节介绍的太阳能集中式生活热水系统使用集中采热、集中储热、分散补热、直流输送的系统形式，并且按照流量计量、实时显示温度，应该是对于这个思路的一个非常好的尝试。

5.7 热泵热水器

5.7.1 热泵热水器的工作原理

空气源热泵热水器（Air-source Heat Pump Water Heater，简称：热泵热水器）是继燃气热水器、电热水器、太阳能热水器之后新近发展起来的一种热水器，由于其节能效果明显，故在热水器市场上日益受到人们的青睐，其技术也逐步走向成熟。

（1）热泵热水器的结构

热泵热水器由压缩机、冷凝器、节流装置、蒸发器等部件构成的热泵装置和储水箱两部分构成，在高寒地区或者特殊机组中，还设有辅助电加热器。热泵热水器有多种分类方法，根据结构形式不同分为整体式（热泵装置设置在储水箱的上部）和分体式（热泵主机与储水箱分离），图 5-50 和图 5-51 是典型的整体式和分体式热泵热水器的外形图；根据加热方式不同又分为静态加热式和动态加热式，其中，动态加热式又分为直接加热式和循环加热式两种形式。

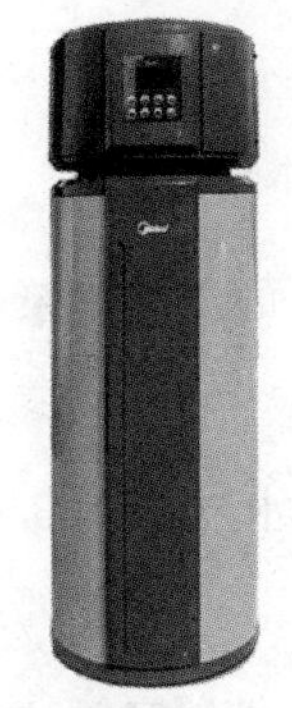
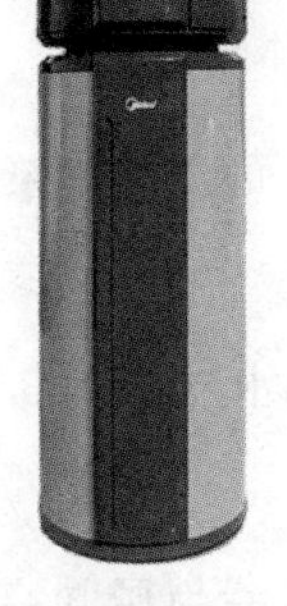

图 5-50　整体式热泵热水器　　图 5-51　分体式热泵热水器

分体静态加热式热泵热水器是目前在住宅建筑中应用最广的热泵热水器，该类热水器普遍采用盘管式冷凝器，该冷凝器可以内置于储水箱内，也可紧密缠绕在储水箱内胆的外壁，前者的传热效率高，制热性能更好；而后者的显著优点是可避免换热器盘管外侧结垢。

（2）热泵热水器的工作原理

图 5-52 示出了静态加热式热泵热水器的组成和工作原理。

热泵热水器的工作原理与热泵型房间空调器冬季制热运行时完全相同，其结构与空调器极为相似，为了实现在低环境温度时的除霜功能，系统中也需设置四通阀。低温低压的液态制冷剂在蒸发器中吸取环境空气的热量而蒸发，经压缩机压缩后进入冷凝器，释放出的冷凝热加热储水箱中的自来水；冷凝后的高温液态制冷剂经节流装置节流降压后进入蒸发器，完成制热循环；当水箱内的自来水加热到设定温度后，热泵热水器自动停止运行。

（3）热泵热水器的特点

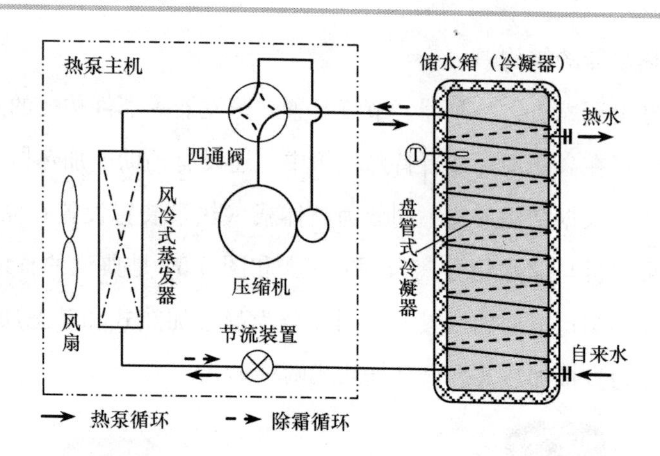

图 5-52 静态加热式热泵热水器工作原理

相对于住宅建筑中常用的电热水器和燃气热水器而言，热泵热水器具有如下特点：

1）使用电能制取热水，但其年运行能耗仅为电热水器的 1/3～1/4，节能效果明显。

2）热泵热水器的安装比较方便。分体式热泵热水器与房间空调器类似，其室外机可安装在阳台、墙面、屋顶，其储水箱以及整体式热泵热水器可安装在厨房、浴室等处。

3）无燃料的燃烧过程和废弃物排放，不污染环境，安全可靠。

4）在阴雨天或冬季均能全天候供应热水，但随着环境温度降低，制热效率降低，供热量减小；当环境温度很低时尚需利用电加热器补热。

5.7.2 住宅建筑采用哪种热水器更节能？

在住宅建筑中目前主要采用电热水器、燃气热水器和热泵热水器三类热水器。三类热水器各有其特点，但从能耗角度看，哪种热水器更节能呢？

与电热水器、燃气热水器不同，热泵热水器的实际运行能耗与环境温度（一般为室外温度）密切相关，当制取同温、等量的热水时，环境温度越低，其能耗越大。因此，热泵热水器的实际运行能耗与热水器的使用地区、安装位置以及制热运行的时间段都有很大的关系。

图 5-53 给出了一种家用静态加热式热泵热水器在不同环境温度条件下制取不

同温度热水时的性能曲线（包含了环境温度较低时的除霜能耗）。从图中可知，当制取的热水温度一定时，环境温度越高，热泵热水器的制热效率（能效比 *COP*）越高，例如：环境温度为 20℃，制取 40℃的热水时，其 *COP* 能达到 5.0 左右；环境温度下降至 2℃时，*COP* 减小至 3.0 左右；即使环境温度为－7℃时，考虑除霜能耗后，*COP* 仍有 2.0 左右。当环境温度一定时，制取的热水温度越高，其 *COP* 越低，例如，当环境温度为 20℃，制取 55℃热水时，其 *COP* 为 4.3，比制取 40℃热水时降低 14％。

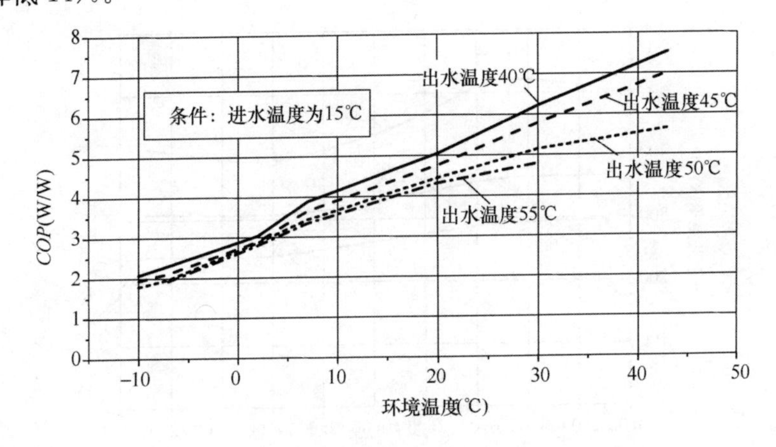

图 5-53 某静态加热式热泵热水器的变工况性能❶

为分析不同气候带使用热泵热水器的能耗大小，下面以图 5-53 所述性能的静态加热式热泵热水器在北京、上海、广州应用为例，分析其全年运行能耗，并与电热水器和燃气热水器进行对比分析。假定一户 3 口之家，平均生活热水使用量为 40L/(人·天)，使用热水温度为 40℃。热泵热水器和电热水器分别制备 50℃和 75℃的热水，使用再混水至 40℃，燃气热水器则直接加热水至 40℃，热水均在当天的 21：00 使用。各地住户的自来水温度采用当地的地下水温度[3]。燃气热水器是直热型热水器，因此无储热损失，而热泵热水器和电热水器都有储热水箱，均有一定的漏热，其漏热量大小与制热开始时刻、储水箱内的水温和热水的使用时刻有关。在不考虑热水管路漏热的条件下，可计算得出如下结论：

（1）热泵热水器宜在下午开始制热

❶ 数据来源：广东美的暖通设备有限公司 RSJF-33/R（E2）产品资料。

图5-54给出了上述算例条件下，热泵热水器在自北向南三个典型气候城市从不同时刻开始制热时的全年运行能耗情况。从图中可以看出，三个城市均在当天15：00（下午3：00）左右开始制取热水，其热泵热水器的全年运行能耗最低：北京的全年运行电耗约为390kWh，上海约为310kWh，广州仅约240kWh。从下午3：00开始制热能耗低是因为此后2～3h几乎是室外温度全天最高的时段，加之，制取的热水存储时间较短，漏热量小。由于广州的自来水温度和全年下午3：00后的室外温度较上海、北京高，故其运行能耗比上海、北京更低。

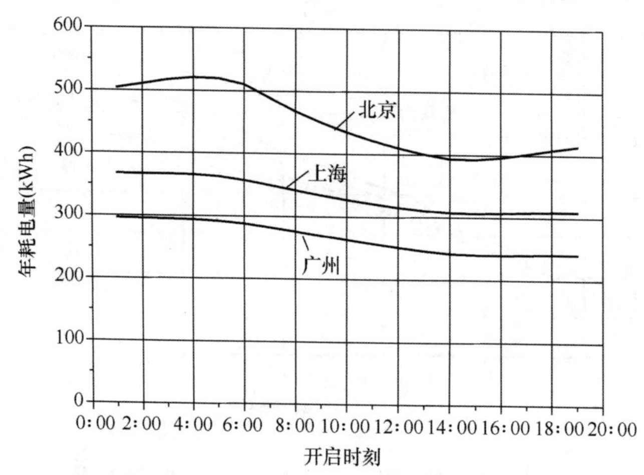

图5-54 热泵热水器在不同开启时刻的全年能耗

（2）使用热泵热水器更为节能

图5-55示出了北京、上海和广州分别使用电热水器、燃气热水器和热泵热水器的全年运行能耗的计算结果（热泵热水器均从下午3：00开始制热，燃气热水器的能耗是将消耗燃气量折算为等效电量）。从图中可以看出，在三个典型城市中，热泵热水器均比电热水器、燃气热水器的运行能耗低。尽管北京的气温较低、低温时间较长，但热泵热水器在外温为－7℃时仍有较高的制热效率（*COP*仍在2.0以上），相对于电热水器和燃气热水器，具有明显的节能效果。

我国南北纬度跨度大，由北往南，年平均气温逐渐升高，使用热泵热水器的节能效果也越来越明显。热泵热水器尽管在－7℃时还能正常运行，但其低温运行性能偏低制约了其在严寒地区的推广和应用。目前，热泵热水器在我国北方地区的应用还不是很多，但在长江沿线及长江以南的省市已得到推广，且节能效果明显。为解决热泵热水器在低温工况下的适应性问题，已有不少学者在热泵热水器的循环改进、除霜技术等方面开展研究。随着热泵热水器的低温运行性能的改善，其适用地域也将不断扩大，有望成为城镇住宅用户制取生活热水的优先选择。

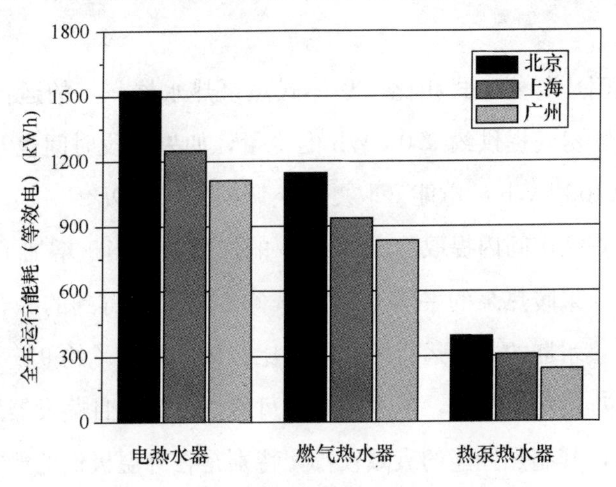

图 5-55　三类热水器的全年运行能耗（等效电）[1]

5.7.3　热泵热水器从室外取热还是从室内取热更好？

分体式热泵热水器的热泵机组置于室外，内设冷凝器的储水箱可设置在室外，也可设置在室内的厨房等处，热泵从室外空气中取热。由于室外温度一年及昼夜的波动幅度大、范围广，故热泵热水器的制热效率变化范围大，特别是在冬季或寒冷地区效率较低，有时尚需电加热器补热，甚至在恶劣工况下无法运行（变成了电热水器）。

融热泵机组和水箱为一体的整体式热泵热水器较多设置在厨房、卫生间等室内空间。热泵从室内空气中取热，全年运行工况稳定，压缩机的外压缩比变化范围小，减少了其欠、过压损失，系统的制热效率和可靠性提高；冬季无结霜、除霜损失，故系统中无须设置四通阀，控制简单，成本低；在夏季还可为室内提供免费冷量。但是，整体式热水器在冬季从供暖房间中取热，相当于附加了室内的采暖能耗。

[1] 天然气热值为 35.9MJ/m^3，电热水器热效率为 92%，燃气热水器热效率为 88%。

仍以第5.7.2节中家庭用热情况为例，分析在北京地区使用分体式和整体式热泵热水器的运行能耗。均选取15：00为热水器制热开始时刻，采暖期室内温度为20℃，空调期室内温度为26℃。两种结构形式的热泵热水器全年运行的能耗情况如表5-13所示。

计算结果表明，与分体式相比，整体式热泵热水器一年的运行电耗减少了约15%，同时为夏季房间提供约370 kWh的冷量，如果这段时间也开空调，则可为空调系统节省约105 kWh的电能（取夏季空调的平均*COP*=3.5）。在一个冬季整体式热泵热水器需从房间内提取约390 kWh的热量，相当于增加了131 kWh的采暖耗电量（取冬季采暖热泵的平均*COP*=3.0）。从计算得到的综合总能耗可以看出，整体式热泵热水器的全年运行综合能耗比分体式减少了约9%（参见表5-13），由于其研发技术难度相对减小，成本降低、可靠性提高，且蒸发器散热片不易积尘且易于维护保养，其制热性能的衰减较小，特别是在外温极低的严寒地区也能高效运行，故是一种值得关注的热水器技术方案。

北京地区3口之家使用分体式和整体式热泵热水器时的全年运行能耗　　表5-13

<table>
<tr><th>热泵热水器类型</th><th>热水使用量（t）</th><th>制取热水温度（℃）</th><th>使用热水温度（℃）</th><th>热水器耗电量（kWh）</th><th>夏季供冷节电量（kWh）</th><th>冬季取热附加采暖耗电量（kWh）</th><th>总能耗（kWh）</th></tr>
<tr><td>分体式</td><td rowspan="2">34.4</td><td rowspan="2">50</td><td rowspan="2">40</td><td>390</td><td>0</td><td>0</td><td>390</td></tr>
<tr><td>整体式</td><td>330</td><td>105</td><td>131</td><td>356</td></tr>
</table>

此外，整体式热泵热水器制取热水的时间一般为2～3h，这段时间需集中从采暖的室内取热，是否会影响室内的舒适性呢？实际上，热水器从室内取热的最大热流量约为1.7kW，远小于房间的热负荷，且房间围护结构具有较大的热惰性，故热泵热水器在运行期间使室温的下降程度很小，并不会对室内舒适性造成较大的影响。

5.7.4　注重发展直热式热泵热水器

直接加热式空气源热泵热水器（即直热式热泵热水器）可将自来水直接加热到使用温度后送出供用户使用，属于即热式热水器类型。它具有突出的优点：1）可省去储水箱，消除了蓄热漏热损失，大幅度降低了热水器的成本；2）直接制取使用温度的热水，不仅能满足卫生要求，还能大幅度提高制热效率。在采用蓄热水箱时，必须保证热水储存的卫生标准（为避免细菌滋生，热水储存需要储存在55℃以上），但即热式热水器制取的热水无须储存，故直接制取使用温度（如40℃）的热水即可。采用逆流式冷凝器，使被加热的自来水与压缩机排出的制冷剂过热蒸气逆流换热，将有效降低制热循环的冷凝温度（可低于所制取的热水温度，参见图5-56），并增加液态制冷剂的再冷度，大幅度提高热泵系统的制热性能。

但是，直热式热泵热水器也存在一些不足：1）当环境温度降低或进水温度条件变差时，直热式热泵热水器制取的热水量将减小，为保证足够的出水量，热泵系统的容量将增大，成本增加；2）需增设一定容量的辅助电热器，从而能够在热水器启动阶段达到用水温度要求；3）为保证不同流量和不同出口水温要求，热水器应具有良好的容量调节能力；4）由于冷水流量减小、流速降低，冷凝器的传热系数减小，故增加了逆流式冷凝器的设计难度。

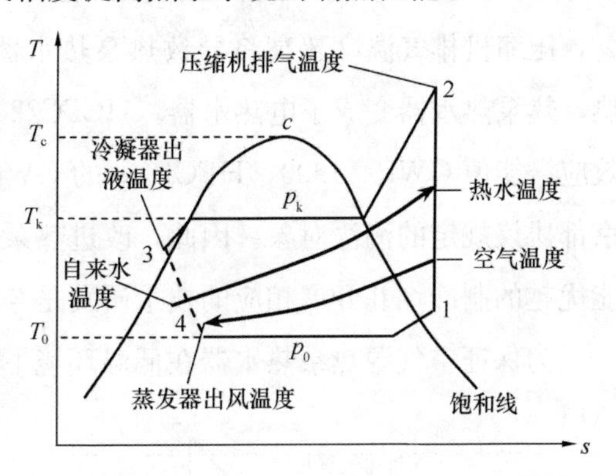

图5-56 直热式热泵热水器的T-s图

欲充分发挥直热式热泵热水器的优势，则必须合理设计逆流式冷凝器的结构，以充分利用冷凝器（或气体冷却器）中的变温特性，最大限度地实现等温差逆流换热，降低传热的不可逆损失，降低冷凝压力，增大冷凝器出口高压制冷剂的再冷度，从而提高热泵热水器的制热效率；同时采用变容量调节技术，以提高热泵热水器的调节性能。解决好这两个问题是实现直热式热泵热水器在家庭推广应用的重要技术基础，是进一步提高家用热泵热水器性能的重要发展方向。

当然，直热式热泵热水器和较小容量的储热水箱结合也不失一种可行的方案，不必设辅助电热器，可将制取的热水储存在水箱中，用热水初期从储热水箱中取热水，在使用过程中，制取的热水源源不断流经储热水箱提供给用户，可以解决热泵启动阶段的用水要求，同时保留了直热式热泵热水器的优势。

5.7.5 CO_2 热泵热水器

热泵热水器性能除与制取的热水温度、取热环境温度有关外，还与所采用热泵循环形式和制冷剂（工质）有关。目前，我国生产的热泵热水器产品采用的热泵循环为单级压缩热泵循环，其制冷剂主要为HCFC22和HFC134a。单级压缩热泵循环在环境温度很低时，必然造成制热量减小、制热效率降低、压缩机排气温度过高，压缩机排气温度超高将导致热泵热水器不能运行，此时则需要电加热进行补热，热泵热水器变成了电热水器。HCFC22的消耗臭氧层潜值ODP=0.034，温室效应潜能值GWP=1900，HFC134a的GWP=1300，均已成为蒙特利尔议定书和京都协议规定的淘汰对象。因此，改进热泵热水器的热泵循环，选择环保、制热性能优越的制冷剂并开展相应的技术研发是今后努力的方向。

为保证空气源热泵热水器在低温环境下安全运行并具有较好的制热性能，采用变压缩比调节技术、制冷剂喷射准双级压缩热泵循环、双级压缩热泵循环和复叠式热泵循环以及CO_2跨临界热泵循环等措施，可以有效地拓展分体式热泵热水器的适用范围。特别是，CO_2跨临界循环热泵热水器，不仅其制冷剂的环保性能优越，而且可以很好地实现自来水与高温制冷剂的逆流换热（参见图5-57），出水温度高，制热性能好，因此，目前在业内已经得到充分的重视。

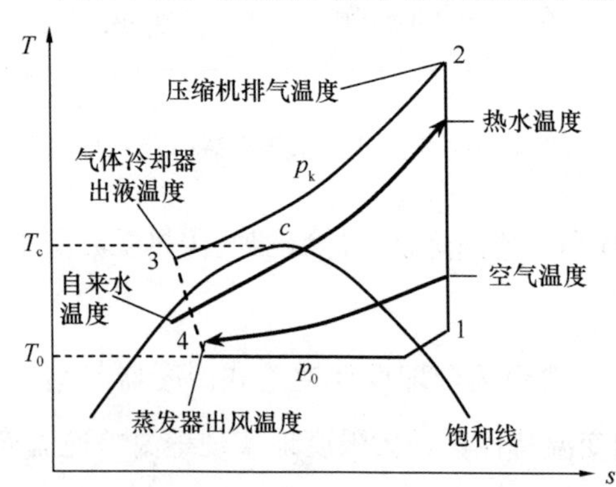

图5-57 CO_2跨临界循环热泵热水器的T-s图

与采用常规工质热泵循环的热泵热水器相比，CO_2热泵热水器具有优良的环保性能和热水制备性能，其主要优点在于：1）CO_2是天然工质，ODP=0、GWP=1，且无毒、不可燃，与润滑油和金属材料具有良好的相容性，流动和传热特性较好，单位容积制冷量大，使得热泵热水器结构紧凑、体积小；2）CO_2的临界温度为31.6℃，制备热水时采用跨临界循环，由于热泵的放热过程为变温过程，故可以充分利用逆流换热制取更高温度的热水，即使在寒冷地区，采用单级压缩机循环也可制取适宜温度的生活热水。

资料显示，在室外温度 16℃、冷水进水温度 17℃、热水出水温度 65℃的工况下，采用转子式压缩机的单级压缩循环时，CO_2 热泵热水器的 *COP* 为 3.72[4]；将之换算成室外温度 20℃，冷水进水温度 15℃、热水出水温度 55℃的工况，其 *COP* 将达到 4.5 以上。如果通过再冷、回热、双级压缩以及采用膨胀机回收膨胀功等技术手段改进 CO_2 热泵循环，将进一步提高热泵热水器的制热效率。

由于 CO_2 跨临界热泵循环的工作压力很高，故热泵热水器产品的研发则需解决压缩机、换热器及其他部件的承压以及换热器跨临界相变传热与流动等难题，其推广应用主要在于如何降低成本的问题上。CO_2 热泵热水器最初于 2001 年进入日本市场，在日本实现商品化后，产品技术日益完善，产品价格逐年降低，市场规模持续扩大，随后流入欧洲市场，为广大用户所接受。CO_2 热泵热水器在日本的迅速普及，也得益于日本政府和电力公司的强力扶持及其优越的鼓励政策，因此，用户愿意使用（超出常规热水器价格部分）、企业愿意投入更多的力量研发其相关技术。

我国已于 2011 年自主研发出了 CO_2 热泵热水器，已逐渐掌握了超临界流体的传热与流动、CO_2 压缩机、系统承压和系统控制等相关理论和技术问题。随着相关技术的进步，CO_2 热泵热水器在我国将有很好的发展前景。

5.7.6　工程案例

（1）项目简介

贵州省贵阳市是低纬度高海拔的高原地区，属于亚热带湿润温和型气候，其年平均气温为 15.3℃，历史年极端高温为 35.1℃，年极端低温为－7.3℃，适宜采用热泵热水器。在贵阳市南明区某新建住宅小区，采用了静态加热式分体式热泵热水器，为各家各户提供生活用热水。

为明确热泵热水器在贵阳市的运行能耗，对该小区某一住户的热泵热水器使用情况进行了记录和测试。该住户为 4 口之家，住宅面积 110m^2，选用了 KFRS-3.5/A 型热泵热水器主机和 SX150LC/B 储热水箱，制取的热水用于淋浴（无浴盆）和厨房热水。

热泵热水器采用 R22 为制冷剂，其额定制热量为 3500W、额定 *COP* 为 3.9［采用《家用和类似用途热泵热水器》国家标准规定的测试条件[5]］，额定产水量为

75L/h，出水温度为35～55℃（可调）。热水器所配置的储水箱的容积为150L，最高承压能力为0.7MPa，外表面积为2.46m²，保温性能（水箱储满55℃热水，在20℃DB/15℃WB的环境下静置）为24h温降7℃。

该热泵热水器安装在与阳台相通的隔间内，热水器主机与储热水箱紧凑安装，如图5-58所示，其实际安装原理如图5-59所示。

图5-58 热泵热水器的工程安装图

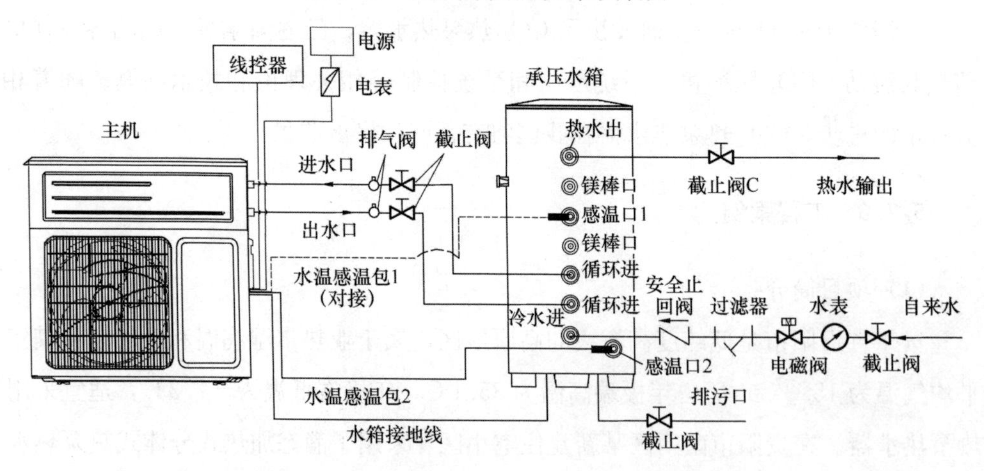

图5-59 热泵热水器的工程安装原理图

（2）实际能耗试验方法和实测结果

1）试验方法

热泵热水器在用户入住前安装完毕，用户于2011年7月入住。实际能耗测试从2011年8月5日开始到11月5日为止连续进行了3个月（实为92天），每隔两天在大致同一时刻由用户读取并记录热水器的用水量（水表）和耗电量（电表）的显示数据，连续两次数据之差则为前两天的热水用量和耗电量。即使某天或某几天未使用热水（热水用量为0），但由于热泵热水器需要适度运行为储水箱补充漏热所需的热量，故此时仍需记录耗电量。

热水器内的热水温度设定值为53℃，控制水温回差为±5℃，即当水箱内的热水温度到达58℃时停止制热，当水温低于48℃时再次启动热泵机组。

2）实测结果

2011年8月5日至11月5日连续3个月内贵阳每天的最高气温和最低气温如图5-60所示。

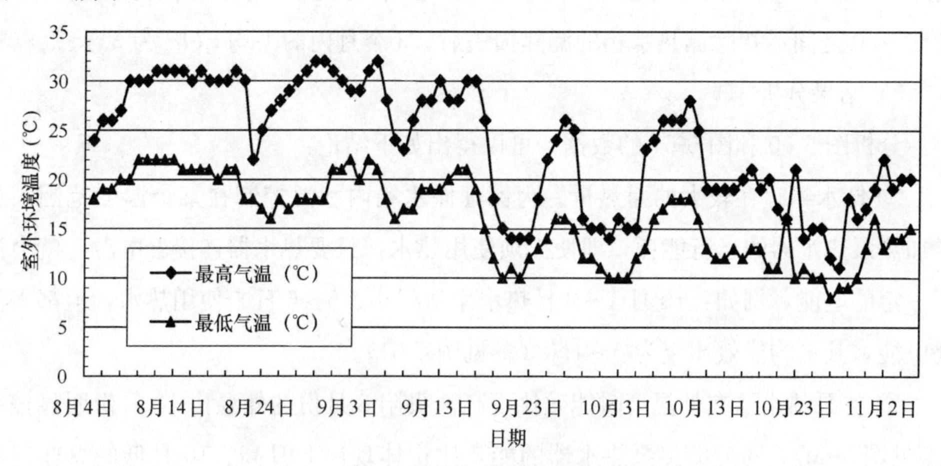

图5-60 贵阳室外环境温度的最高值与最低值

查阅贵阳市自来水的温度资料可知，此3个月内自来水温度的平均值t_w＝19℃，取热泵热水器制取的热水温度为设定温度t_{set}＝53℃，两天内的耗电量为$P_{e,2d}$（单位：kWh），则可计算出热泵热水器在采样间隔（2d）内制取的热水热量$Q_{h,2d}$（单位：kJ）和平均能效比$COP_{h,2d}$（单位：kJ/kJ）

$$Q_{h,2d} = V_{h,2d}\rho_w c_w (t_{set} - t_w) \tag{5-1}$$

$$COP_{h,2d} = Q_{h,2d} / (3600 P_{e,2d}) \tag{5-2}$$

式中 $V_{h,2d}$——两天的热水用量，L/(2d)；

ρ_w——热水的相对密度，ρ_w＝1.0 kg/L；

c_w——热水的比热，c_w＝4.18 kJ/kg。

进而可计算出三月内热泵热水器的平均能效比$COP_{h,3m}$（单位：kJ/kJ）

$$COP_{h,3m}=\frac{\sum_{i=1}^{47}Q_{h,2d,i}}{3600\sum_{i=1}^{47}P_{e,2d,i}} \tag{5-3}$$

式中，i——采样次数，92天时间，共读数47次。

图5-61示出了3个月内热泵热水器每两天的实际运行数据，包括制备的热水量、耗电量和平均能效比。从图中可以看出，3个月内该用户的热水使用量为10.4 t，热泵热水器的总耗电量为119 kWh；除8月5、6日两天未使用热水外，每天使用热水约为120L/d，耗电量为1.36 kWh；正常情况下，两天内的平均COP在2.5～4.0之间，扣除储热水箱的漏热损失后，3个月内的平均COP为3.45。

3）结果分析

分析图5-60和图5-61的数据，可以得出如下结论：

① 储水箱存在较大的漏热量。为保证储水箱内水温控制在某个温度范围，会增加热泵热水器的运行能耗。即使无须使用热水，只要热水器连接着电源，就会消耗一定的电能，例如：10月1～2日热水用量很小、5～6日未使用热水，但都需消耗电能，其平均能效比仅为0～1.0（参见图5-61）。

② 热泵热水器在外温高时能效比更高。贵阳8月份的外温比10月份明显偏高（参见图5-60），对应的热泵热水器的能效比也体现出8月高、10月低的总体趋势（参见图5-61）。

③ 热泵热水器的容量需根据热水需求量进行选配。对于四口之家，一般而言每天需要50～55℃的热水用量为80～160L，故对于我国以3～4人为主的家庭，选用150L的热泵热水器比较合适。如果热水器容量选择过大，将增加保温用的补热量（漏热量），导致热水器的总体能耗增大。

④ 使用热泵热水器时可适当调低热水温度设定值。人们在实际生活中使用热水的温度一般为40～43℃，如果将制取的热水温度设定为45℃，在环境温度为20℃下，热泵热水器的能效比将比制取55℃热水时提高约10%，且由于热水温度降低，储水箱的漏热量减小。值得注意的是，储水箱减小后，蓄存的总热量减小，选型时需适当增大储水箱的容积（约增大20%）。

⑤ 热水器开发时，不仅应对用户开放热水温度下限的设定权限，还应开放对热泵热水器的启动时间（或用水时间）的设定权限。由于用户每天需求的热水量不

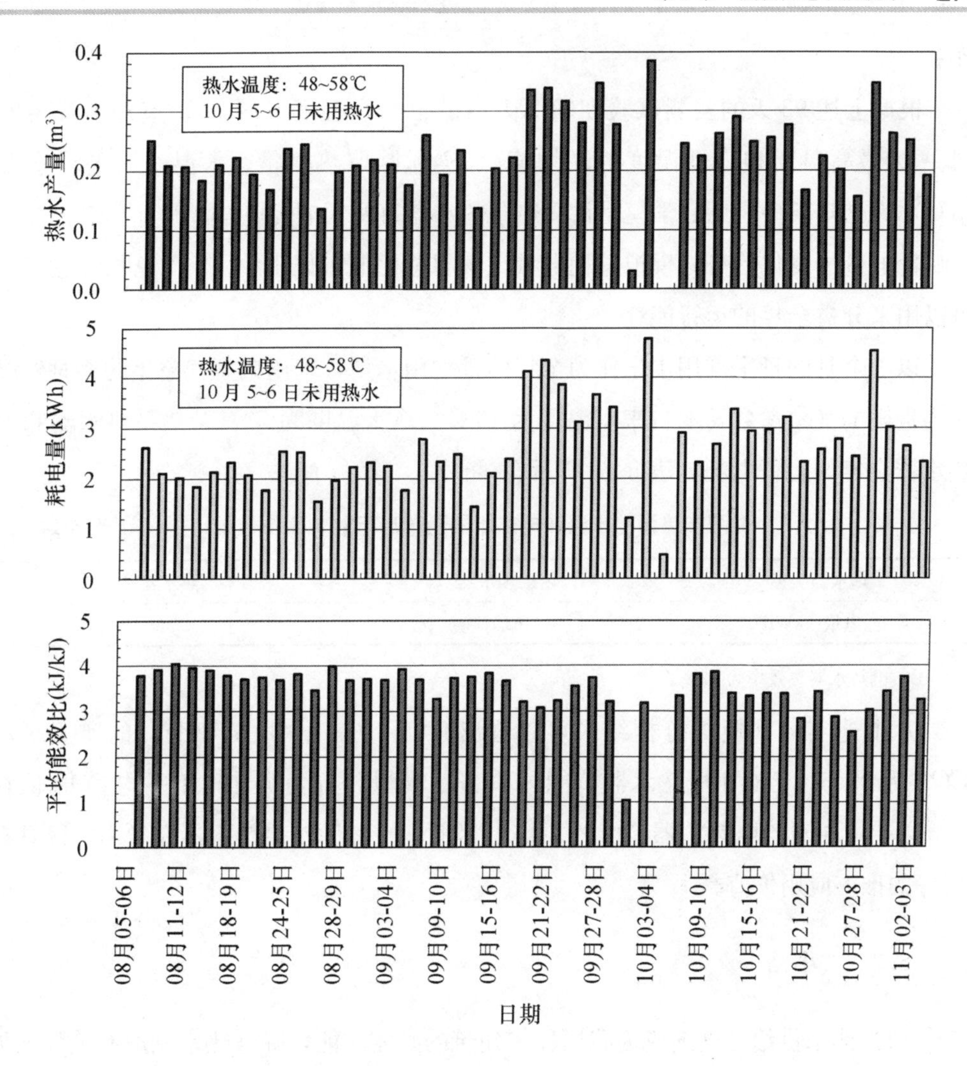

图 5-61　热泵热水器的实际运行情况

大，而热泵热水器的制热能力相对较大，故在研发热泵热水器时，应将储水箱内的最低水温设定和热泵启动时间的设定权限开放给用户，用户则可选择在外温较高时段（如下午 3∶00 开始）启动热泵，制取热水，这样可使热泵热水器高效运行，同时减少其漏热量。

（3）热泵热水器在贵阳的全年运行能耗分析

为分析热泵热水器全年能耗，需建立热泵热水器的性能模型和水箱的漏热模型，在此基础上，根据当地的气温、自来水温度和制取的热水温度可模拟分析热泵热水器在贵阳市一年内的运行能耗，并与电热水器进行对比分析，了解其节能效果。

根据上述92天的实测试验期间两天内的自来水温度（19℃）、室外空气温度（取两天最高温度和最低温度的平均值）、实际制取热水量、水温（取平均水温53℃）为已知条件，用数学模型计算热泵热水器每两天的耗电量，其计算值很好地反映耗电量的变化趋势，模拟总耗电量比实测总耗电量偏小约4%，说明所建模型可以用来分析全年的运行能耗。

以3个月的日平均用水量作为全年的日均用水量，采用典型气象年的逐时外温作为贵阳的气象参数，取自来水温度为19℃、热水温度为53℃，热泵热水器和电热水器全年的运行电耗如表5-14所示。

贵阳市热泵热水器和电热水器全年运行能耗模拟结果 **表5-14**

热水器类型	热泵热水器	电热水器①
耗电量（kWh）	610	2150

① 电热水器热效率为92%。

从上述实测和模拟分析结果可以看出，8月初～11月初3个月的实测平均*COP*为3.45，相对于电热水器节能约73%；模拟分析表明，其年平均*COP*值在3.5以上，相对于电热水器节能约74%。因此，空气源热泵热水器在贵阳地区具有很好的推广应用价值。

5.7.7 小结

（1）热水供给已逐渐成为我国住宅建筑的必需功能，降低热水制取和输配的能耗是住宅建筑节能一个不可忽视的组成部分。空气源热泵热水器通过消耗一定的电能，从环境空气中吸热制取热水，相对于电热水器、燃气热水器而言，是一种节能、环保、安全的生活热水制取设备。

（2）空气源热泵热水器的性能与取热环境的温度密切相关，采用分体静态加热式热泵热水器时，应尽量利用午后室外温度较高的时段进行制热，可降低储热水箱的漏热损失，同时提高热泵的制热效率；在寒冷的北方可以采用整体静态加热式热泵热水器，从采暖房间取热，可降低产品造价和研发难度。

（3）直热式、CO_2跨临界循环热泵热水器的运行效率高，节能效果明显，今后尚需解决相关技术难题，以推进热泵热水器的技术进步。

空气源热泵热水器在我国发展时间还不长，相对于燃气热水器和电热水器而言，其结构更复杂，价格更高，故其使用量还相对较少。随着热泵技术的进步、节能环保理念的推广以及政府推动力度的加大，热泵热水器必将成为我国大范围普及应用的家用热水制造设备。

5.8 房间自然通风器

人们利用自然通风来补充室内新鲜空气和保证室内空气品质是由来已久的事情，最简单的方式是开窗通风，这种自然通风形式在过渡季节具有很好的适用性。但是开窗通风时，自然通风量一般比较大，这种大换气量在采暖季及供冷季会带来负荷的过度增加，导致室温大幅降低或升高，因而并不是任何时候都适宜。同时，开窗时，受室外气象条件波动的影响，进入房间的新风量波动较大且不易控制。另一方面，当室外环境较嘈杂，污染物（如颗粒物）浓度较高，刮风下雨等不适宜开窗的天气或夜间休息时，人们都习惯将门窗关闭。而近年来，由于强调建筑节能而导致建筑密闭性增强，新风量减少，很多建筑在门窗关闭时都存在新风量不足的问题。通过对北京地区某高校宿舍夜间关窗后的 CO_2 浓度的测试发现，大部分宿舍在夜间休息时关窗后 1h 浓度就已超过 1000ppm，因此在夜间休息的绝大多数时间，人都是处于一种新风不足的状态。同时，还对北京地区多户住宅密闭情况下的换气次数进行了调研，测试结果表明大部分住宅的换气次数在 $0.1 \sim 0.4h^{-1}$ 之间，其中换气次数在 $0.1 \sim 0.2h^{-1}$ 之间的数量占到了测试住宅总数的 50%。这么小的换气不仅无法满足人员对新风的基本需求，而且由于近年来住宅装修污染问题的加重，室内空气品质低劣的现象屡见不鲜，由此导致的对居民健康方面的危害以及经济方面的损失都非常巨大。因此，住宅对通风需求，特别是对密闭情况下的通风需求提出了更高的标准。

针对密闭情况下住宅新风量不足的问题，欧洲国家如法国、丹麦等相继出现了一些房间自然通风器。近年来，我国也开始引入这项技术，并针对我国的实际情况进行了相应的改进。除了这种自然通风器，国内相继推出了一些带热回收的新风机，双向通风窗等通风设备。前者是一种机械通风的设备，热回收装置虽然节约了热量，但是也消耗了电能，在过渡季节由于无法有效地利用新风中的免费冷量来降低室内的热负荷，只会带来更多的能耗，而且新风机一旦关闭，就失去了通风换气功能。后者的送风气流和排风气流通过中间层玻璃换热进而实现能量的回收，同时在玻璃之间的空气通道内设有贯流风机，通过风机给空气流动提供动力，因而其本质上仍是一种机械通风设备。这种通风设备当室内外温差较大时，玻璃之间的气流通道很容易出现结露甚至结霜的问题。而房间自然通风器在一定程度上改善了室内密闭情况下新风量不足的问题，相比于机械通风而言不需要动力或只需补充很小的动力，避免了能耗的过度增加，对改善室内空气品质和节能来说都有重要的意义，在供冷季及供暖季具有非常好的适用性，这里仅对这种类型的通风设备进行介绍。

(1) 技术原理

房间自然通风器是安装在门框或窗框上的一个通风部件，一般由室内送风口、气流通道和室外进风口组成，有些通风器内部根据实际使用需求还装有过滤器和吸声材料。室外部分主要作用为防止雨雪和虫鸟进入室内，部分通风器的室外风口还有自动调节功能。室外新鲜空气经过气流通道，由室内送风口送入房间。室内外的风口形式可以多种多样，根据安装的形式，可以分为水平安装的房间自然通风器和垂直安装的房间自然通风器。图5-62为一个带吸声材料的水平式房间自然通风器

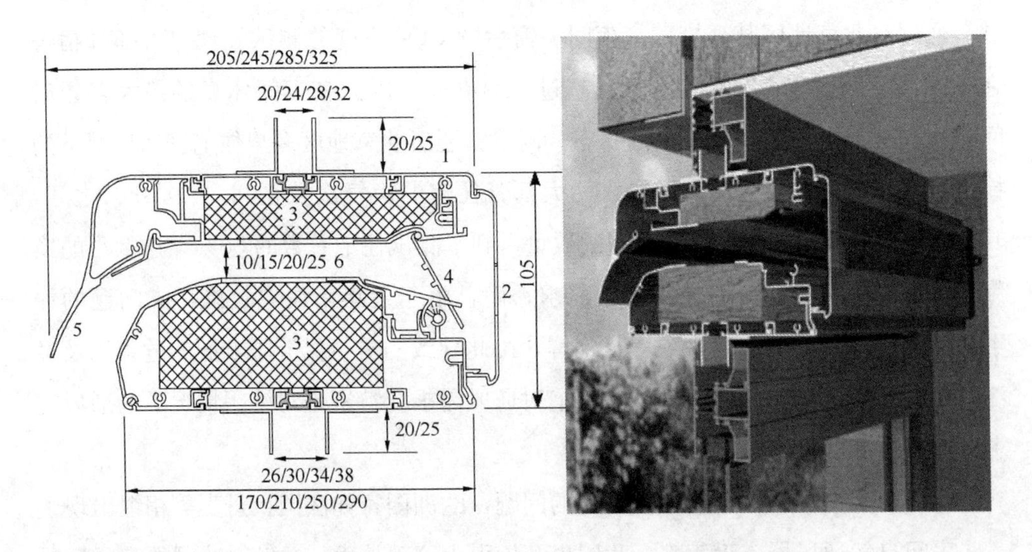

图5-62 吸声自然通风器结构及外形图（水平式）

1—吸声通风器外框；2—可拆卸的内部送风口；3—吸声部件；

4—内部风量控制阀；5—室外进风口；6—气流通道

结构示意图，部分尺寸可以根据实际的使用需求灵活调整。图 5-63 为垂直式的房间自然通风器，窗体高度根据实际的门或窗的尺寸而定。总体来说，水平式的房间自然通风器使用更为广泛。

图 5-63 垂直式自然通风器结构及外形图

1—室内送风口；2—靠近室内侧风量调节格栅；3—靠近室外侧风量调节格栅；4—室外进风口，5—气流通道

房间自然通风器是通过热压或风压驱动的一种换气装置，由于不需要机械动力驱动，可以实现能源的节省。热压是室内外空气的温度差引起的，这就是所谓的“烟囱效应”。由于温度差的存在，室内外密度差产生，沿着建筑物墙面的垂直方向出现压力梯度。如果室内温度高于室外，建筑物的上部将会有较高的压力，而下部存在较低的压力。当这些位置存在开口时，空气通过较低的开口进入，从上部流出。如果，室内温度低于室外温度，气流方向相反。热压的大小取决于两个开口处的高度差和室内外的空气密度差。因此，房间自然通风器在安装时就应该考虑开口本身或开口之间的高度差是否有利于热压作用下的自然通风。现在大体存在的一些安装组合形式有以下三种：1）单扇窗户（门）顶部和底部各安有水平式房间自然

通风器；2）单扇窗户（门）安装垂直式房间自然通风器；3）某一窗户（门）底部安有水平式房间自然通风器，另一窗户（门）顶部安有水平式房间自然通风器。各种安装形式热压作用下的自然通风原理如图 5-64 所示。

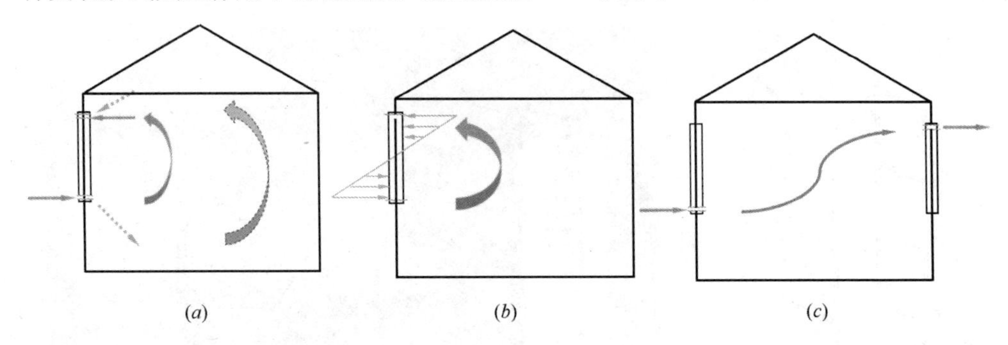

图 5-64 不同安装组合形式下热压作用下的空气流动示意图

(a) 组合（1）；(b) 组合（2）；(c) 组合（3）

对于组合（1）来说，如果送风和排风是水平的进入室内和排出室外，由于进风和排风都在同一窗扇上，加上一般住宅窗户的高度有限，很有可能使进、排气短路，即送入房间的新风量未送达房间的主体区域而直接由排风口排出，这种情况下，送入房间的新风量达不到合理的利用。可以将送风口和排风口的形式设计成送排风方向可调的形式，通过送风口和排风口格栅的导流，使气流按照如图 5-64 (a)的虚线箭头流动，从而避免了送风短路的问题。组合（2）与组合（1）也有同样的问题，因而也可以用上述提到的方法解决。组合（3）综合通过不同开口的高度差来有效的利用自然通风，不仅通风量能够得到保证，气流组织也更为合理

风压是指当风吹过建筑物时，由于建筑物的阻挡，迎风面气流受阻，静压增高；侧风面和背风面将产生局部涡流，静压降低，这样便在迎风面与背风面之间形成压力差，室内外的空气在这个压力差的作用下由压力高的一侧通风器向压力低的一侧通风器流动。压力差的大小与建筑的形式、建筑与风的夹角以及建筑周围的环境有关。由于房间自然通风器主要是补充建筑在密闭情况下的通风量，在不适宜开窗的采暖季和供冷季意义尤为明显，同时这两个时间段室内外温差相对比较大，因此应尽量在设计阶段将热压作为主要的驱动力考虑，使热压得到充分利用，而风压的波动性较热压更大，可以作为辅助的驱动力考虑。

由于自然通风的驱动力为室内外的风压和热压，因而通风量受热压和风压的影

响比较大。众所周知，自然通风的驱动力（风压和热压）是持续变化的，这是自然通风的一个主要不足，在供冷季及供暖季，室内外温差一般较为恒定，因此经过房间自然通风器的风量波动主要是由于室外风压变化导致的，人们已经尝试开发出能够对应于变化的室外风速下进风量基本恒定的压力控制型通风器，它使用一个基于支点建立平衡的敏感度较高的阀门，当风压上升时开口面积关小，因而即使在风速比较大的时候，也能够通过调节自然通风器的入口格角度使进入室内的新风量基本维持不变。图5-65给出了调节的几种模式，模式一：当风压较大时，入口格栅的角度自动调小；模式二：风压继续增大时，入口格栅关闭；模式三：室内人员手动调节送风开口的角度及开闭状态。

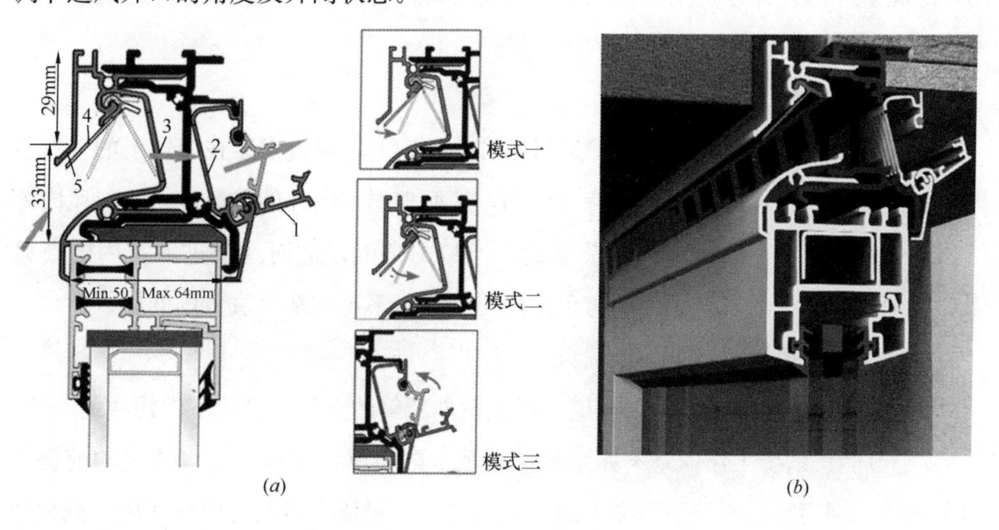

图5-65 压力控制型自然通风器控制方式

（*a*）控制示意图；（*b*）实际安装图

1—室内可调节开口；2—靠近室内侧送风网格；3—靠近室外侧送风网格；

4—压力敏感型风量控制阀；5—外部防护部件

其他类型的可控房间自然通风器分别是基于室内湿度或室外温度控制的，分别称为湿度控制型通风器和温度控制型通风器。前者是根据室内的相对湿度变化来改变开口的开度，当室内人员的数量增加时，室内的相对湿度变大，因而房间的整体通风需求增大，湿度控制型房间自然通风器通过调节流动的开度来调节风量。温度控制型房间自然通风器在北欧国家应用更加广泛，那里冬天通风的主要驱动力是由室外低温产生的热压。这类通风器利用一个双金属式温度传感器随室外温度的降低而限制流通面积。尽管这些装置的响应时间很长，但是它们对于一般的外温日变化和季节性变化是很适用的。

房间自然通风器相当于在窗框上加了通风部件，因而接触点很容易形成热桥，且室内外空气经过气流通道连通，如果保温隔热做得不好，将使室内的冷热损失大大增加。另外，通风器的气流通道使室内外直接连通，室外的噪声容易通过气流通道或窗体向室内传播，因而出现了一些隔音消声的通风器，通过在通风器的内部腔体内放置一些吸声材料，在气流经过时吸收掉一部分噪声，避免室外的噪声影响室内人员的工作与休息。还有一些通风窗内部装有过滤材料，通过过滤器的过滤作用，隔离室外的大部分粉尘，保证了送入室内新风的质量，但同时这种通风器应当考虑过滤材料的清洗和维护工作的简单易行。

(2) 技术特点

房间自然通风器是建立在自然通风原理的基础上，通过安装在门窗上的自然通风器，使建筑的外围护结构阻力特性可调，从而根据室内外的温湿度、风速风向等气象条件，室内人员的需求等调节室内外风口的角度，进而调节进入室内的新风量，实现小风量下的供求平衡，避免室内出现新风不足与新风过量的问题。

房间自然通风器有以下几个优点：

1) 通风：建立室内外通风通道，引入室外新鲜的空气，排除室内污浊的空气。

2) 节能：系统工作的基本原则是在满足室内新风量或保证空气质量的前提下有限通风，即当室内空气质量变差时开始通风，质量优良时及时停止通风，减少建筑能耗的不必要浪费；同时还能够根据室外气象进行自动调整开口角度，使新风量达到供求平衡。通过隔热结构设计，使热能损失最小，以节约能源。

3) 隔声：通风器内有吸声材料，不会降低房间原有的隔声性能，通风系统的隔声性能与关闭状态的门窗相当。

4) 防尘：通过内置可更换的过滤器，过滤掉大部分的室外灰尘，即使在室外颗粒物浓度较高的时候，通风器也能开启，且不会有大量的灰尘通过通风系统进入室内。

房间自然通风器能够补充房间的一部分新风，但是由于自然通风依赖于室外的天气，当室外无风和室内外温差较小时，换气量会受一定的限制，当通风器内部加了过滤及吸声部件后，整体的阻力系数增大，换气效果变差。

（3）应用模式

一般住宅中厨房和卫生间都有排风扇，当排风扇开启时，房间自然通风器为室内新风的进风口，由于排风扇的抽吸作用，室内会形成负压，因而会促使室外空气从房间自然通风器进入到室内，再由排风扇排走，既加强了室内外的空气交换，又不会使相对较脏的空气带到其他房间。图5-66给出了该系统的气流组织形式。而当排风扇关闭时，由于没有额外的动力驱动空气流动，只能依靠各开口之间的风压差和热压进行通风。通过设置在窗户的上部通风口和下部通风口的高差，在夏季使风量由上部风口进风，下部风口排风；而冬季则由下部开口进风，上部开口排风。这种模式下的房间自然通风器的组合可以参见图5-66。如果通风器之间没有高差，则气流主要靠风压驱动，这种被动式的使用方式气流会随着室外气象的变化而在房间之间形成无组织通风，有可能将卫生间和厨房的异味带入客厅和卧室。当与其连通的房间内门关闭时，能够对气流起到一定的阻隔作用。

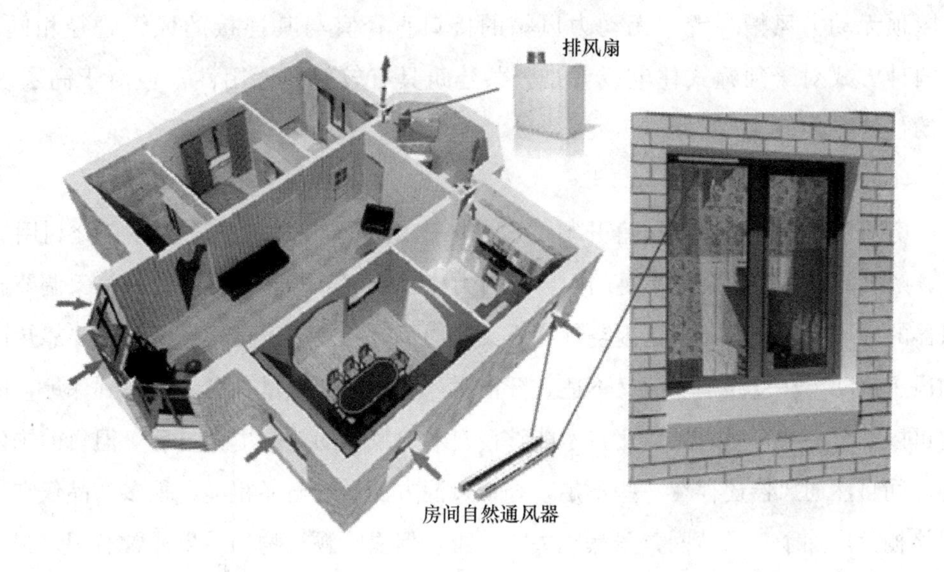

图5-66　房间自然通风器与排风扇组合使用系统

（4）发展趋势

房间自然通风器较好地利用了自然通风，使在关窗的情况下室内的新风量也能得到满足。近年来，国内也相继引入了这项技术，并针对中国的实际情况进行了改进。国外的自然通风器较少有针对室内化学污染物控制的，但是在中国，装修后室内化学污染物超标的现象较为普遍，因此国内的通风器逐渐趋向于结合室内的监测技术，对自然通风器的通风量进行可调控制。即室内外的传感器将监测信号发送至单片机，单片机通过信号处理，当室内的污染物浓度高于设定浓度的上限时，用设定的算法调节窗户外部格栅的开启角度，从而降低室内污染物的浓度。反之，当室内污染物浓度低于浓度设置的下限时，将格栅的角度调小。当窗体室外的风力传感器或雨水传感器监测到室外不适宜通风时，关闭格栅。通过智能监控室内空间的空气品质变化，实现智能通风换气。

由于国内被动式自然通风器的风量一般为 30～80m^3/h（压差为 10Pa 时的风量），在室内污染较为严重时或是人员较多时通风量达不到要求，可以通过结合各种被动式通风技术或是开启室内原有的排风设备，如厨房、卫生间的排风扇来强化自然通风。当通风器不能提供足够风量时，可采用捕风装置加强自然通风。当采用常规自然通风难以排除建筑内的余热、余湿或污染物时，可采用屋顶无动力风帽装置，无动力风帽的接口直径宜与其连接的风管管径相同。这两种方式对于独幢式住宅或者是公共建筑具有较好的适用性，但对于高层多户的住宅使用较为受限。

（5）技术小结

房间自然通风器在不适宜开窗的季节，如供冷季或采暖季，能够充分利用热压，解决关窗时房间新风不足的问题，自力式自动调节能够根据室外的气象调节通风器的进风量，既保证了室内空气品质又节约了能耗。由于自然通风器主要靠热压和风压驱动，在过渡季节而又不适宜开窗时，房间的新风量有可能得不到保证，因此可以结合一些自然通风强化技术能够使自然通风器的效果更为显著。但目前国内的房间自然通风器还存在一些不足，如在过滤方面做的略显粗糙，很多产品仅在送风格栅处增加了一层纱网，虽然能去除蚊虫，但去除颗粒物的效果非常有限。另一方面，房间自然通风器通风量的自力式自动调节控制国内这方面还是有所欠缺，较少有产品能够根据室内外的温差和室外气象条件的变化，自动调节送风量。而在实际使用中，由于房间自然通风器是安装在窗框与墙体或是窗框与玻璃之间，因此最好是在建筑修建中就预留相应的安装口，对于门窗安装已经完成的建筑，安装较为麻烦且后期的维护工作相对较大。如果能够解决安装方面的问题，则对推广运用有一定的积极作用。

5.9 地 下 空 间 照 明

5.9.1 技术介绍

地下车库是住宅小区最主要的公共地下空间，其照明除了满足人们的正常视觉工作需要外，还起到了保证安全、保障人员身心健康的作用。为了提供适宜的光环境，地下空间必须提供长时间甚至 24 小时全天候的照明，照明能耗高，具有巨大的节能潜力。

为了节约能源，同时改善地下空间的光环境，天然采光是首选的节能措施。传统的采光方式包括采光窗、采光天井以及下沉式庭院等，对于浅层的地下空间，这些措施可以将天然光直接引入到室内，因而减少了照明用电。然而，由于受到建筑和地下空间设计中多方面因素的制约，这些措施可以应用的场合以及影响的区域都有限。导光管采光系统作为一种新的技术，克服了传统采光方式的缺陷，可将天然光通过长距离的管道输送到室内，特别适合为无窗建筑或者地下空间提供照明。该系统收集室外的天然光，通过多次反射和长距离传输，再由漫射器将天然光均匀分布于室内进行照明。

5.9.2 具体技术及装置

导光管采光系统主要是由集光器、导光管以及漫射器三部分组成，如图 5-67 所示。集光器的作用是收集光线，阻挡紫外线以及灰尘和雨水进入。为了提高光的采集效率，通常制作成半球形，有时还设置反射部件和棱镜装置以充分利用直射日光，如图 5-68 所示。导光管作为传输光线的管道，通常采用的是无缝圆筒状构造，内表面为高反射材料（反射比通常在 0.95

图 5-67　导光管采光系统结构示意图

以上），管道的长度根据工程的实际需要确定，通常可达到3～5m，特殊需要时甚至可达到8m左右。漫射器的作用是将光均匀地分配给室内空间，通常采用半透明或棱镜材料，或采用经特殊设计的菲涅耳透镜，以提高效率。

小管径系统

大管径系统

图5-68 常见的系统形式

导光管系统的效率随管道长度的增加而降低，随管壁材料反射比的增加而提高，如图5-69和图5-70所示。

系统具有较高的光传输效率，在管长为1.2m左右时，系统效率能达到70%。同时具有较好的热工性能。目前，导光管系统的相关技术已较为成熟，实现了产品的商品化和标准化，在国内外的许多项目中得到了广泛应用。

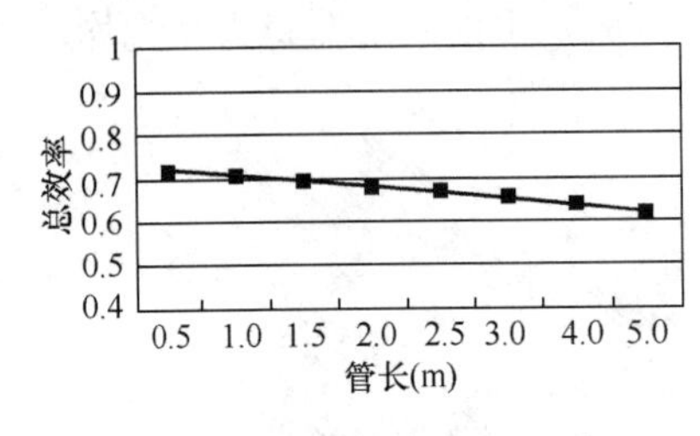

图5-69 导光管系统总效率与管长的关系

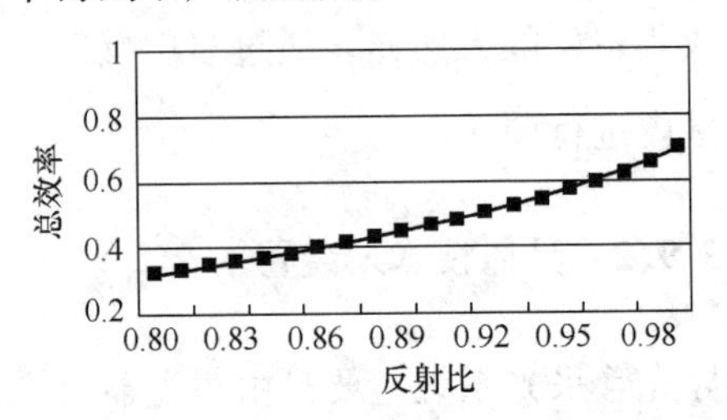

图5-70 导光管系统总效率与管壁反射比的关系

5.9.3 技术适用性

导光管采光系统可同时收集天空漫射光和直射日光，适用于我国的大部分地区。我国的天然光资源较为丰富，全年平均每天的天然光利用时数可达8.5h以上；但我国地域广大，不同地区的天然光状况差异也较大，根据室外年平均总照度水平可划分为5个光气候区，如图5-71所示。

其中，Ⅰ类光气候区包括西藏和青海部分地区，天然光资源最为丰富；而Ⅴ类光气候区则主要是四川和贵州等地，天然光资源较其他地区较为缺乏。为

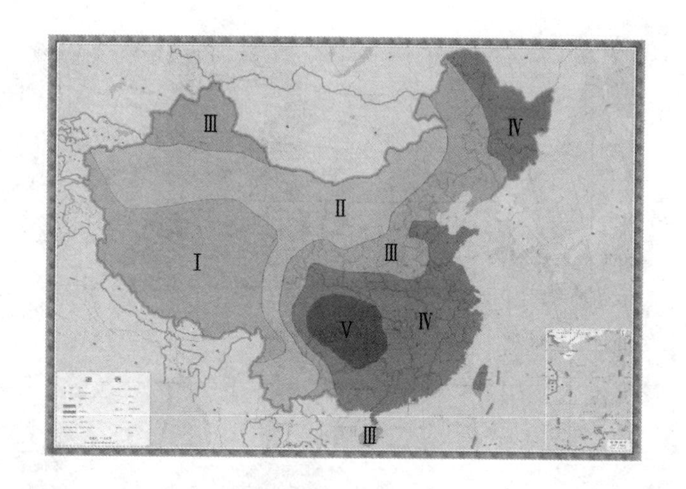

图5-71　我国的光气候分区

了直观地比较导光管采光系统在不同地区应用时的性能，这里以直径530mm管径的导光管系统为例，给出了其在达到同样照明效果时的天然光可利用时数，如表5-15所示。

导光管在不同气候区应用时的性能对比　　**表5-15**

光气候区	典型城市	照明效果	天然光利用时数（h）	
			全年	每天
Ⅰ	拉萨	40W荧光灯 3200 lm	3410	9.3
Ⅱ	呼和浩特		2894	7.9
Ⅲ	北京		2689	7.4
Ⅳ	上海		2345	6.4
Ⅴ	重庆		1834	5.0

注：导光管采光系统的系统效率为65%。

在直射日光特别强烈的地区或时段内，为避免室内过亮造成强烈的对比，有时在导光管采光系统的末端还增加了光线调节装置，或者在集光器顶部的内侧设置棱镜，以抵挡夏季正午时接近天顶的直射日光，将室内照度维持在相对稳定的水平，如图5-72所示。

5.9.4　相关案例

(1) 项目概况

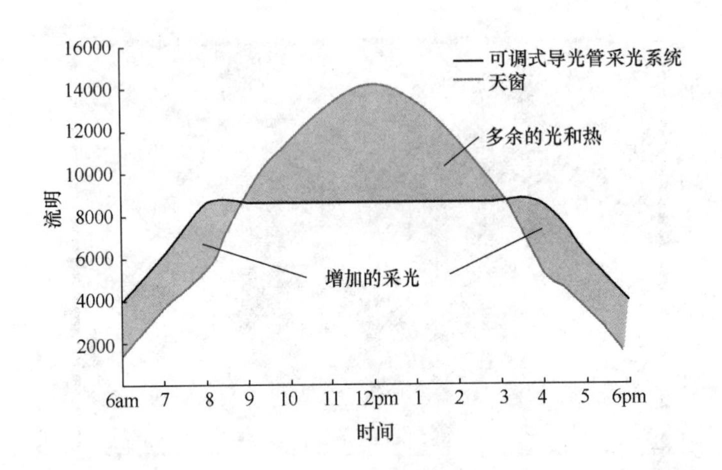

图 5-72 维持恒定光通输出的导光管系统

该项目地处北京市海淀区北部，项目总规划面积 10.7 万 m^2。小区地下车库的屋面类型属于钢筋混凝土结构，层高 3.6m，地面覆土层厚 3.0m，共采用 68 套导光管系统在白天为 6800m^2 的地下车库提供照明。

(2) 实际效果

图 5-73 是该系统应用的实际效果，通过合理设置，导光管采光系统与周围景观实现了协调统一，同时也保证了照明的效果，如图 5-74 所示。业主对工程的实际效果感到满意，认为在实现照明节能的同时，改善了地下车库的光环境，提升了地下空间的环境品质。

图 5-73 室外景观效果

图 5-74 室内照明效果

(3) 照度分布

根据地下车库的使用要求，其室内平均照度不应低于 50lx，采光系数约为

0.4%。根据室外天然光照度的变化，其全年照度分布情况如图 5-75 和图 5-76 所示。

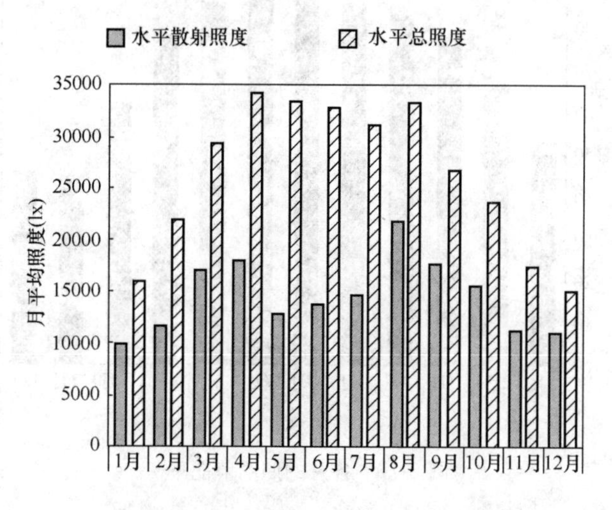

图 5-75　室外全年天然光照度分布

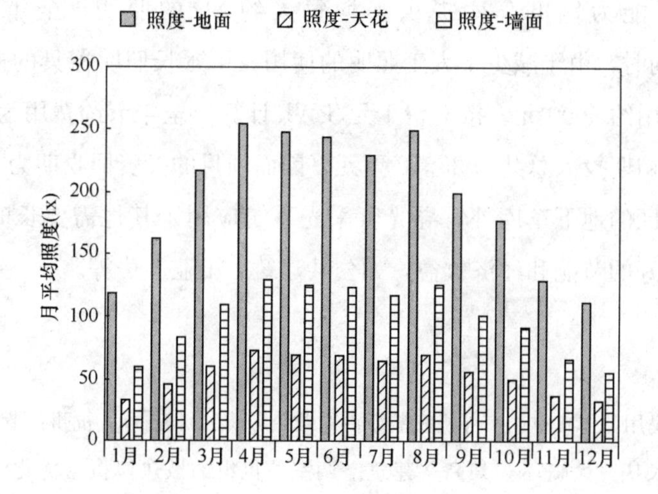

图 5-76　室内月平均照度分布

在白天天然光充足的时段，导光管系统可为地下车库提供足够的照明，而不需要人工照明。

（4）节能经济性分析

根据全年的室内照度分布情况，可以得到由采光为地下车库提供照明的时间，进而计算照明节能的效果，如图 5-77 所示。

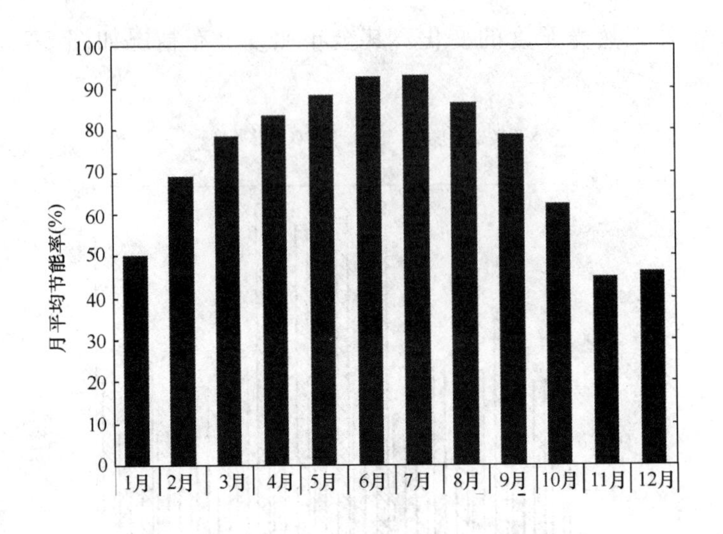

图 5-77 各月的照明节能率

经计算，在7：00～18：00主要的采光时段内，导光管系统每年可减少 72.7％的照明用电，能为地下车库提供平均每天约 8h 的照明，全年可节约用电 99280kWh。同时，由于减少了人工照明的使用，可延长照明器具的使用寿命，每年减少维护费用约 5000 元。按电费 1 元/kWh 计算，全年节约费用为 10.43 万元，导光管系统的初期投入总共为 38.18 万元，因而项目的投资回收期为 3.7 年。

除住宅小区的地下车库外，导光管采光系统应用于其他需要长时间照明的场所，也具有较好的节能和经济效益，如公共建筑、工业厂房等。

本章参考文献

[1] 展圣洁．民用分体式空调室外机安装条件对散热影响的研究[D]．杭州：浙江大学，2012.

[2] 胡军，王长庆，徐晓环．某高层建筑空调室外机组的散热模拟与优化[J]．建筑节能，2009，10：31-34.

[3] 郑瑞澄．民用建筑太阳能热水系统工程技术手册[M]．北京：化学工业出版社，2006.

[4] 周子成．二氧化碳热泵热水器[J]．制冷与空调，2005，5(4)：9-18.

[5] 《家用和类似用途热泵热水器》GB/T 23137—2008.

附录1　关于建筑能耗总量结果说明及验证

本书中关于国家建筑能耗总量，采用中国建筑能耗模型（China Building Energy Model，下文简称CBEM）计算，关于模型的详细介绍，详见《中国建筑节能年度发展研究报告2011》的附录部分。本书对数据进行更新，计算得到2011年全国建筑商品能耗总量为6.87亿tce，约占我国社会总能耗的20%。

《中国能源统计年鉴2012》（以下简称《能源年鉴》）中，国家总能耗为34.8亿tce，终端消费量包括了农业、工业、建筑业等，2011年各项能源合计（发电煤耗计算法）如附表1-1所示。

2011年中国终端能源消费量[1]　　**附表1-1**

	单位：10000tce	2011年
1	农、林、牧、渔、水利业	6758.56
2	工业	231963.13
3	建筑业	5872.16
4	交通运输、仓储和邮政业	28138.74
5	批发、零售业和住宿、餐饮业	7795.38
6	其他	15189.15
7	生活消费	37409.94

由于我国的能源统计遵循工业部门分类，无法获得直接的建筑能耗数据，需要通过计算，获得建筑总能耗的上限值。终端能源消费总量中，农、林、牧、渔、水利业，工业，建筑业这几项均不属于民用建筑运行能耗的范畴；而交通运输、仓储及邮电通信业的燃料油消耗绝大部分没有发生在建筑中，都不应计入建筑能耗。除去前3项以及交通运输、仓储和邮政业中油品能耗，由《能源年鉴》得到建筑能耗

[1] 数据来源：《中国能源统计年鉴2012》。

上限为6.53亿tce。

《能源年鉴》中农村生活消费的生活能耗（除汽油、燃料油外）为1.39亿tce，对比CBEM模型计算结果，农村生活能耗为1.97亿tce，相差0.57亿tce，相关研究指出[1]，由于农村还存在一些没有统计进年鉴的小煤窑产煤量，故年鉴统计值偏小，如果考虑这部分能耗，可以得到建筑能耗上限为7.10亿tce，比较CBEM模型计算结果（6.87亿tce），二者十分接近，计算结果与《能源年鉴》的数据基本吻合。

此外，《能源年鉴》中还有城镇生活能耗、农村生活能耗、生活用电和公共建筑用电数据。CBEM模型与年鉴数据校验得到附表1-2列出的结果。

CBEM模型计算结果与年鉴数据比较 **附表1-2**

	城镇生活能耗[2]（万tce）	农村生活能耗（万tce）	住宅用电（亿kWh）	公共建筑用电（亿kWh）
计算结果	16975	19650	5187	4467
年鉴数据	17207	13916	5620	5105
偏差	−1.35%	41.20%	−7.7%	−12%

注：计算结果较年鉴数据大，偏差符号为正，反之为负。

比较CBEM模型计算中国建筑商品能耗总量，与从年鉴中得到除工业、农业、建筑业和交通运输外的能耗，如附图1-1所示。考虑到农村生活能耗中未统计的小

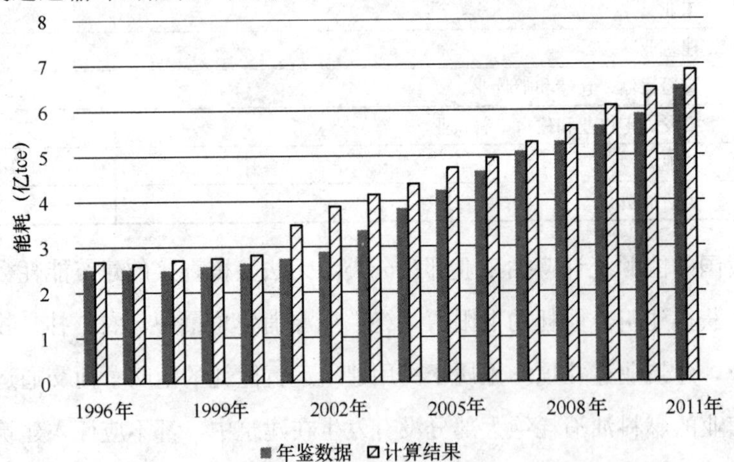

附图1-1 建筑商品能耗校验

[1] 杨秀．基于能耗数据的中国建筑节能问题研究，清华大学博士论文，2009。

[2] 城镇生活能耗包括：城镇住宅除采暖外能耗，北方分散采暖能耗。

煤窑产煤，年鉴数据较计算结果偏小，2011 年偏差为 5.3%。

此外，对于城镇住宅和公共建筑用电的比对，如附图 1-2 和附图 1-3 所示，计算结果与年鉴数据比较，能够较好地吻合，且其增长趋势也基本一致。

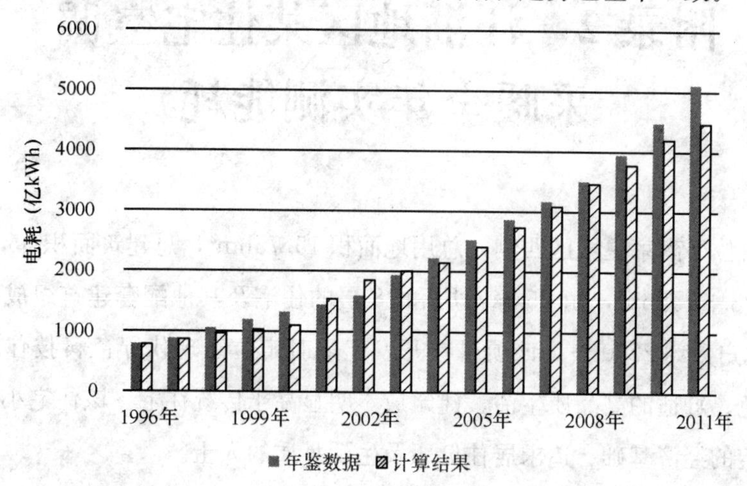

附图 1-2　公共建筑用电校验

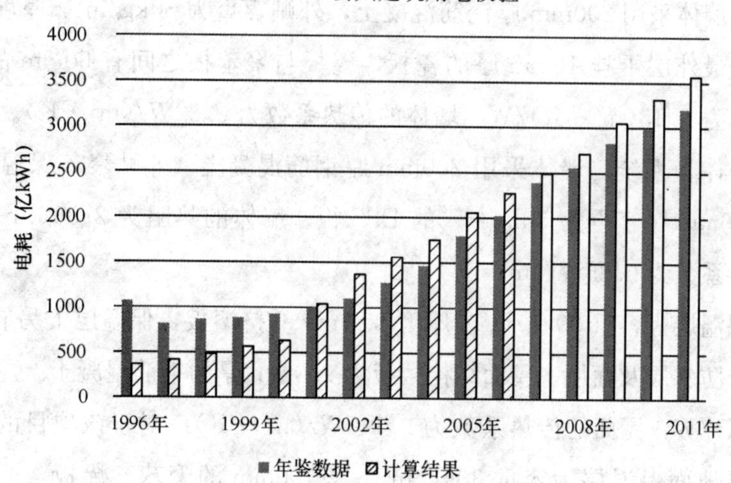

附图 1-3　城镇住宅用电校验

附录2 江浙地区某住宅空调采暖全年实测能耗

该项目位于南京主城区西侧，总用地面积15.75hm^2，总建筑面积35.8万m^2，其中地上28.35万m^2，由25幢7层和18层的住宅及其他配套建筑组成，容积率为1.8，总户数约2200户。该项目在开发建造时定位于现代绿色科技住宅，提供健康、绿色、舒适的高品质生活，建筑成本明显高于传统住宅。该住宅小区的业主多为有一定的经济基础、追求居住健康及生活品质的人士。

该项目采用两种外保温系统：干挂瓷板和实贴保温装饰一体板。对于干挂瓷板保温系统，墙体采用200mm厚钢筋混凝土，外贴容重为30kg/m^3、厚度为70mm的挤塑板。最外层干挂10mm厚的瓷板，瓷板与聚苯板之间有50mm的空气层。墙体的热阻为3.13(m^2·K)/W，墙体的传热系数为0.32W/(m^2·K)。对于实贴保温装饰一体板系统，墙体采用200mm厚钢筋混凝土，外贴聚苯保温装饰一体板，选用90mm厚容重为30kg/m^{3}的EPS板。墙体的热阻为2.86(m^2·K)/W，墙体的传热系数为0.35W/(m^2·K)。

屋顶保温层为容重30kg/m^3、厚度200mm的挤塑板，保温层上另有400m厚的找平层、防水层及面层。屋面结构楼板为200mm厚的钢筋混凝土。屋面的热阻为7(m^2·K)/W，屋面的传热系数为0.143W/(m^2·K)。对于该项目的地面保温系统，首层地面保温层为容重30kg/m^3、厚100mm的聚苯乙烯板，地面结构为200mm厚的钢筋混凝土。地面的热阻为3.345 (m^2·K)/W，地面的传热系数为0.229 W/(m^2·K)。

外窗系统采用了断桥隔热铝合金窗，铝合金传热系数为3.2W/(m^2·K)，双层中空玻璃(5mm+15mm+5mm，充氩气)，玻璃第三面镀有Low-E涂层。双层Low-E玻璃传热系数为1.6 W/(m^2·K)，整窗的平均传热系数为2.3 W/(m^2·K)。遮阳卷帘的卷帘片为双层、铝制滚压成型型材，多孔卷帘板，中间填充聚氨酯等绝热发泡材料。

该项目的空调采暖冷热源均由地源热泵系统供应，空调末端又由混凝土顶棚辐射系统、置换新风系统、生活热水系统等组成。

空调末端方式采用“顶棚采暖和制冷热辐射系统＋置换新风”系统。空调主机采用地源热泵主机，两台 1400kW 热泵机组供给新风系统，两台 1070kW 热泵机组供给顶棚辐射系统。新风系统夏季由热泵系统提供 7℃/12℃的冷冻水，冬季提供 35℃/30℃的热水；顶棚辐射系统夏季由热泵系统提供 18℃/20℃的冷冻水，冬季提供 28℃/26℃的热水。不同季节运行工况的转换靠阀门的切换实现。

夏热冬冷地区采用地源热泵＋辐射空调采暖系统的住宅全年能耗实测值（2009 年）如附表 2-1 和附图 2-1 所示。

各季节耗电量　　**附表 2-1**

	夏季耗电量（5～9 月）	过渡季耗电量（4 月、10 月）	冬季耗电量（11～3 月）	总耗电量
总量（kWh）	2488110	305443	2257862	5051415
折合单位建筑面积（kWh/m²）	21.9	2.7	19.9	44.5
折合单位空调面积（kWh/m²）	26.5	3.2	24.0	53.7

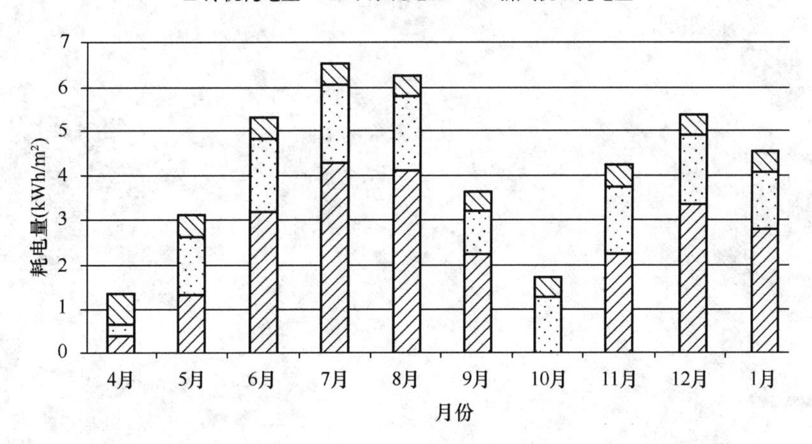

附图 2-1　逐月耗电量实测值

其中，逐月的分项能耗如附表 2-2 所示。

冷机、水泵、新风机组逐月电耗 **附表 2-2**

月份	冷机耗电量 (kWh/m^2)	水泵耗电量 (kWh/m^2)	新风机组耗电量 (kWh/m^2)	总耗电量 (kWh/m^2)
2009.4	0.39	0.27	0.69	1.35
2009.5	1.31	1.31	0.50	3.13
2009.6	3.18	1.65	0.50	5.33
2009.7	4.28	1.75	0.49	6.52
2009.8	4.11	1.68	0.47	6.25
2009.9	2.23	0.97	0.46	3.66
2009.10	0.00	1.24	0.46	1.71
2009.11	2.24	1.49	0.50	4.23
2009.12	3.34	1.57	0.51	5.41
2010.1	2.78	1.29	0.51	4.57

可以看出，全年的水泵能耗为 13.21kWh/m^2，占总能耗的 31.3%；新风机组能耗为 5.1kWh/m^2，占总能耗的 12.1%；而冷机能耗为 23.85kWh/m^2，占总能耗比例的 56.6%。